3次元CAD SolidWorks 板金練習帳

㈱アドライズ【編】

日刊工業新聞社

はじめに

　「精密板金」という加工技術によって生み出される板金製品は、パソコン、ポスト、ロッカーなど数えきれないほど、私たちの身の回りの製品に使用されています。また、自動車の部品、工作機械のカバー、制御盤の筐体などの工業製品としても活用されています。

　板金製品は、複雑な形状ほど 3D（3 次元）で作成するメリットが大きいといえます。設計ミスによる材料ロスを防ぐとともに、3D データを製造に流用すればプログラム工数を節約できるからです。当社は企業向けの研修を手がけていますが、そのなかで経営者や設計者の方から「板金の 3D モデルを効率良く作る方法を教えて欲しい」という声を多く耳にしました。確かに、板金 3D モデルには作成途中の制約が多く、切削加工品の 3D モデルと比べ編集が行いにくいという面があります。企業の生産性を高めるためには、設計者、機械を動かすプログラマー双方が板金のモデリングを習得することが重要です。

　本書は、板金製品の 3D モデリング技術を向上させるための課題集です。「SolidWorks」を活用しているメーカーの設計者、工業系教育機関の学生および教員の方、また、アマダ社製 3DCAD「SheetWorks」を活用している精密板金メーカーのプログラマーの方などへ、板金 3D モデリングを上達してもらうことを狙いとしています。

　豊富なバリエーションの板金製品（図面）を集め、3D モデリングの課題を出題し、手順とポイントを解説しています。STEP1 はシンプルな形状の板金部品を集めました。簡単な部品をサクサクとモデリングすることで、板金 3D モデリングへの抵抗感を取り払うことを主な目的としています。複雑に見える板金部品であってもモデリングの手順によって、驚くほど簡単に描くことができます。板金 3D モデリングへのアプローチともいえる STEP です。STEP2 は身近にある板金製品のアセンブリモデルを集めました。課題はなかなか高度ですが、部品を組み立てる楽しさは 3DCAD の醍醐味です。ぜひ挑戦し、完成を目指し、達成感を味わいながらメキメキと板金 3D モデリングの腕を上げていただきたいと思います。さらに、部品のモデリングで終わらせることなく、展開作業も紹介しています。精密板金は平板からブランクを切り出し、折り曲げることによって立体部品を作成する加工法であるため、製造にはモデルを展開したブランク形状が必要となるからです。SolidWorks の操作と精密板金の知識を同時に高めることができる、一石二鳥の内容となっています。

　当社はデザイン会社でもあり、機械装置の外装カバーの工業デザインと構造設計の実績を積み上げてきました。板金設計× SolidWorks という強みを活かし、日本の製造業界に少しでも貢献したいという想いから本書の企画が実現しました。本書が SolidWorks および SheetWorks を活用される多くの方々にお役に立てれば幸いです。

　最後に、本書の執筆にあたり、精密板金の資料をご提供いただきました株式会社アマダの皆様、出版にあたりご尽力いただきました日刊工業新聞社出版局の皆様、そして、本書を作成したスタッフたちに厚く御礼申し上げます。

2013 年 3 月

株式会社アドライズ　代表取締役　牛山直樹

SolidWorks は、Dassault Systèmes SolidWorks Corp. の登録商標です。また、それ以外に記載されている会社名ならびに製品名も各社の商標あるいは登録商標です。
©2013 Dassault Systèmes. All rights reserved.

CONTENTS モデリング課題一覧表 (※カッコ内は解説ページ)

STEP1　板金製品

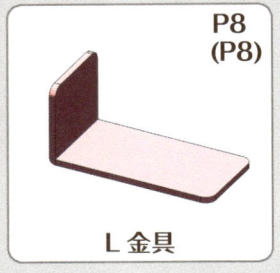
P8
(P8)
L金具

P14
(P14)
三面金具

P16
(P20)
ブラケット1

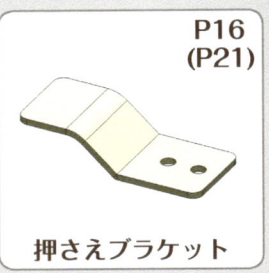
P16
(P21)
押さえブラケット

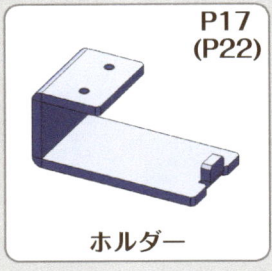
P17
(P22)
ホルダー

P18
(P24)
止め金具

P18
(P25)
受けカバー

P19
(P26)
通気カバー

Exercise
P28
R付き金具

Exercise
P28
シャーシ

Exercise
P29
引掛け金具

Exercise
P29
クランク金具

STEP2　組立製品

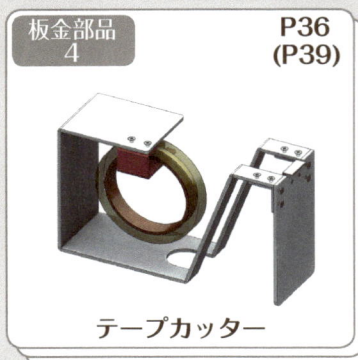
板金部品 4
P36 (P39)
テープカッター

板金部品 7
P40 (P46)
キャンドルホルダー

板金部品 10
P52 (P62)
ポスト

板金部品 1(4)
P68 (P74)
Tホッパー

板金部品 1(2)
P70 (P76)
Rホッパー

板金部品 2
Exercise P78
ティッシュケース

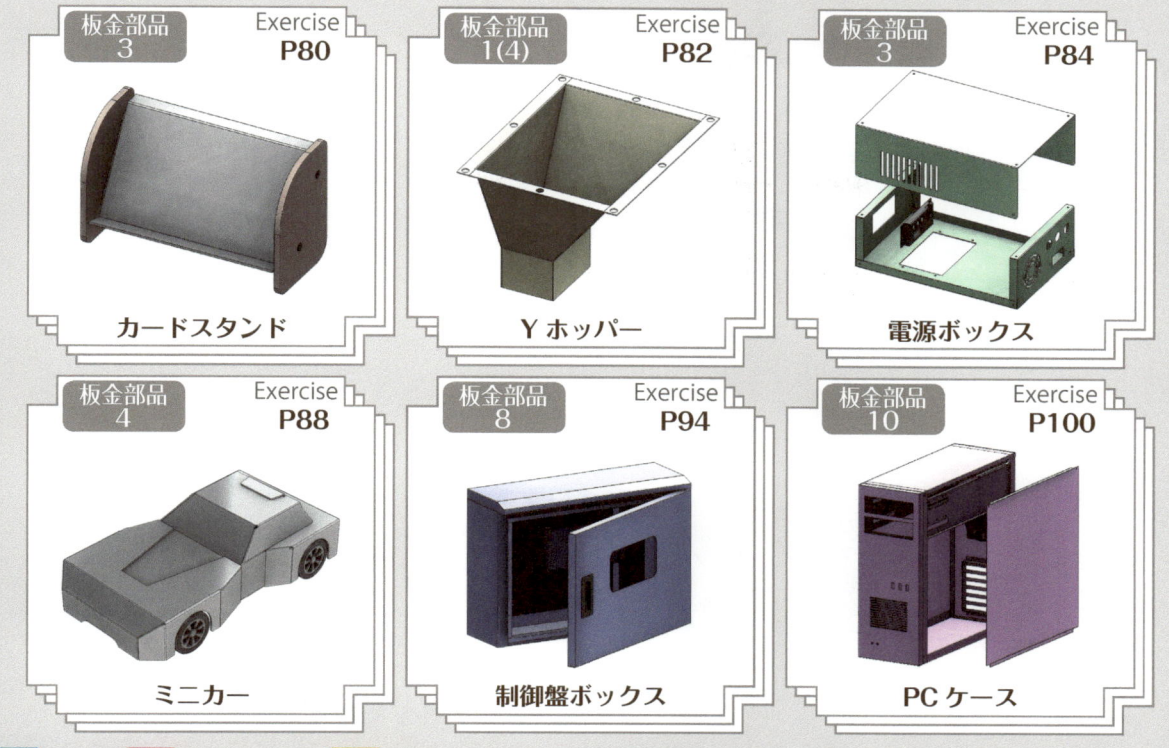

板金部品 3	Exercise P80	カードスタンド
板金部品 1(4)	Exercise P82	Y ホッパー
板金部品 3	Exercise P84	電源ボックス
板金部品 4	Exercise P88	ミニカー
板金部品 8	Exercise P94	制御盤ボックス
板金部品 10	Exercise P100	PCケース

解説 チェック ポイント 一覧表

■ 板金部品のモデル作成方法	…6		■ 成形形状の作成方法　その②	…34
■ 押し出しコマンドの薄板フィーチャー	…6		■ 合致の方法	…39
■ 板金コマンド	…7		■ 板金に変換コマンド	…47
■ シェルコマンド	…11		■ ボディとは	…48
■ 箱型製品の突き合わせ・重ね合わせ	…12		■ 押し出しコマンドの薄板フィーチャー　厚みの設定	…51
■ 展開ラインコマンド	…12		■ サブアセンブリの活用	…61
■ 選択するエッジは内側？外側？	…13		■ レイアウトスケッチ	…62
■ 穴ウィザードコマンド	…23		■ 寸法のリンク	…63
■ 成形形状の作成方法　その①	…27		■ 分割ラインコマンド	…65
■ 便利な板金専用コマンド	…30		■ 角度制限合致	…67
■ はじめから板金モデルとしてモデリングする方法	…31		■ シェルコマンド　厚みの方向	…68
■ 板金部品のモデリングで気をつけるポイント	…32		■ 部品分割コマンド	…70
■ 曲げ逃げ	…33		■ ボディ保存コマンド	…73

APPENDIX　SheetWorks 基本操作ガイド

■ 板金製品の工程	…110		特徴③ SheetWorks によるモデリング機能	
■ 加工機の種類	…111		・多面体作成	…119
■ 「SheetWorks for Unfold」とは	…112		・三面図立体化	…120
■ SheetWorks コマンド一覧			・板金ソリッド作成	…122
■ SheetWorks による展開作業	…113		・板金加工ライブラリ	…124
特徴① SheetWorks による展開作業			その他の機能紹介	
・展開図作成	…114		・Microsoft Excel と連動したパラメトリック	…125
・バッチ展開処理	…116		・パターン入力	…125
特徴② SheetWorks によるアセンブリ編集			・3D リターンベンドグラフ	…125
・位置決めコマンド	…118			

本書の使用方法

本書は、基本問題と作成手順解説、応用問題で構成されています。

◉ 基本問題（図面）

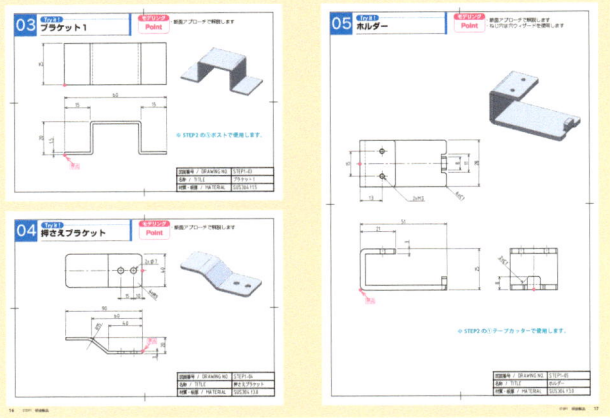

◉ 基本問題は2段階用意されています。3Dと図面を見ながら、各種モデルを作成してみましょう。

◉ モデル作成手順解説

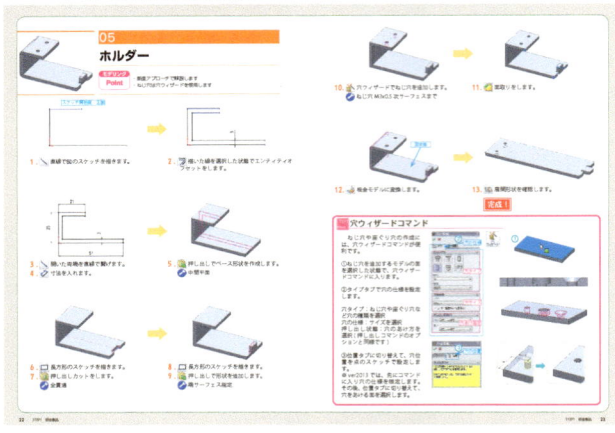

◉ 基本問題には解説があります。モデルの作成で行き詰ったときには、参照して作成を進めます。

◉ 解説・チェック・ポイントにはモデル作成に使用するコマンドの説明やヒントが載っています。

- …スケッチで使用するコマンドです。
- …フィーチャーで使用するコマンドです。
- …各フィーチャーコマンドの設定方法を紹介しています。

◉ 応用問題（図面）

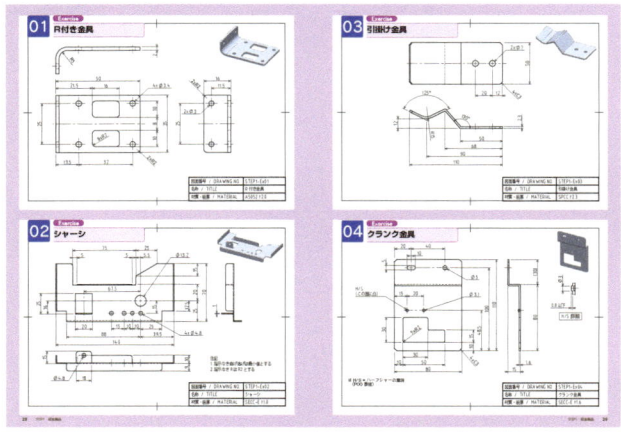

◉ 応用問題は図面から寸法や形状を読み取り、モデルを作成する力をつけるための問題になっています。

モデルの作成で困ったときはCADデータをダウンロードすることができます。

本書で使用するCADデータは、下記のWebサイトからダウンロードできるようになっています。

http://www.cadrise.jp/

詳しくは、巻末の読者限定の特典ページをご覧になり、CADデータを手に入れてください。

STEP 1
板金製品

- STEP1では、単品の板金製品を作成します。
- 2種類の基本的なモデル作成方法を解説します。

解説 板金部品のモデル作成方法

　板金製品を3次元モデルで作成する際には、「断面アプローチ」と「シェルアプローチ」の2種類のモデル作成方法があります。製品形状に合わせて、モデル作成方法を使い分けます。

●断面アプローチ
単純な曲げの製品（L曲げ・Z曲げ・ハット曲げ等）に有効です。
①板金製品の断面（板厚面）輪郭をスケッチで描きます。
②描いたスケッチを使用して、押し出しコマンドで形状を作成します。

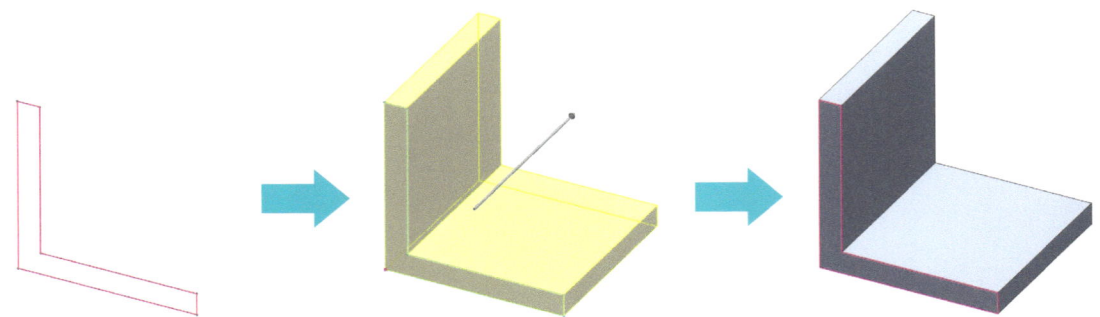

●シェルアプローチ
箱型の製品に有効です。
①板金製品のベース形状を作成します。
②シェルコマンドで薄板化します。

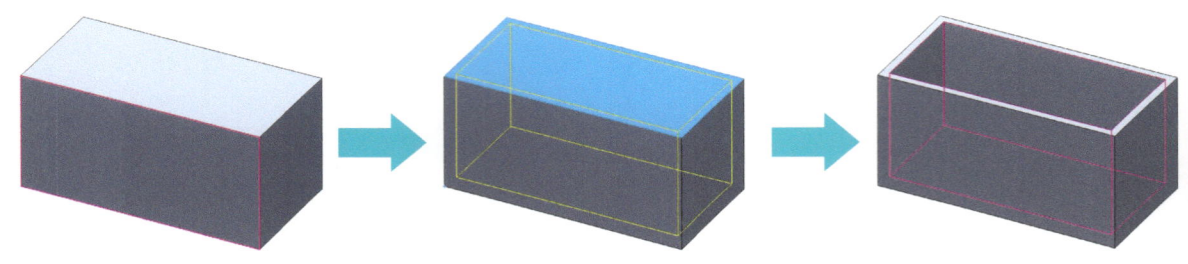

ポイント 押し出しコマンドの薄板フィーチャー

　押し出しコマンドのオプション「薄板フィーチャー」は、線のスケッチに厚みを指定して形状を作成することができます。※STEP1では寸法（内寸・外寸）がつけやすい断面の輪郭をスケッチで描く方法で解説します。

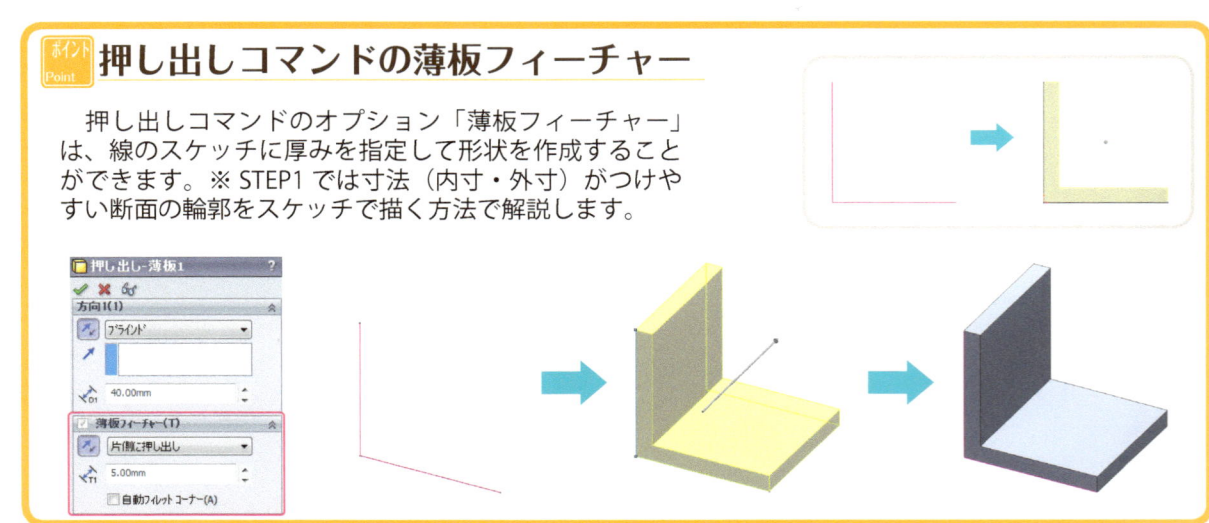

チェック 板金コマンド

　板金コマンドは、曲げ（ベンド）や曲げ逃げ（リリーフ）などを追加します。板金コマンドを使用する場合には、厚さが均一になるようにモデルを作成する必要があります。本書では、変換されたモデルを「板金モデル」と呼びます。板金モデルは、曲げ加工前の展開状態を確認することができます。
※本書では、押し出しコマンドなどで作成した後に、板金モデルに変換する方法で解説します。

●板金モデル化の手順（本書での設定）

①押し出しコマンドなどでモデルを作成します。

②板金コマンドに入ります。

③ベンドパラメータを設定します。

固定面：モデルの面をクリックして選択
（展開状態の基準面になります）

ベンド半径：0mm
（内Rのことです。特に指定がない場合は、0mmにします）

④ベンド許容差を設定します。

ベンド許容差タイプ：
　K係数、0.5
（特に指定がない場合は、0.5にします）

⑤自動リリーフを設定します。
（曲げ逃げが必要な場合は、自動リリーフにチェックを入れます）

自動リリーフタイプ：矩型
リリーフレシオ：0.05
（特に指定がない場合は、0.05にします）

⑥OKボタンでコマンドを実行します。

⑦板金モデルに変換されます。
（履歴に図のようなフィーチャーが追加されます）

⑧展開コマンドで展開形状を確認することができます。
※展開コマンドは、確認のためだけに使用します。確認後は展開コマンドを解除し、元の状態に戻しておきます。

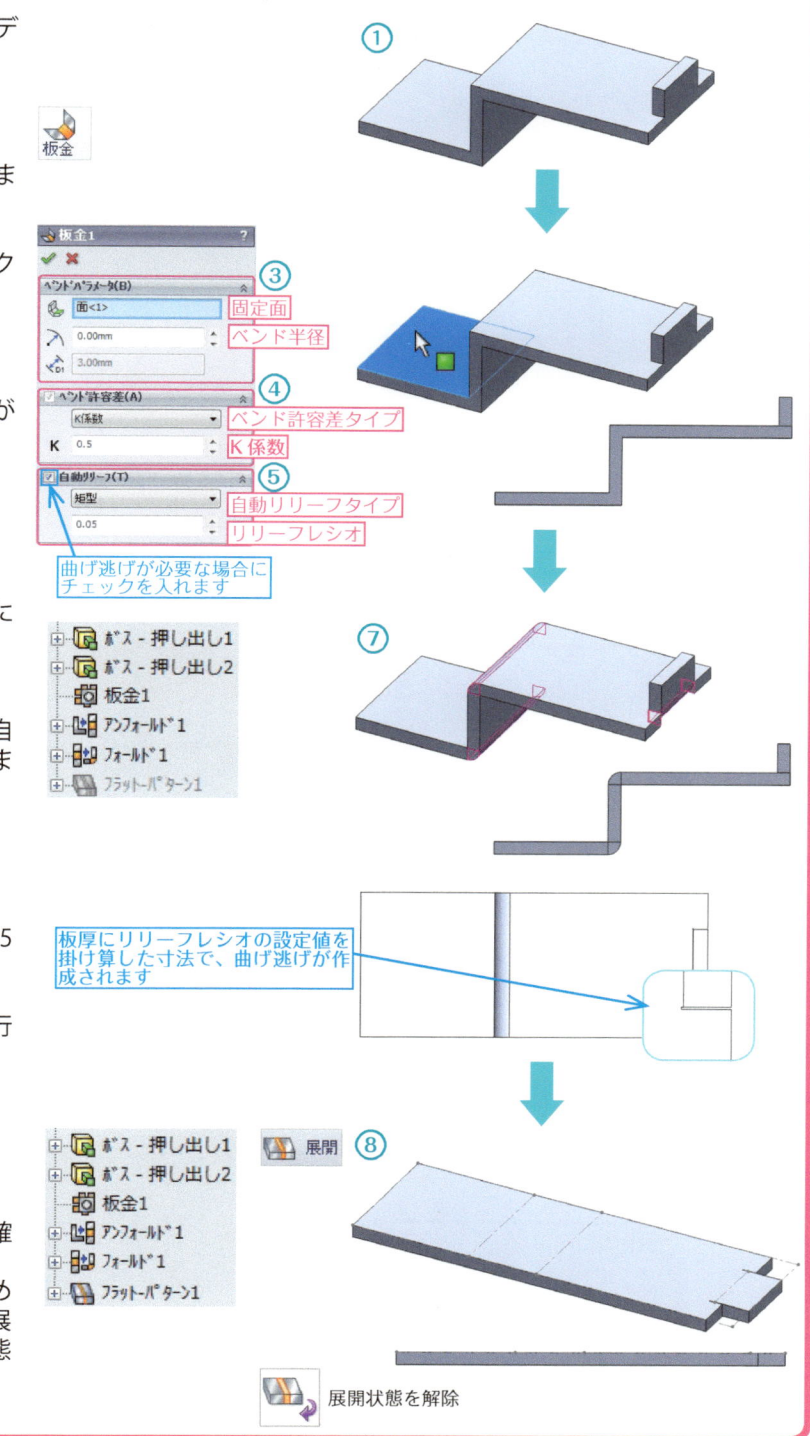

STEP1　板金製品　7

01 Try it! L金具

モデリングPoint ・作成方法を2つのアプローチで解説します

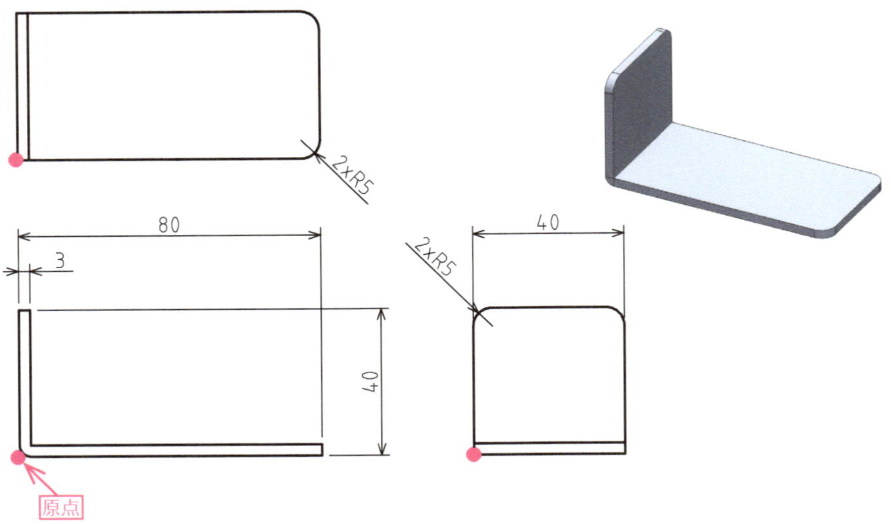

図面番号 / DRAWING NO.	STEP1-01
名称 / TITLE	L金具
材質・板厚 / MATERIAL	SUS304 t3.0

01a L金具（断面アプローチ）

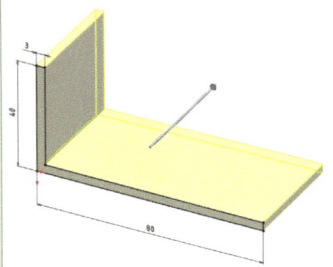

モデリングPoint
・断面の輪郭をスケッチします
・押し出しコマンドで作成します

スケッチ開始面：正面

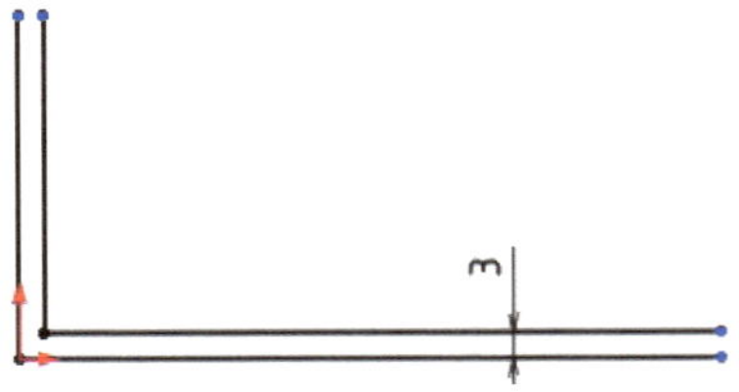

1. 直線で図のスケッチを描きます。

2. 描いた線を選択した状態でエンティティオフセットをします。

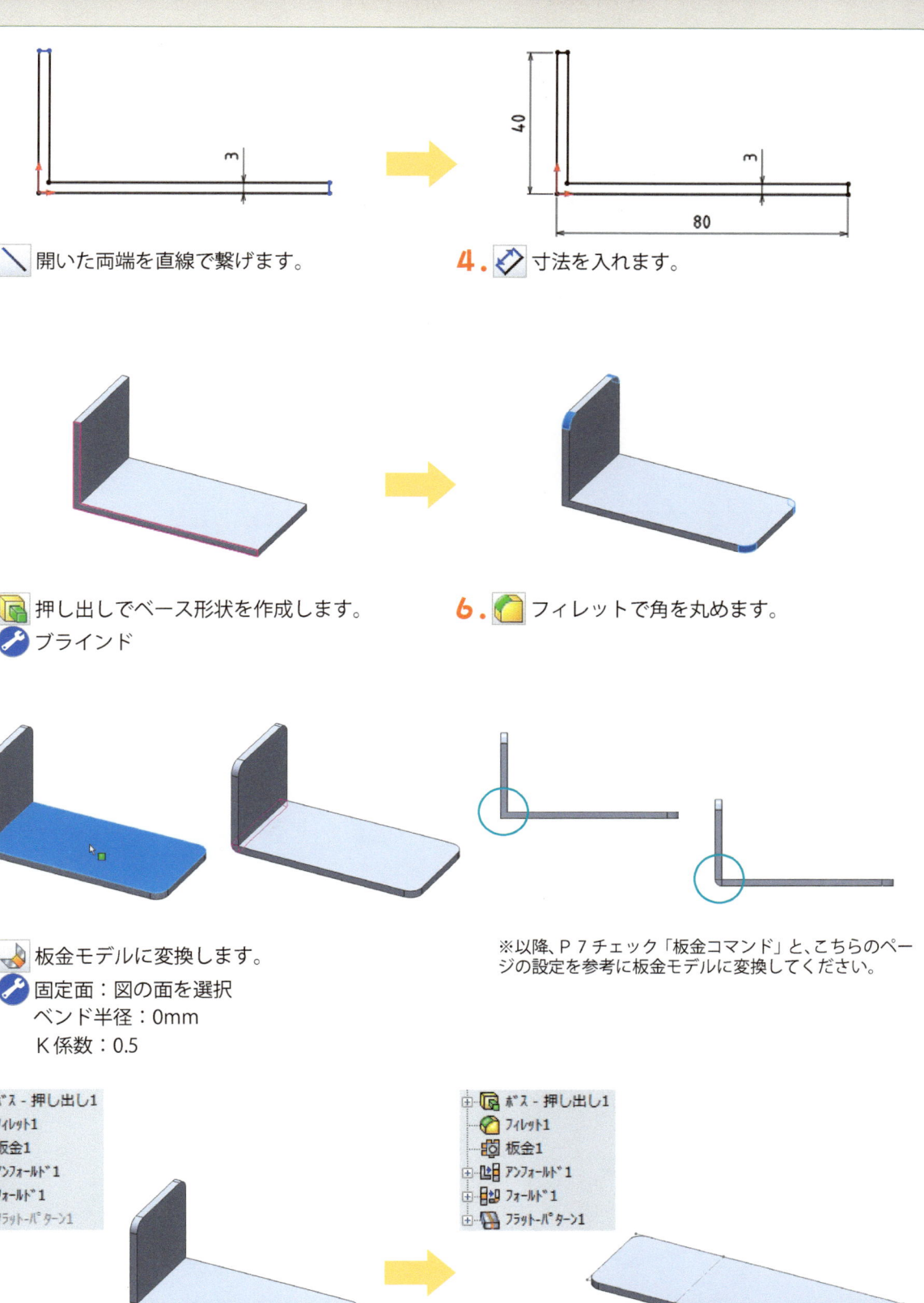

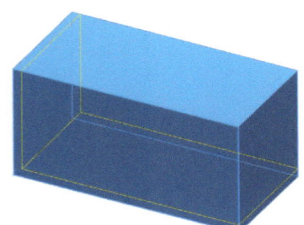

01b

L 金具（シェルアプローチ）

モデリング Point
・押し出しコマンドでベース形状を作成します
・シェルコマンドで薄板化

1. 長方形のスケッチを描きます。

2. 寸法を入れます。

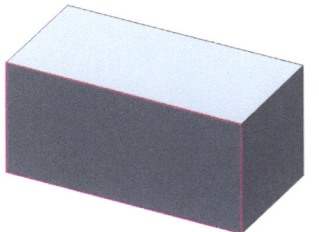

3. 押し出しでベース形状を作成します。
   ブラインド

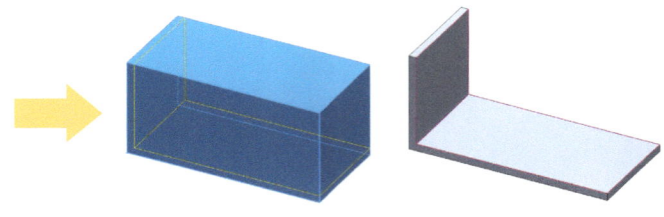

4. シェルで薄板化します。
   削除する面：4箇所の面を選択

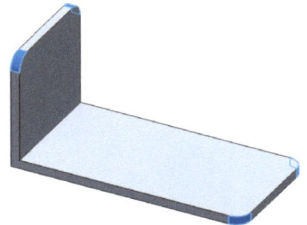

5. フィレットで角を丸めます。

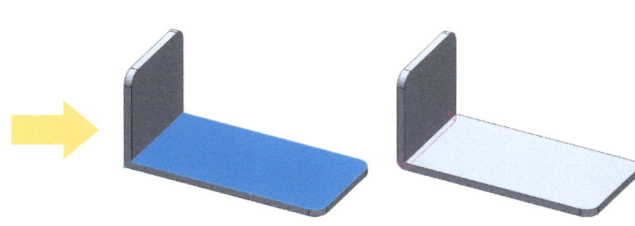

6. 板金モデルに変換します。

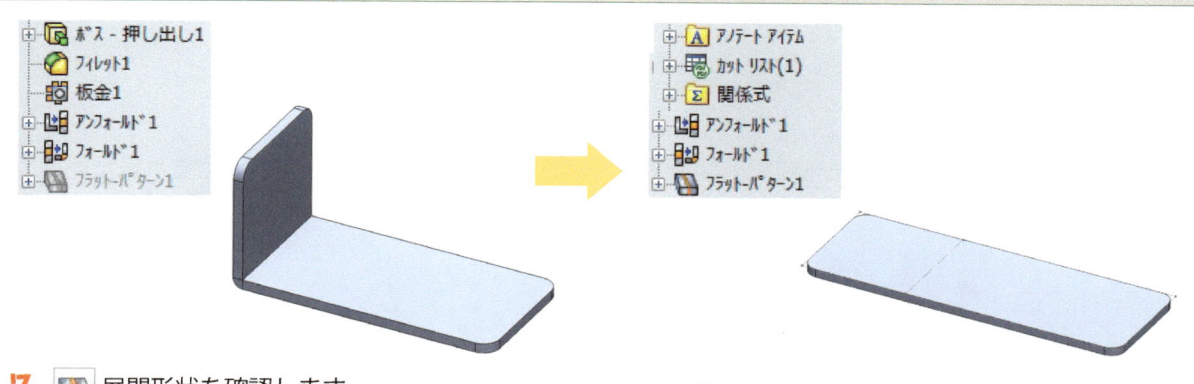

7. 展開形状を確認します。

> **チェック Check**
>
> ## シェルコマンド
>
> シェルコマンドは、モデルの外面から指定した厚み分を残して、削除するフィーチャーです。さらに指定した面を削除することができます。 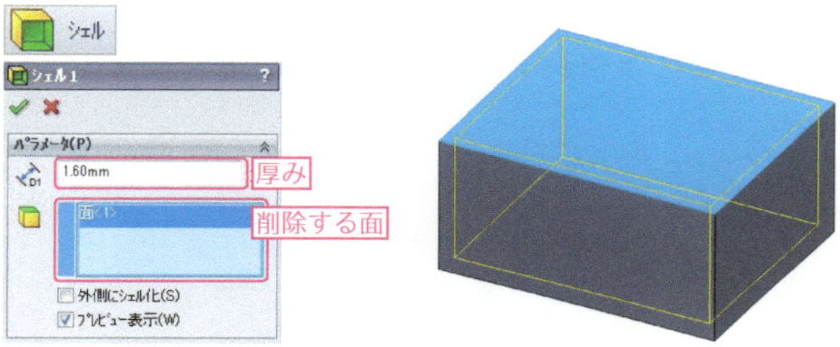
>
> 削除する面の指定によりさまざまなモデルが作成できます。 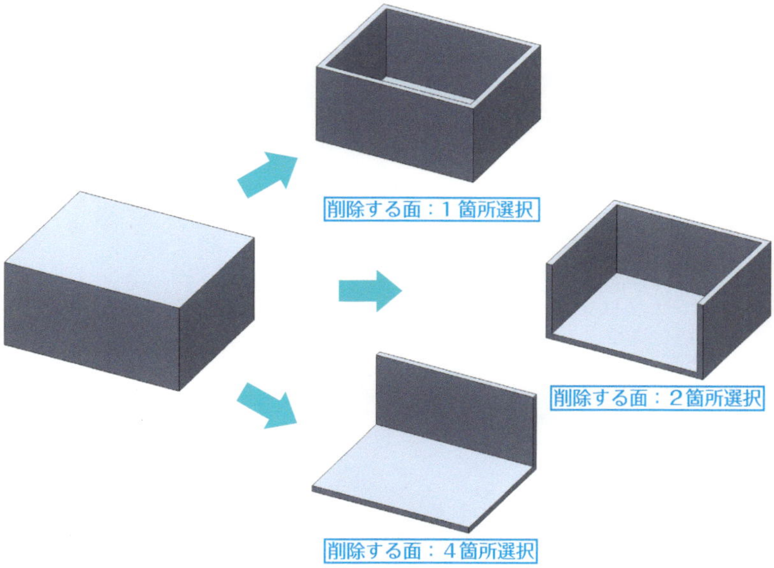
>
> 板金部品のように板厚が均一なモデルや成形形状の構築で威力を発揮します。
>
> 削除する面：1箇所選択
>
> 削除する面：2箇所選択
>
> 削除する面：4箇所選択
>
> 外形にR形状をつけておくと、内側も板厚を保ちながらR形状が作成されます
>
> 外形に成形形状をつけておくと、内側も板厚を保ちながら成形形状が作成されます

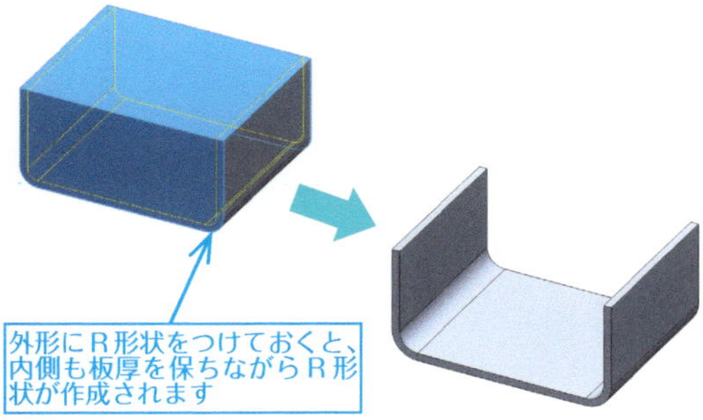

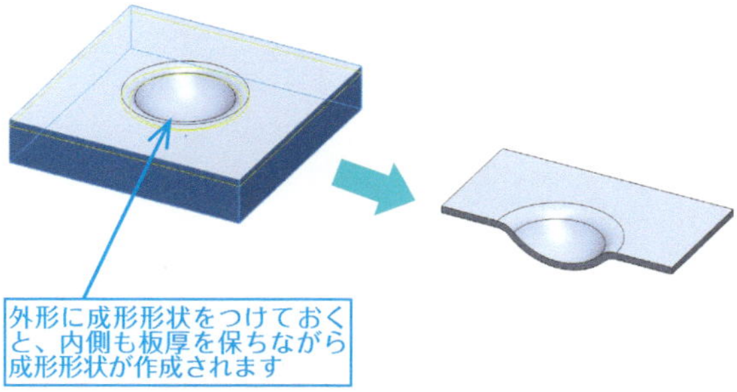

解説 箱型製品の突き合わせ・重ね合わせ

　箱型製品を板金モデルに変換する際には、板金タブの展開ラインコマンドで突き合わせを作成します。製品形状に合わせて、両引き・片引きの突き合わせや重ね合わせ、隙間のギャップ距離を設定します。

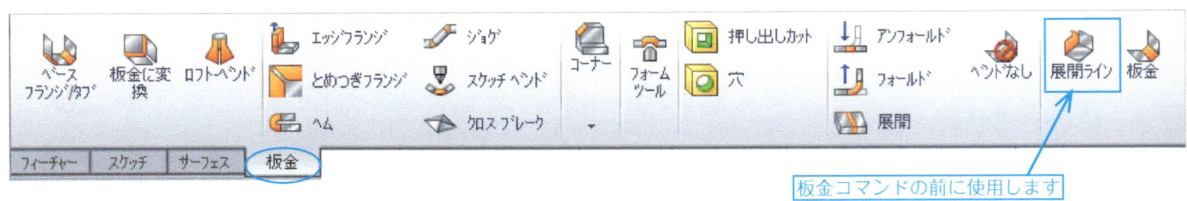

板金コマンドの前に使用します

チェック 展開ラインコマンド

　展開ラインコマンドは、箱型製品の突き合わせや重ね合わせを設定します。モデルのエッジやスケッチを突き合わせ線に指定できます。

●展開ライン作成の手順

①押し出しコマンドやシェルコマンドなどでモデルを作成します。

②展開ラインコマンドに入ります。

③突き合わせ線にするエッジを選択します。エッジを選択すると矢印が現れます。

④矢印をクリックして突き合わせ方向を切り替えます。

両引き：矢印が２方向
片引き：矢印が１方向

※片引きの矢印から両引きの矢印に戻すには、突き合わせ線を一度解除してからもう一度選択します。

⑤展開ラインのギャップを設定します。

ギャップの値：0.01mm
（特に指定がない場合は、0.01mmにします。右の図ではわかりやすいように1mmにしています）

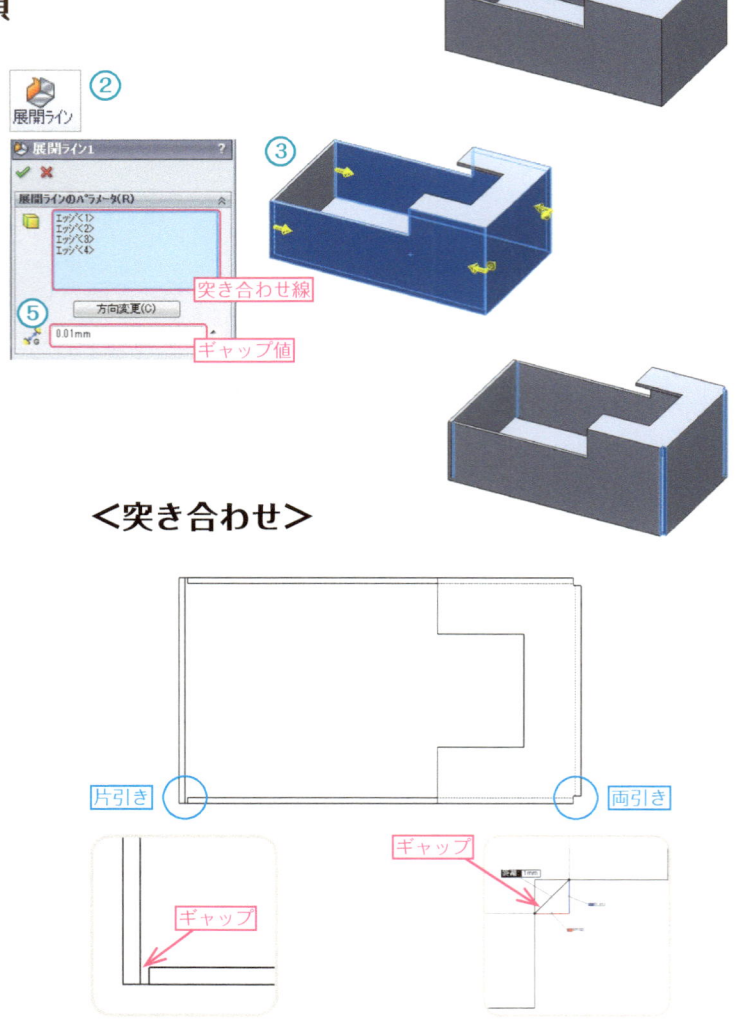

※モデルのエッジ以外にスケッチも突き合わせ線に指定できます。

⑥スケッチで突き合わせにする線を直線で描きます。

⑦展開ラインコマンドに入ります。

⑧描いたスケッチを選択します。
（ここでは両引きにしています）

⑨展開ラインのギャップを設定します。

ギャップの値：0.01mm
（右の図ではわかりやすいように1mmにしています）

⑩板金コマンドで板金モデルに変換します。

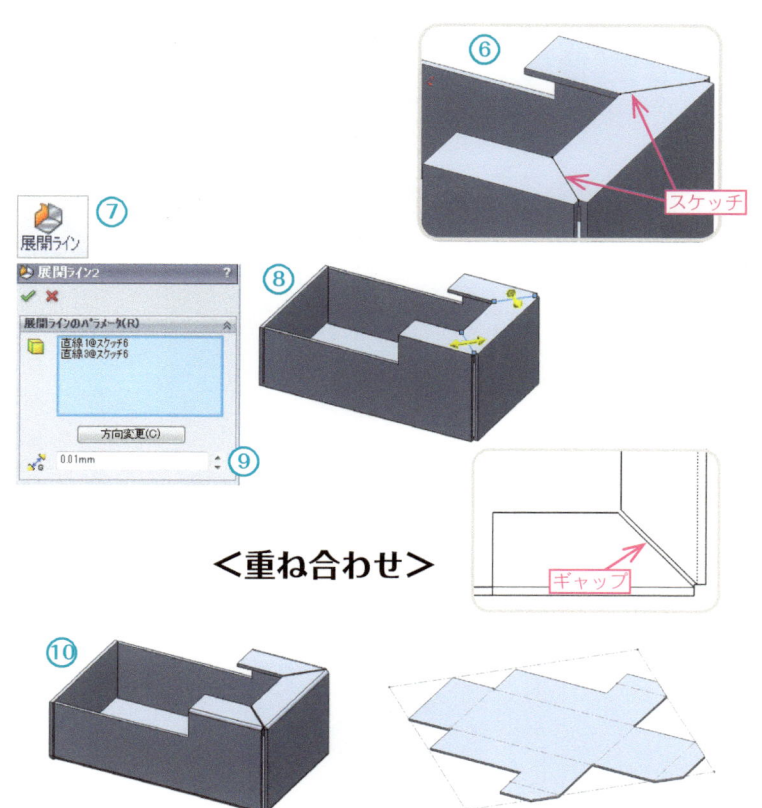

<重ね合わせ>

ポイント 選択するエッジは内側？外側？

選択するエッジによって得られる結果が異なります。右の図のようなフランジがある箱型製品の場合には、内側からエッジを選択します（外側からエッジを選択すると展開することができません）。

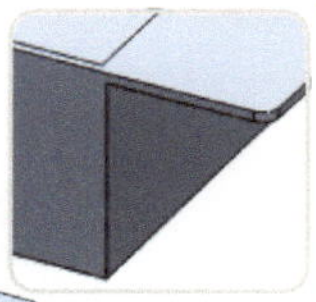

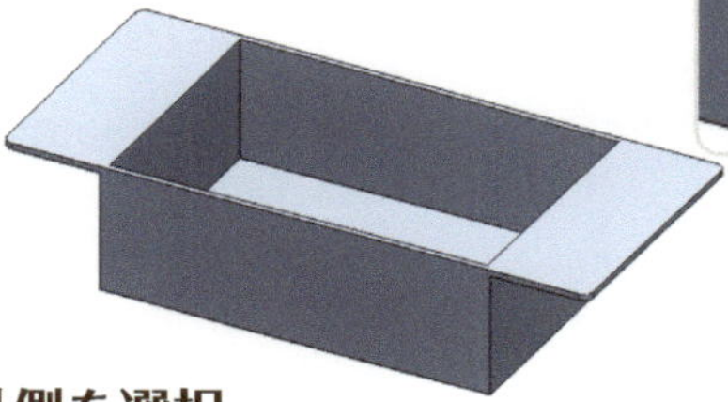

●内側を選択

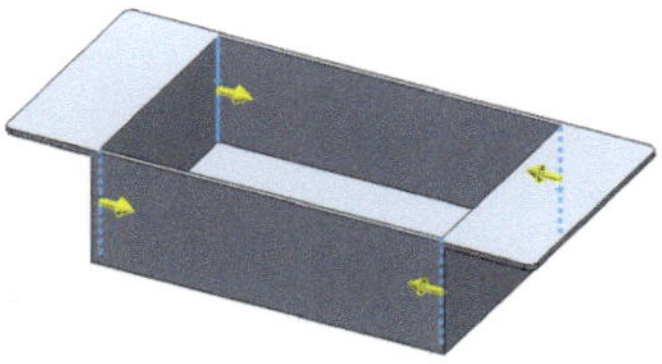

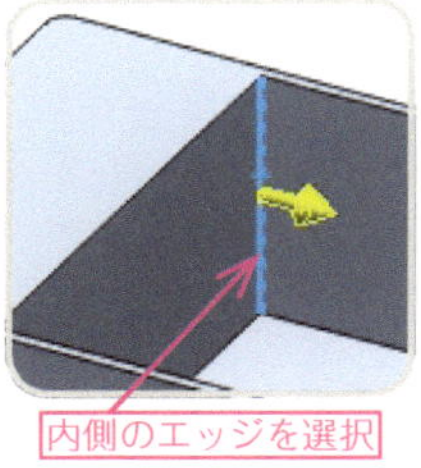

内側のエッジを選択

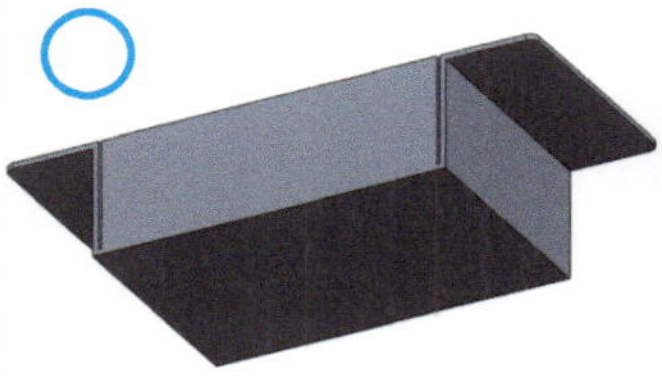

○

●外側を選択

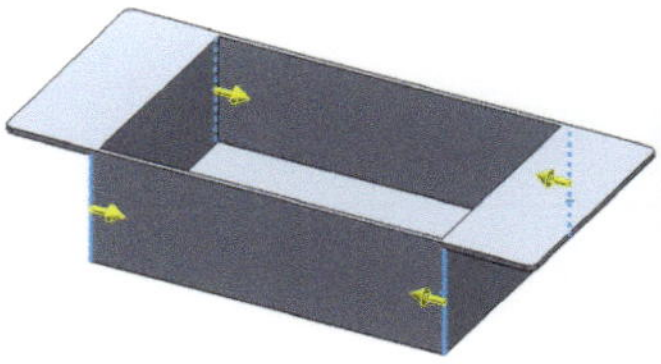

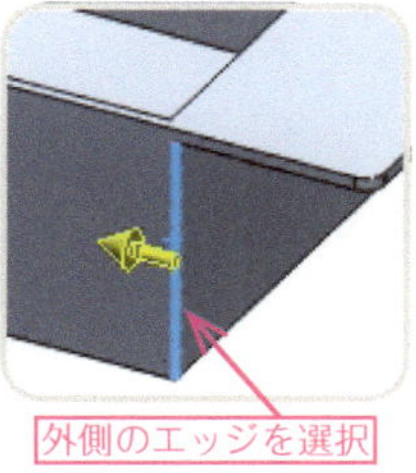

外側のエッジを選択

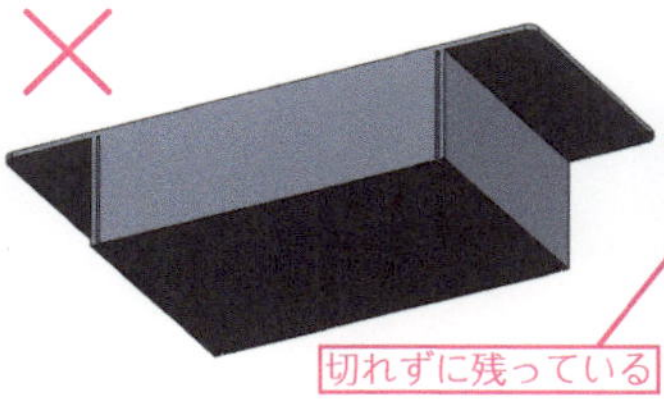

×

切れずに残っている

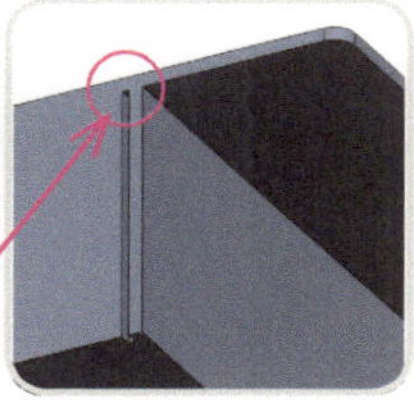

02 三面金具

Try it!

モデリング Point
・シェルアプローチで解説します
・展開ラインで突き合わせを作成します

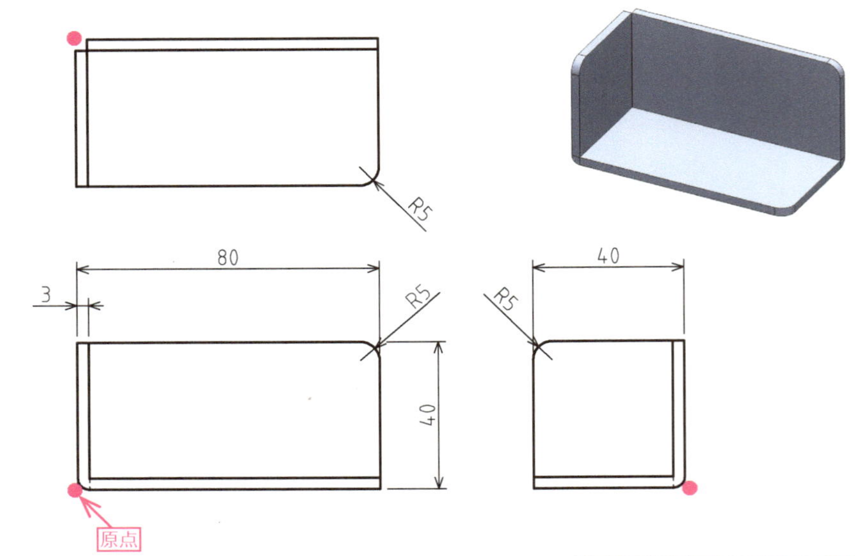

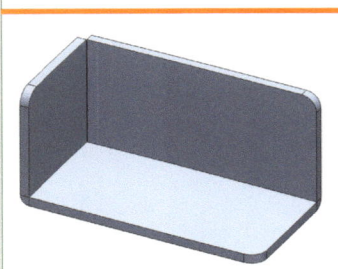

図面番号 / DRAWING NO.	STEP1-02
名称 / TITLE	三面金具
材質・板厚 / MATERIAL	SUS304 t3.0

---

02 三面金具

モデリング Point
・シェルアプローチで解説します
・展開ラインで突き合わせを作成します

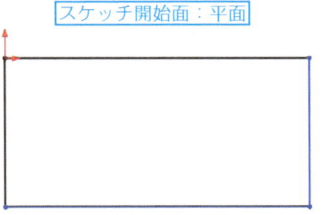

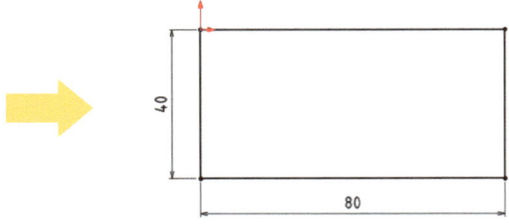

1. 長方形のスケッチを描きます。

2. 寸法を入れます。

14　STEP1　板金製品

3. 押し出しでベースの形状を作成します。
   ブラインド

4. シェルで薄板化します。
   削除する面：3箇所の面を選択

5. フィレットで角を丸めます。

6. 展開ラインで突き合わせを作成します。
   両引き：1箇所のエッジを選択
   展開ラインのギャップ：0.1mm
   ※以降、P12 チェック「展開ラインコマンド」と、こちらのページの設定を参考に展開ラインを入れてください。

7. 板金モデルに変換します。

8. 展開形状を確認します。

完成！

03 Try it! ブラケット1

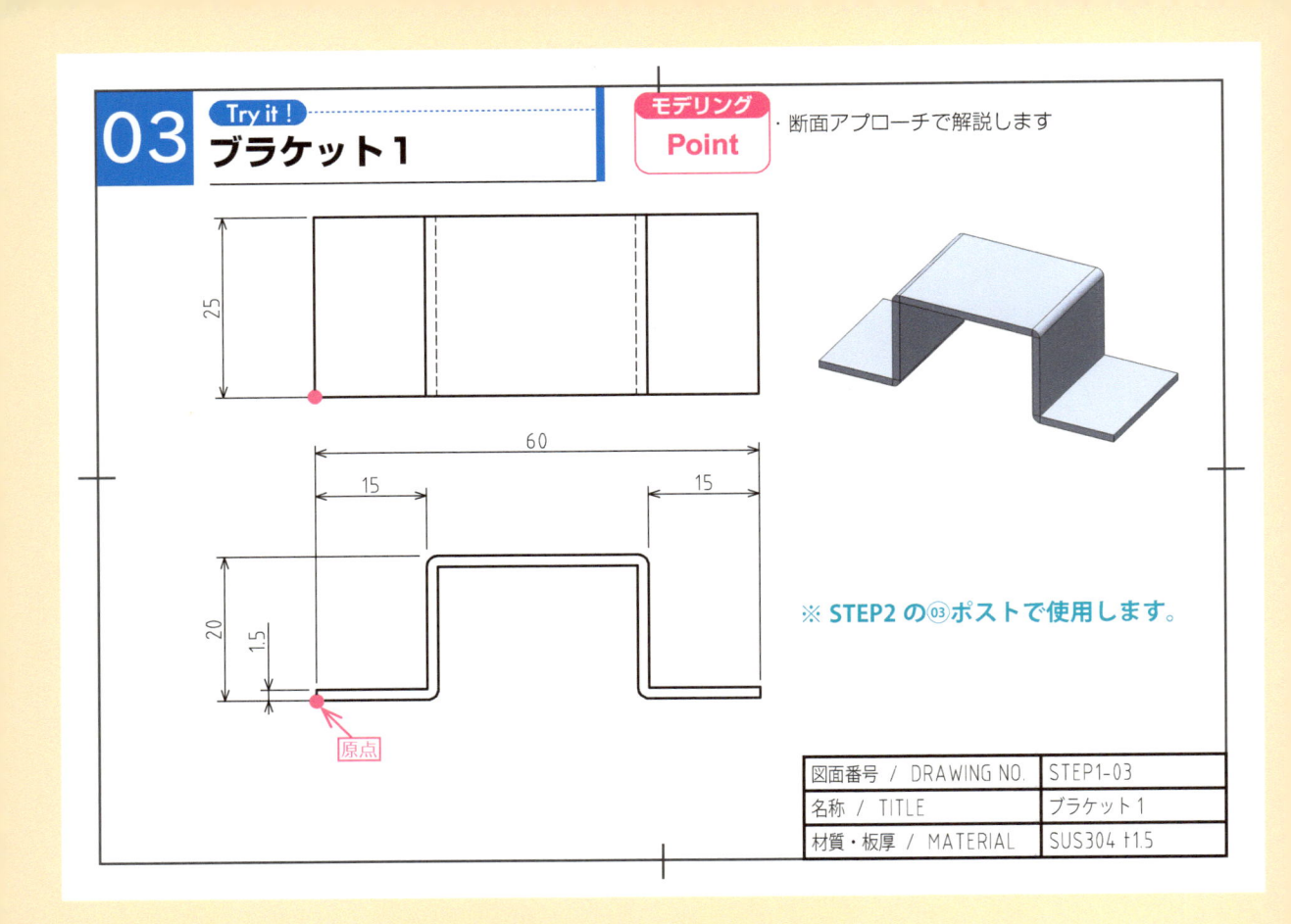

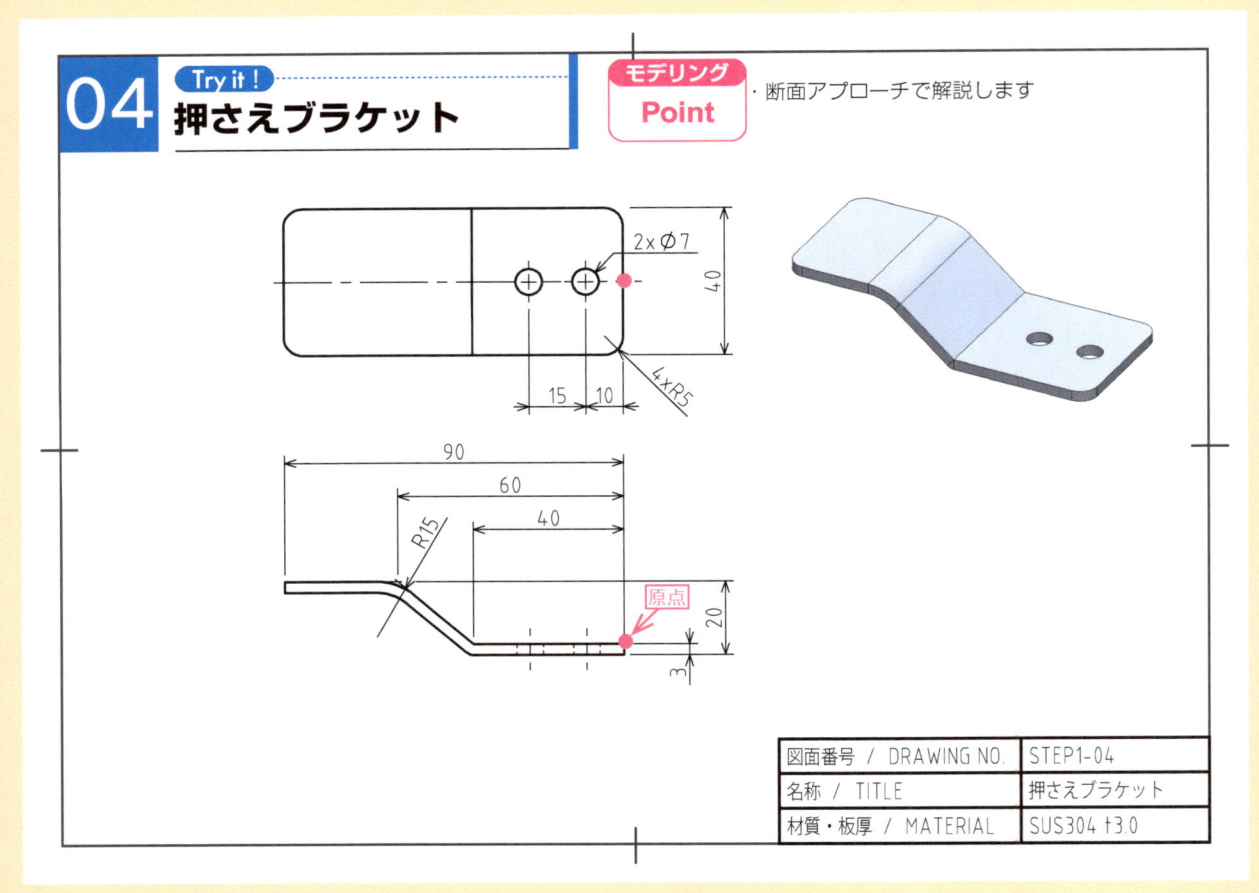

モデリング Point: 断面アプローチで解説します

※ STEP2 の ③ ポストで使用します。

図面番号 / DRAWING NO.	STEP1-03
名称 / TITLE	ブラケット1
材質・板厚 / MATERIAL	SUS304 t1.5

04 Try it! 押さえブラケット

モデリング Point: 断面アプローチで解説します

図面番号 / DRAWING NO.	STEP1-04
名称 / TITLE	押さえブラケット
材質・板厚 / MATERIAL	SUS304 t3.0

05 Try it! **ホルダー**

モデリング Point
・断面アプローチで解説します
・ねじ穴は穴ウィザードを使用します

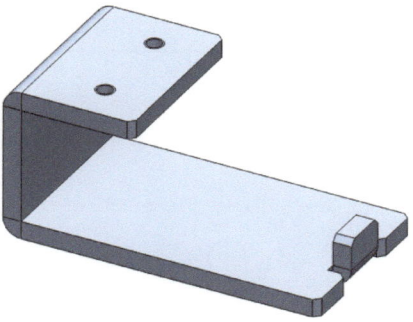

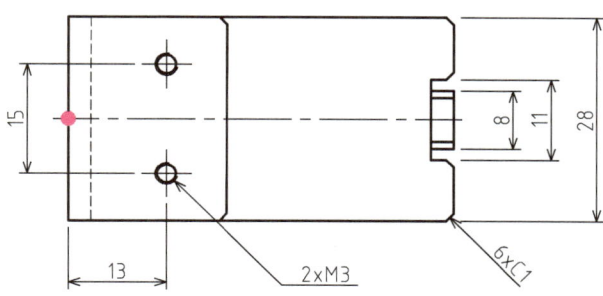

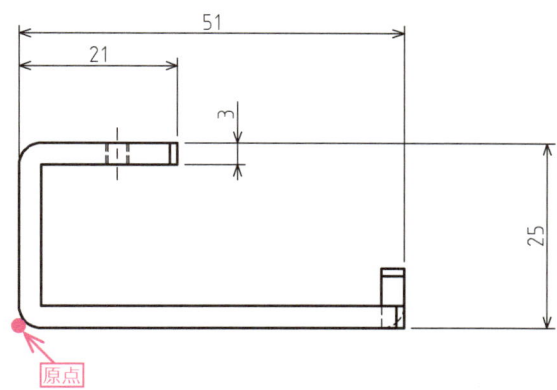

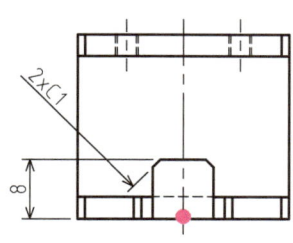

※ STEP2 の⑴テープカッターで使用します。

図面番号 / DRAWING NO.	STEP1-05
名称 / TITLE	ホルダー
材質・板厚 / MATERIAL	SUS304 t3.0

06 Try it! 止め金具

モデリング Point：シェルアプローチで解説します

図面番号 / DRAWING NO.	STEP1-06
名称 / TITLE	止め金具
材質・板厚 / MATERIAL	SUS304 t1.5

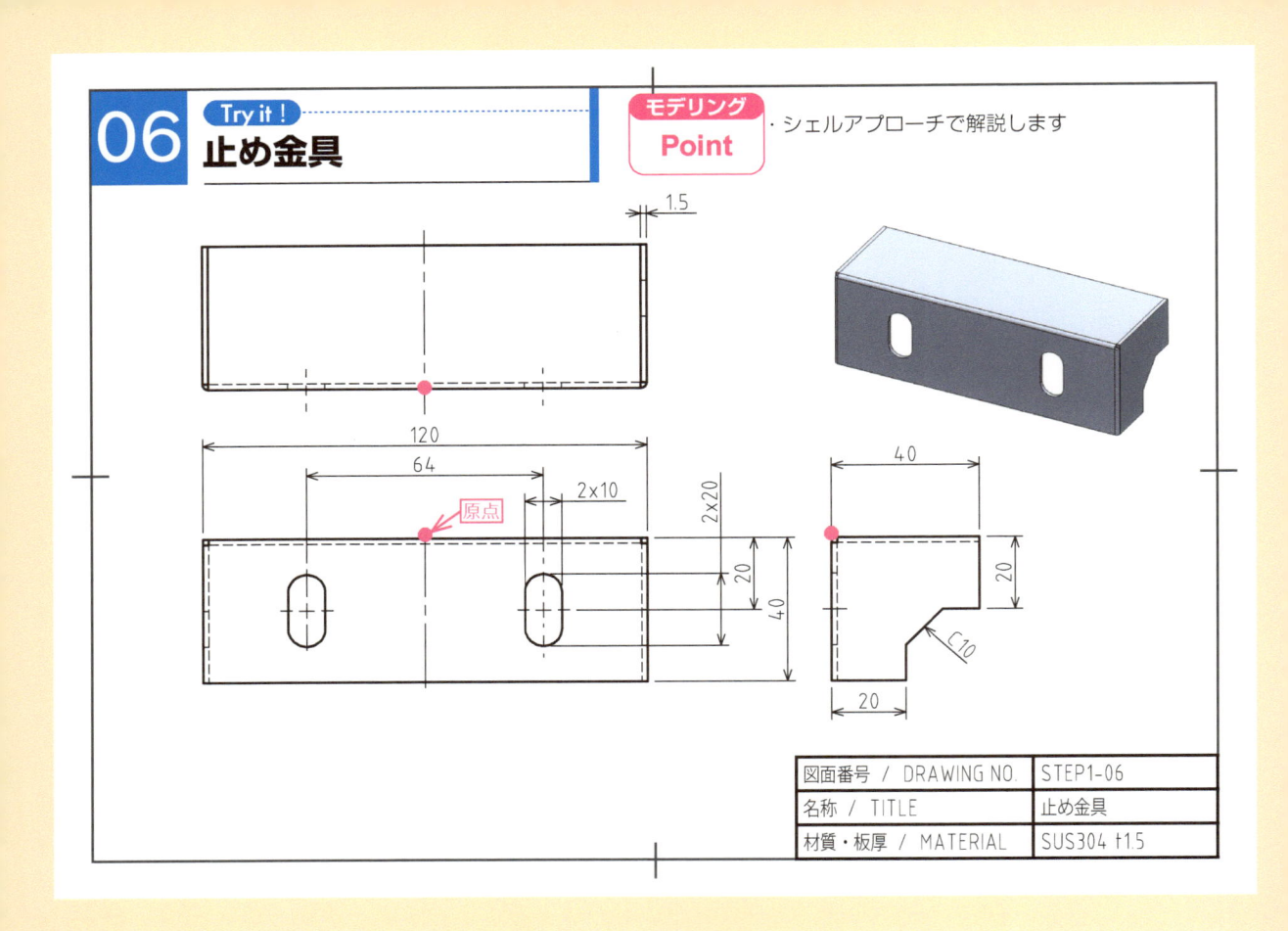

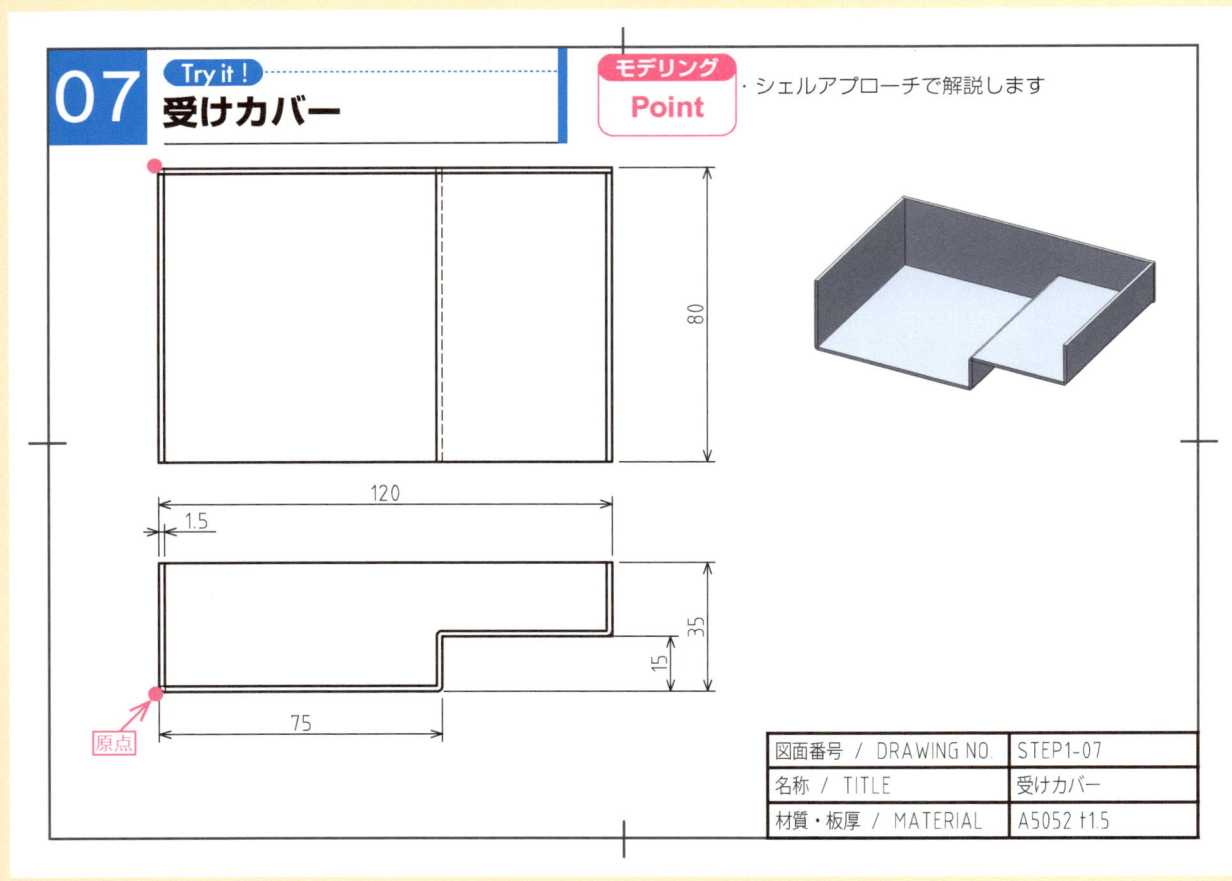

寸法：1.5、120、64、2×10、2×20、20、40、40、20、20、C10
原点

07 Try it! 受けカバー

モデリング Point：シェルアプローチで解説します

寸法：80、120、1.5、75、35、15
原点

図面番号 / DRAWING NO.	STEP1-07
名称 / TITLE	受けカバー
材質・板厚 / MATERIAL	A5052 t1.5

08 通気カバー

Try it !

モデリング Point
・シェルアプローチで解説します
・成形形状を作成します

断面図 A-A
Ø18
Ø30
5

断面図 B-B
R5
5

250
200
70 70
1.6

P15×5=75
2×R8
15
8
40
50
80

図面番号 / DRAWING NO.	STEP1-08
名称 / TITLE	通気カバー
材質・板厚 / MATERIAL	SECC t1.0

STEP1 板金製品

03 ブラケット１

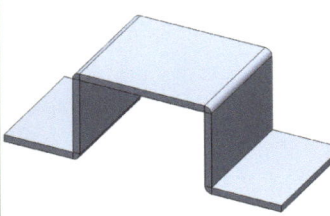

モデリング Point
・断面アプローチで解説します

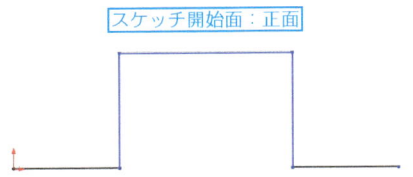

1. ✏ 直線で図のスケッチを描きます。

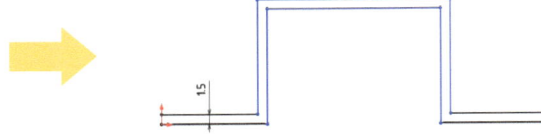

2. 描いた線を選択した状態でエンティティオフセットをします。

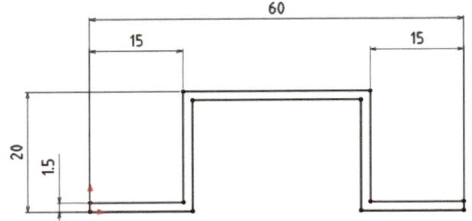

3. ✏ 開いた両端を直線で繋げます。
4. 寸法を入れます。

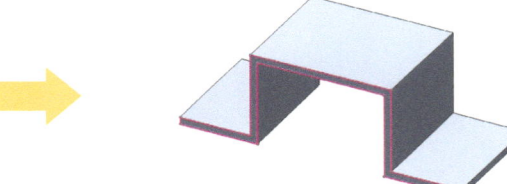

5. 押し出しでベース形状を作成します。
   🔧 ブラインド

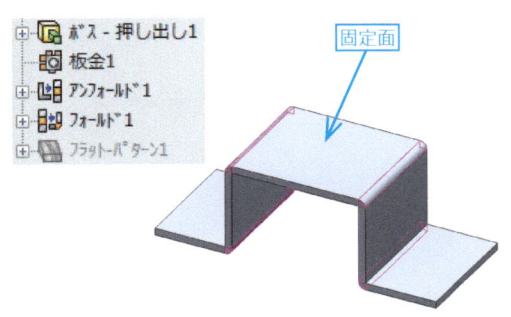

6. 板金モデルに変換します。

7. 展開形状を確認します。

完成！

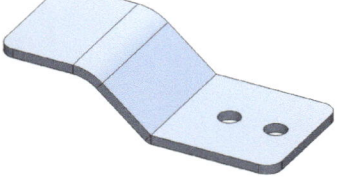

04 押さえブラケット

モデリング Point
・断面アプローチで解説します

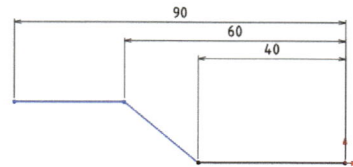

1. 直線で図のスケッチを描きます。

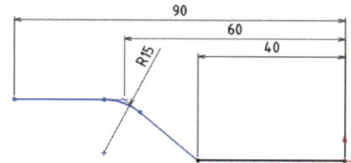

2. スケッチフィレットでRをつけます。

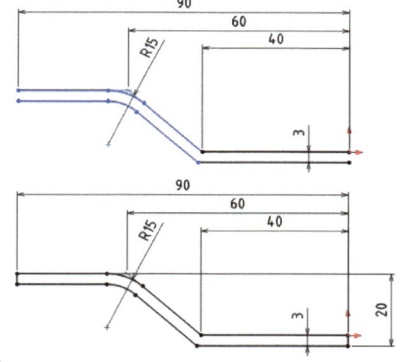

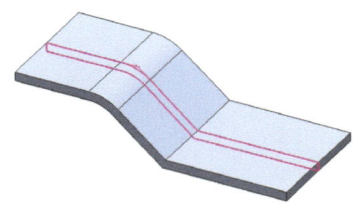

3. 描いた線を選択した状態でエンティティオフセットをします。
   開いた両端を直線で繋げます。

4. 押し出しでベース形状を作成します。
   🔧 中間平面

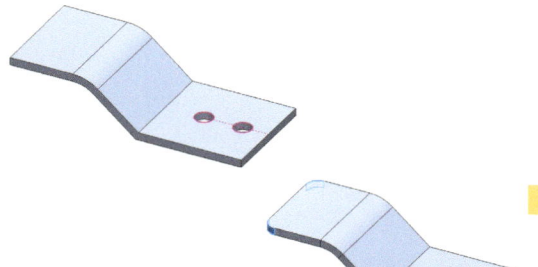

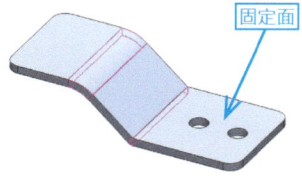

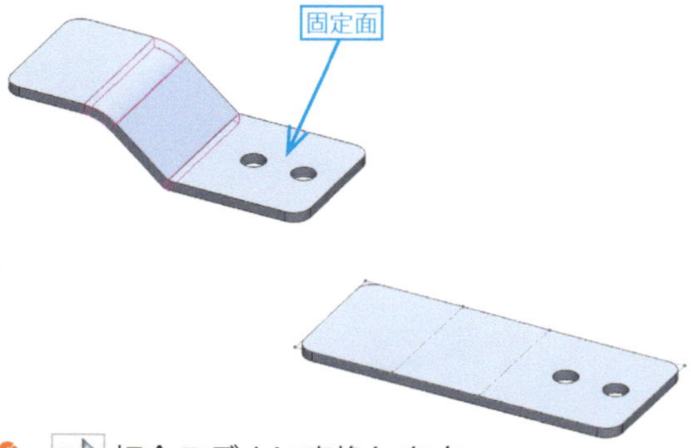

5. 円のスケッチを描きます。
6. 押し出しカットをします。
   🔧 全貫通
7. フィレットで角を丸めます。

8. 板金モデルに変換します。
9. 展開形状を確認します。

完成！

05 ホルダー

モデリング Point
・断面アプローチで解説します
・ねじ穴は穴ウィザードを使用します

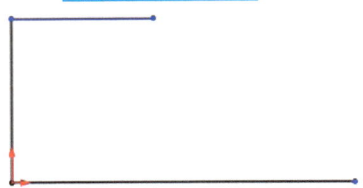  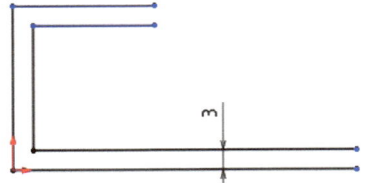

1. 直線で図のスケッチを描きます。
2. 描いた線を選択した状態でエンティティオフセットをします。

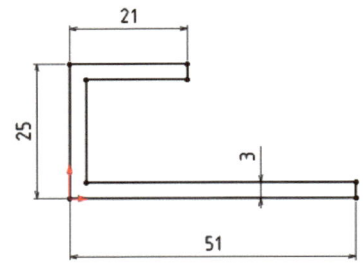  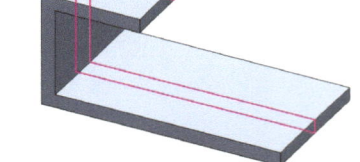
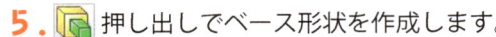

3. 開いた両端を直線で繋げます。
4. 寸法を入れます。
5. 押し出しでベース形状を作成します。
   🔧 中間平面

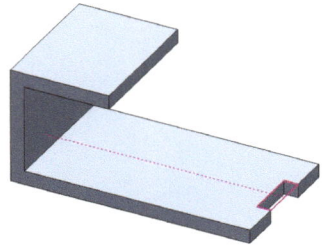 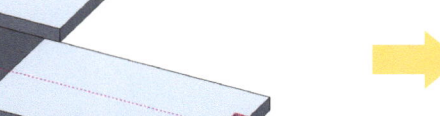 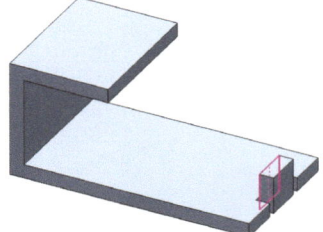

6. 長方形のスケッチを描きます。
7. 押し出しカットをします。
   🔧 全貫通
8. 長方形のスケッチを描きます。
9. 押し出しで形状を追加します。
   🔧 端サーフェス指定

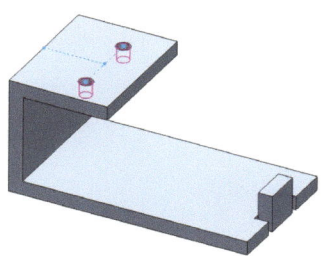
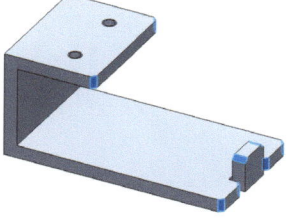

10.  穴ウィザードでねじ穴を追加します。
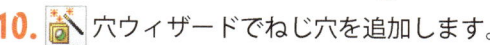 ねじ穴 M3x0.5 次サーフェスまで

11. 面取りをします。

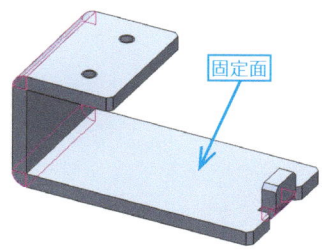
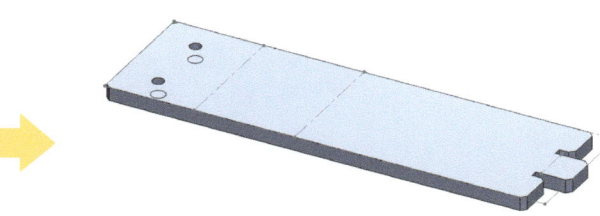

12. 板金モデルに変換します。

13. 展開形状を確認します。

完成！

穴ウィザードコマンド

ねじ穴や座ぐり穴の作成には、穴ウィザードコマンドが便利です。

①ねじ穴を追加するモデルの面を選択した状態で、穴ウィザードコマンドに入ります。

②タイプタブで穴の仕様を設定します。

穴タイプ：ねじ穴や座ぐり穴など穴の種類を選択
穴の仕様：サイズを選択
押し出し状態：穴のあけ方を選択（押し出しコマンドのオプションと同様です）

③位置タブに切り替えて、穴位置を点のスケッチで設定します。
※ ver2013 では、コマンドに入り穴の仕様を設定します。位置タブに切り替えた後に、穴をあける面を選択します。

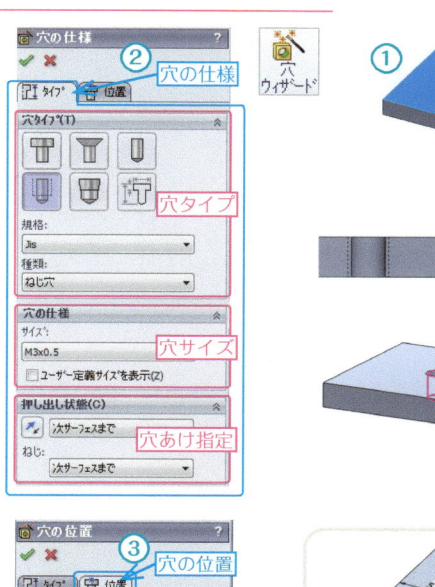
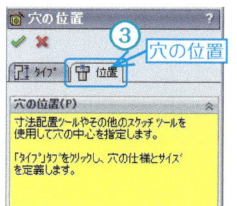
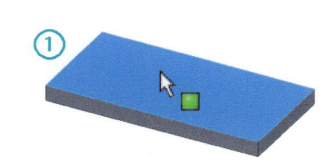
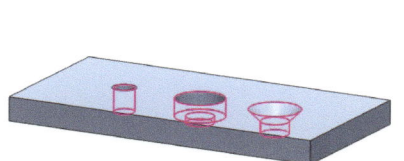
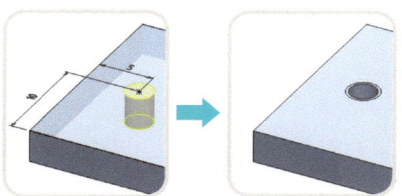

06 止め金具

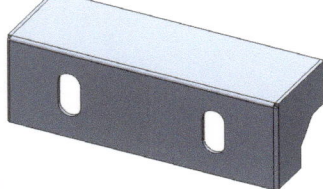

モデリング Point　・シェルアプローチで解説します

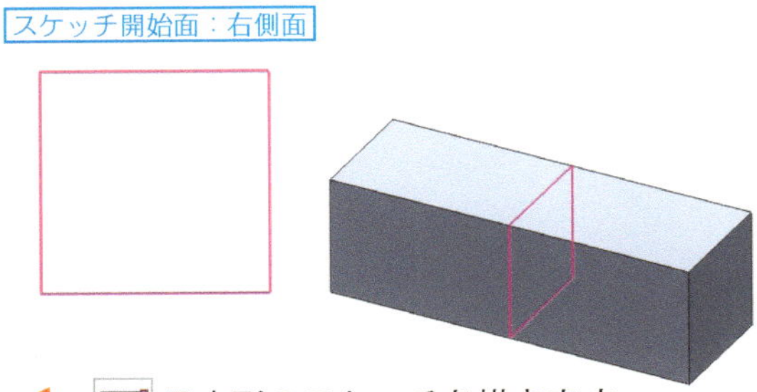

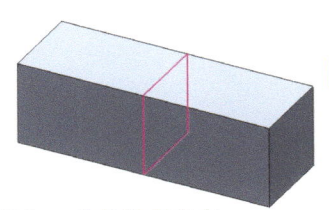

1. 長方形のスケッチを描きます。
2. 押し出しでベース形状を作成します。
   - 中間平面

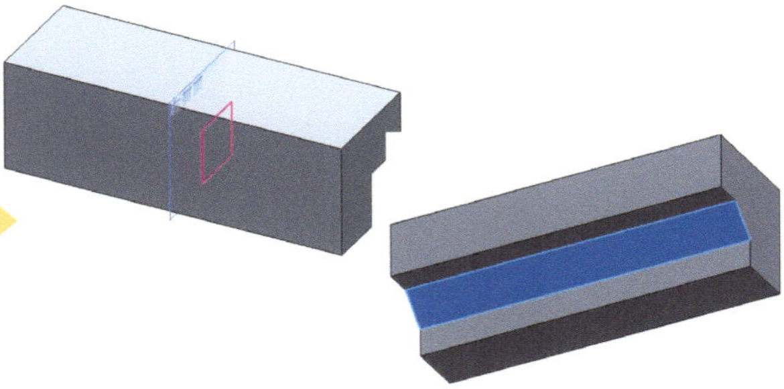

3. 図のスケッチを描きます。
4. 押し出しカットをします。
   - 全貫通
5. 面取りをします。

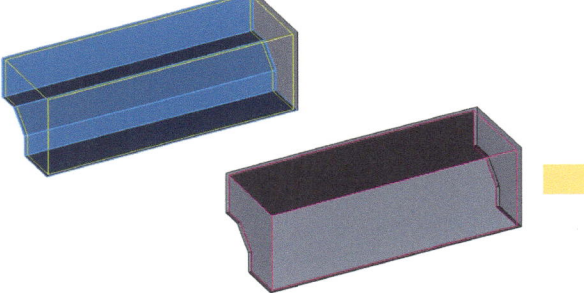
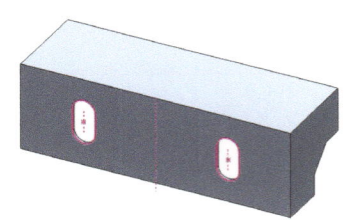

6. シェルで薄板化します。
   - 削除する面：5箇所の面を選択

7. 図のスケッチを描きます。
8. 押し出しカットをします。
   - 全貫通

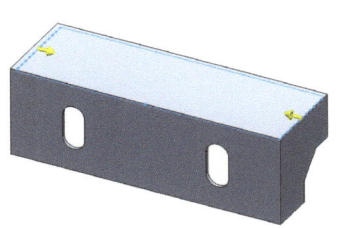

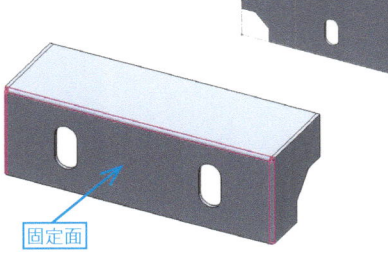

9. 展開ラインで突き合わせを作成します。
   - 片引き：2箇所のエッジを選択
   - 展開ラインのギャップ：0.01mm
   - P12 チェック「展開ラインコマンド」参照。

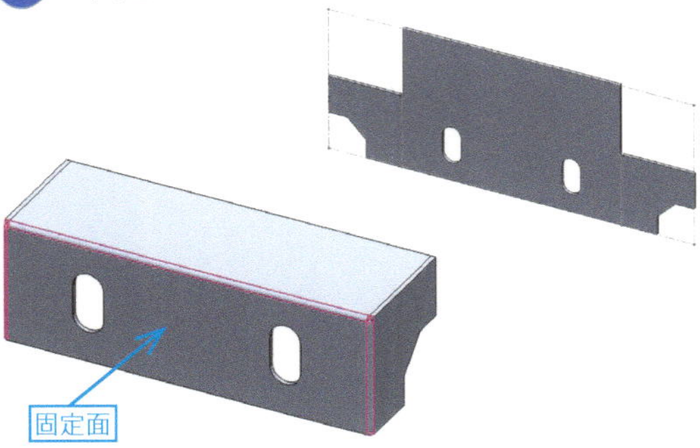

10. 板金モデルに変換します。
11. 展開形状を確認します。

完成！

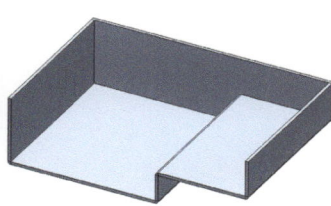

07 受けカバー

モデリング Point ・シェルアプローチで解説します

1. 📐 長方形のスケッチを描きます。

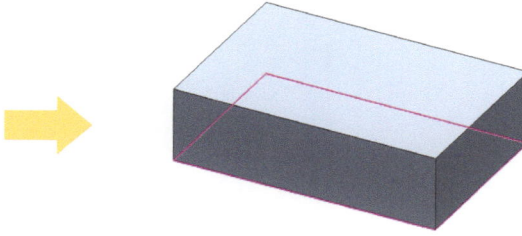

2. 🔲 押し出しでベース形状を作成します。
   🔧 ブラインド

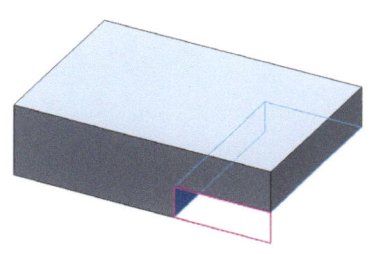

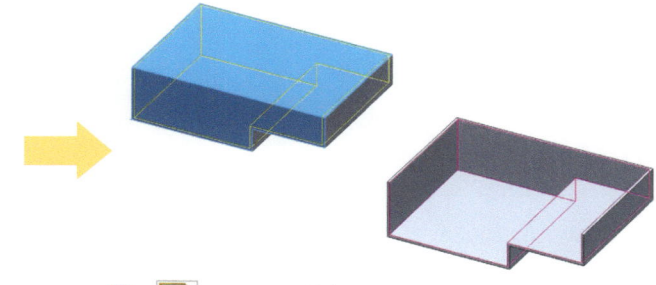

3. 📐 長方形のスケッチを描きます。
4. 🔲 押し出しカットをします。
   🔧 全貫通

5. 🟩 シェルで薄板化します。
   🔧 削除する面：2箇所の面を選択

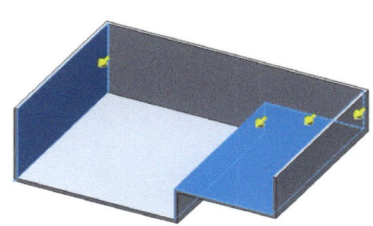

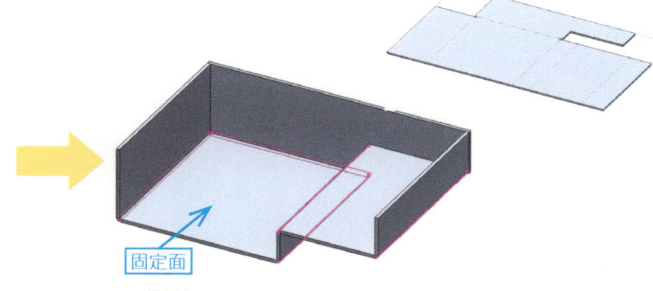

6. 🪄 展開ラインで突き合わせを作成します。
   🔧 片引き：4箇所のエッジを選択

7. 🛠 板金モデルに変換します。
8. 📐 展開形状を確認します。

完成！

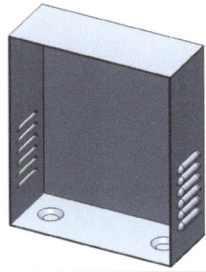

08
通気カバー

モデリング Point
・シェルアプローチで解説します
・成形形状を作成します

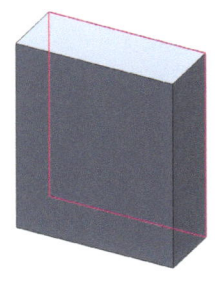

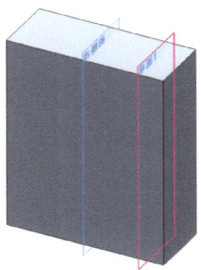

1. 長方形のスケッチを描きます。
2. 押し出しでベース形状を作成します。
   ブラインド
3. 参照ジオメトリで平面を作成します。
   距離

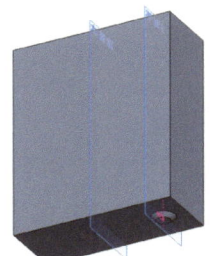
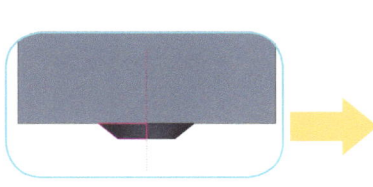

4. 直線で図のスケッチを描きます。
5. 回転で形状を追加します。
   360°
6. 長方形のスケッチを描きます。
7. 押し出しで形状を追加します。
   ブラインド

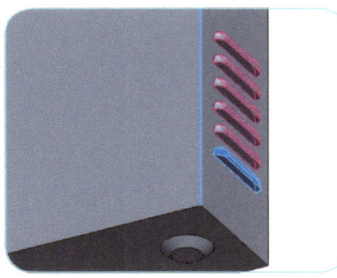

8. フィレットで角を丸めます。
   （2回に分けて丸めます）
9. 直線パターンで複写します。
   パターン方向：モデルのエッジを選択

10. ミラーで手順7、8、9のフィーチャーを複写します。

11. シェルで薄板化します。
削除する面：13箇所の面を選択

 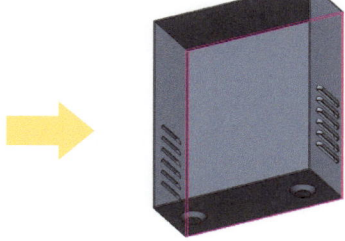 

12. 展開ラインで突き合わせを作成します。
片引き：4箇所のエッジを選択

13. 板金モデルに変換します。
14. 展開形状を確認します。

完成！

ポイント 成形形状の作成方法　その①

成形形状の中でもエンボス・ブリッジ・ルーバーなどは、シェルアプローチが有効です。先に中身が詰まった状態で外側の形状を作り、シェルコマンドで薄板化することで作成できます。

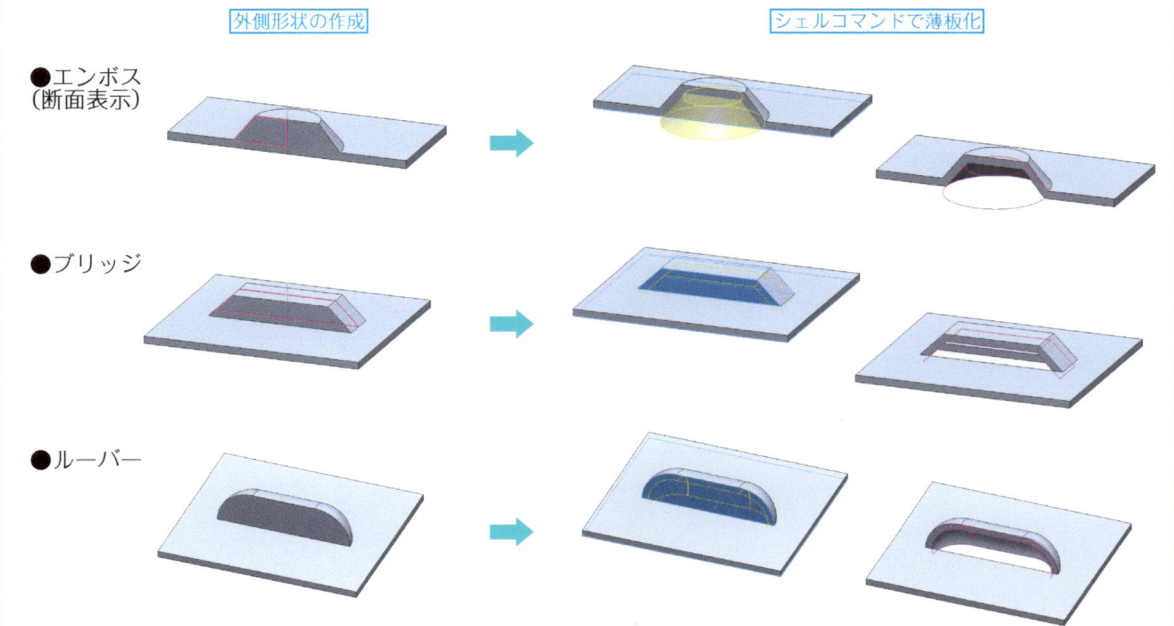

外側形状の作成　　　　シェルコマンドで薄板化

● エンボス（断面表示）

● ブリッジ

● ルーバー

STEP1　板金製品

01 Exercise: R付き金具

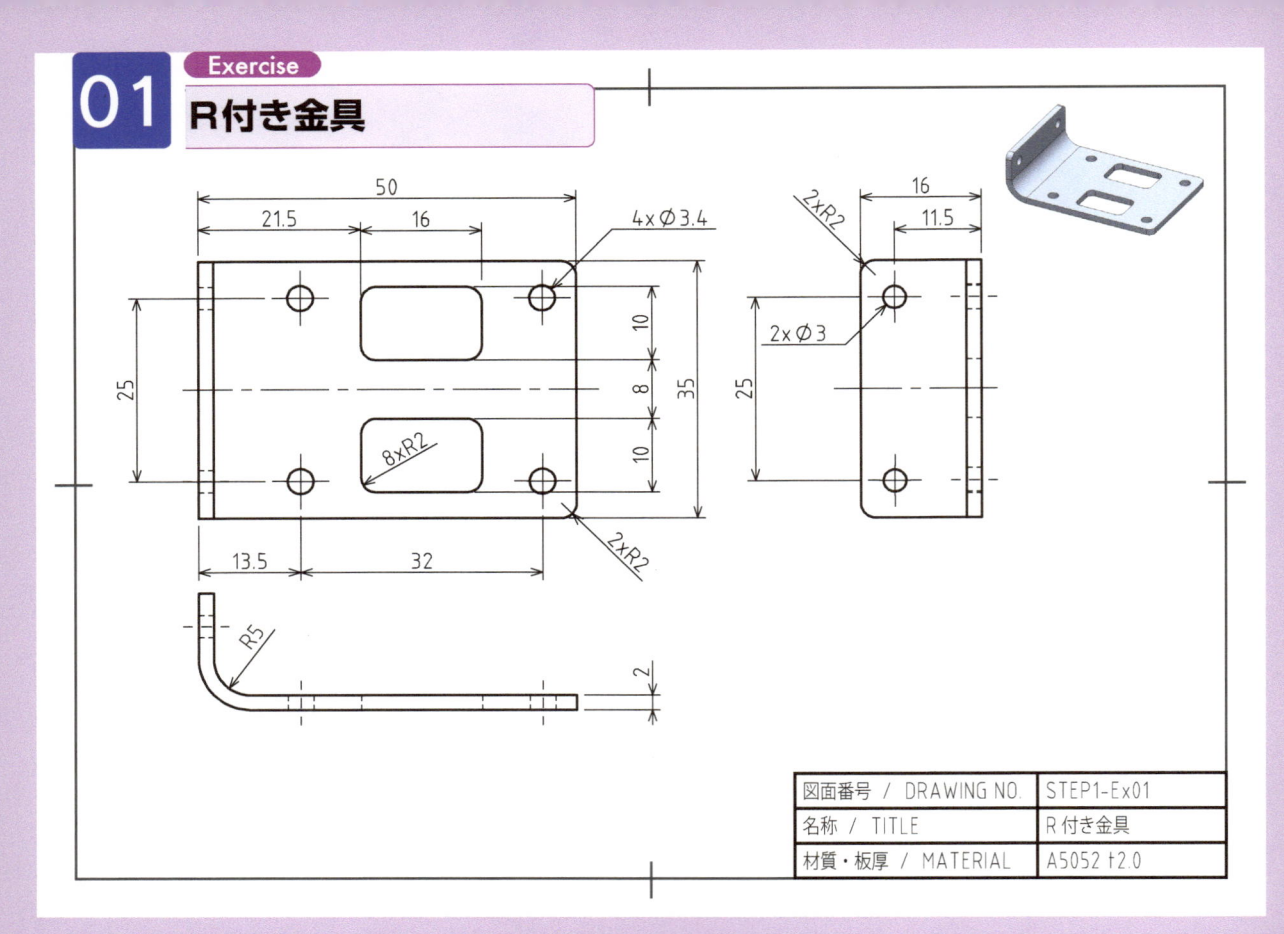

図面番号 / DRAWING NO.	STEP1-Ex01
名称 / TITLE	R付き金具
材質・板厚 / MATERIAL	A5052 t2.0

02 Exercise: シャーシ

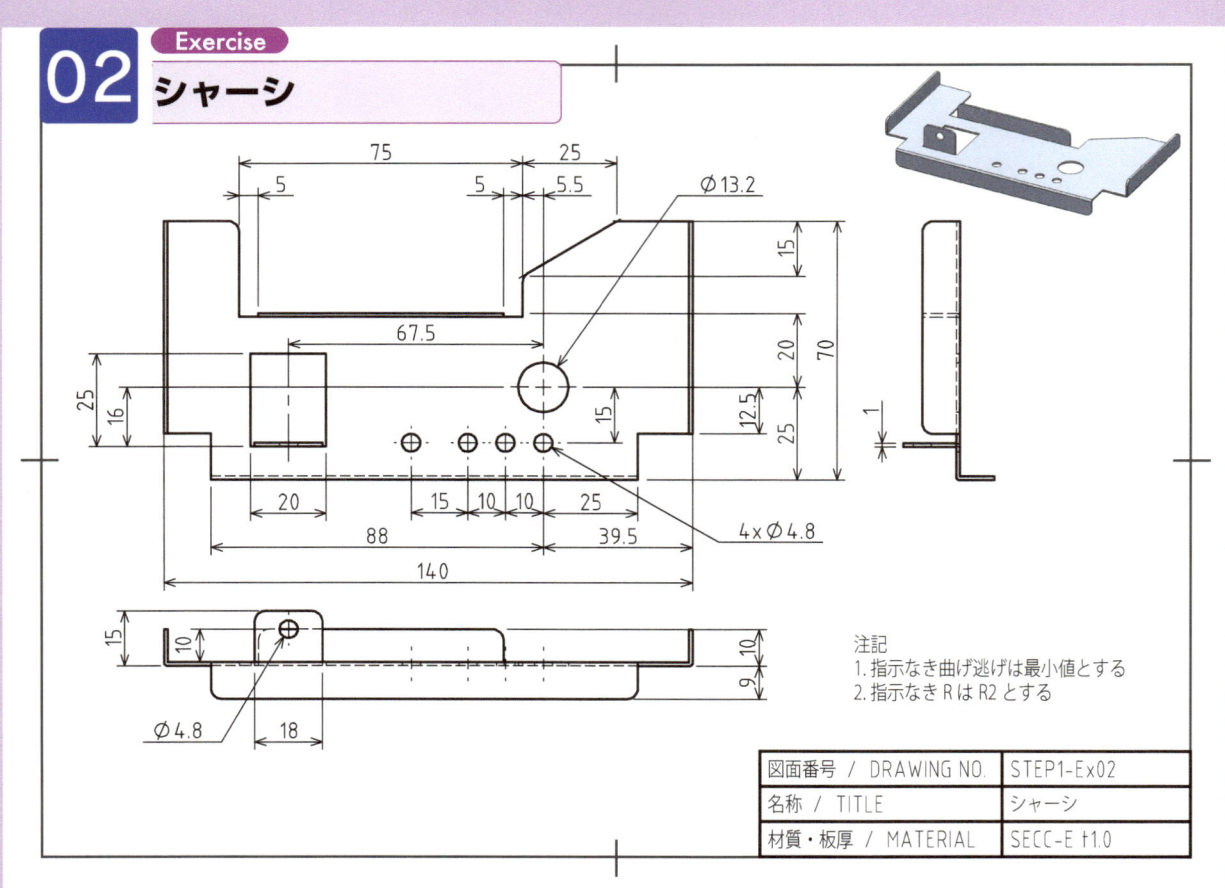

注記
1. 指示なき曲げ逃げは最小値とする
2. 指示なきRはR2とする

図面番号 / DRAWING NO.	STEP1-Ex02
名称 / TITLE	シャーシ
材質・板厚 / MATERIAL	SECC-E t1.0

03 Exercise 引掛け金具

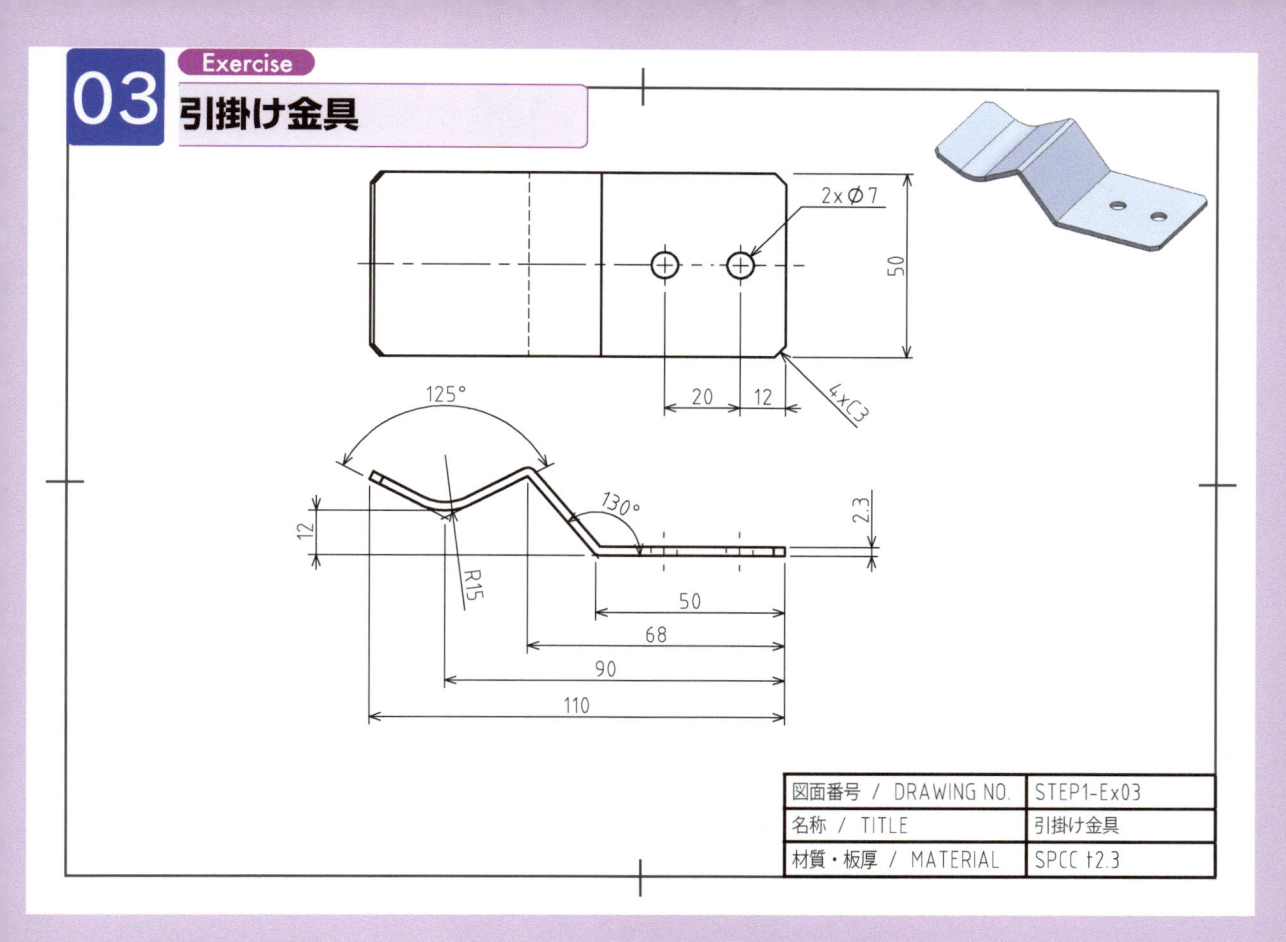

図面番号 / DRAWING NO.	STEP1-Ex03
名称 / TITLE	引掛け金具
材質・板厚 / MATERIAL	SPCC t2.3

04 Exercise クランク金具

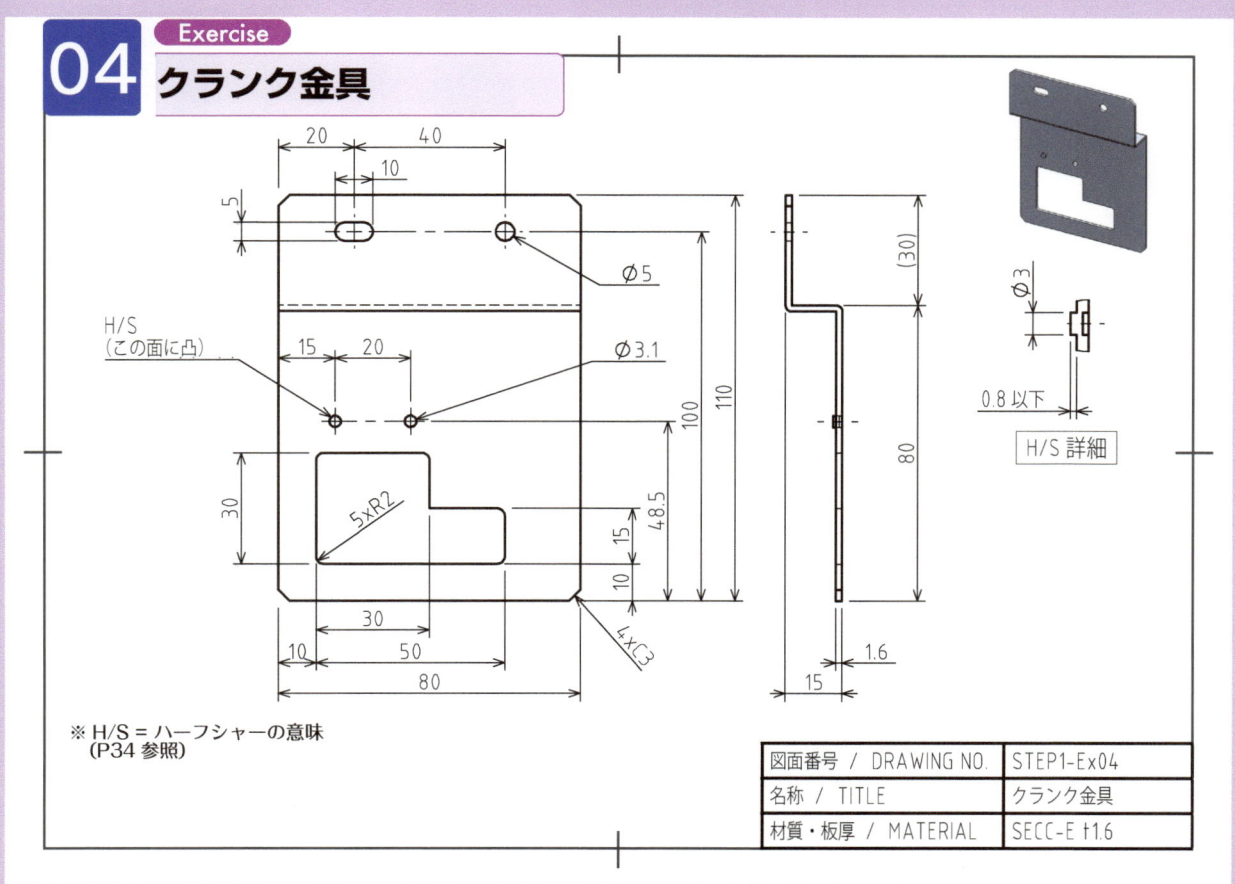

※ H/S = ハーフシャーの意味
（P34 参照）

図面番号 / DRAWING NO.	STEP1-Ex04
名称 / TITLE	クランク金具
材質・板厚 / MATERIAL	SECC-E t1.6

STEP1 板金製品

便利な板金専用コマンド

変換した板金モデルには、板金専用コマンドが使えます。ここでは、便利なヘムコマンドとジョグコマンドを紹介します。

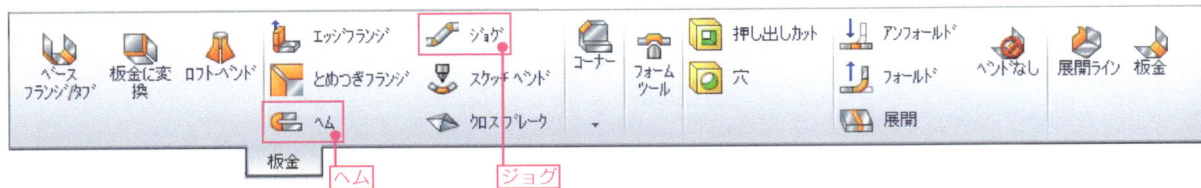

●ヘムコマンド

板金モデルにヘミング曲げを追加します。オプションから、いろいろなタイプのヘミング曲げを選択できます。

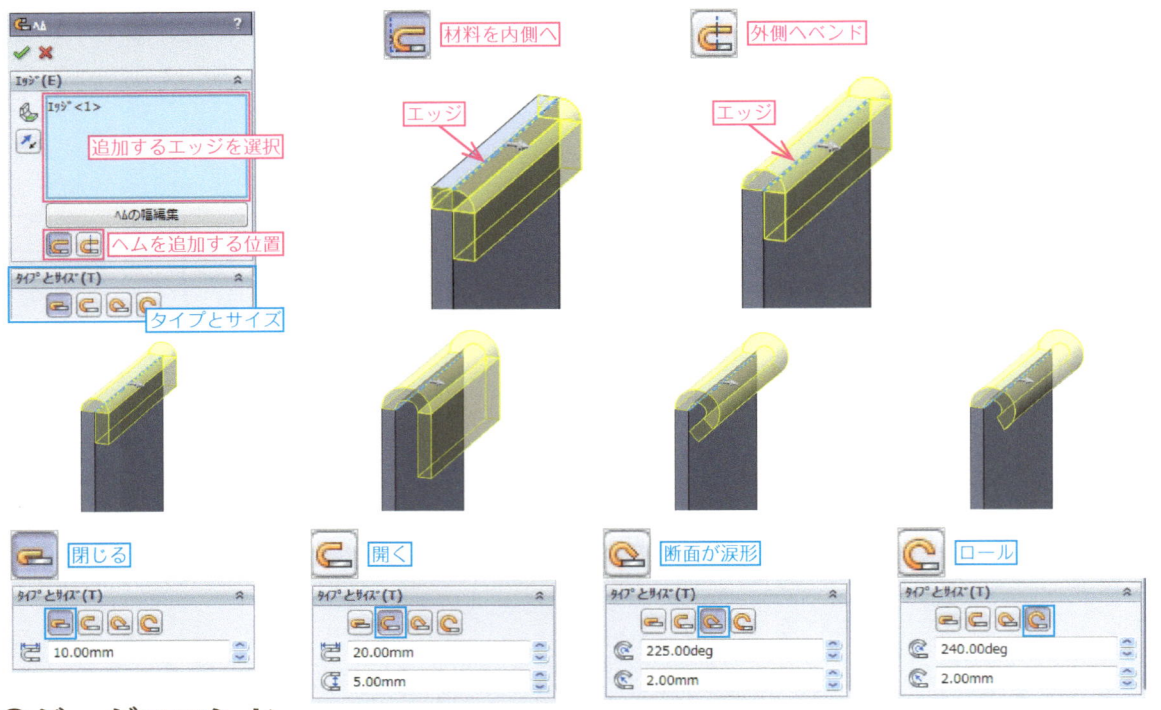

●ジョグコマンド

板金モデルに段曲げを追加します。オプションから、寸法と基準位置を変更することができます。

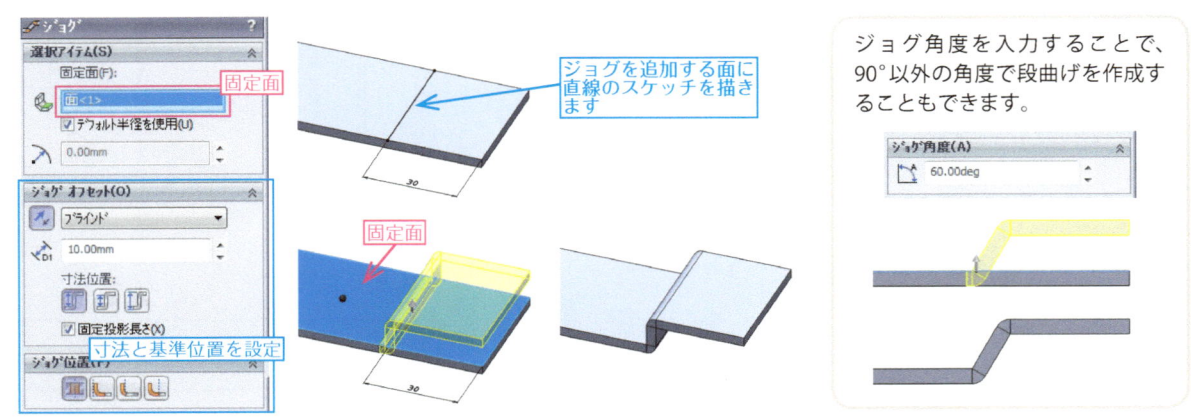

はじめから板金モデルとしてモデリングする方法

本書の解説では、押し出しコマンドなどで形状を作成してから、板金コマンドで板金モデルに変換しています。ここでは、はじめから板金モデルとして作成する方法を紹介します。

●板金モデル作成の手順 (はじめから板金モデルの場合)

①直線のスケッチを描きます。

②ベースフランジ / タブコマンドに入ります。

③方向1を設定します。

④板金のパラメータを設定します。

厚み：板厚を入力
ベンド半径：0mm
（内Rのことです。特に指定がない場合は、0mmにします）

⑤ベンド許容差を設定します。

ベンド許容差タイプ：
K係数、0.5
（特に指定がない場合は、0.5にします）

⑥OKボタンでコマンドを実行します。

⑦はじめから板金モデルとして作成されます。

⑧エッジフランジコマンドに入ります。

⑨フランジを追加するエッジを選択します。

⑩フランジの長さや基準位置を設定します。

⑪OKボタンでコマンドを実行します。

⑫フランジが追加されます。

※展開コマンドで展開形状を確認することができます。

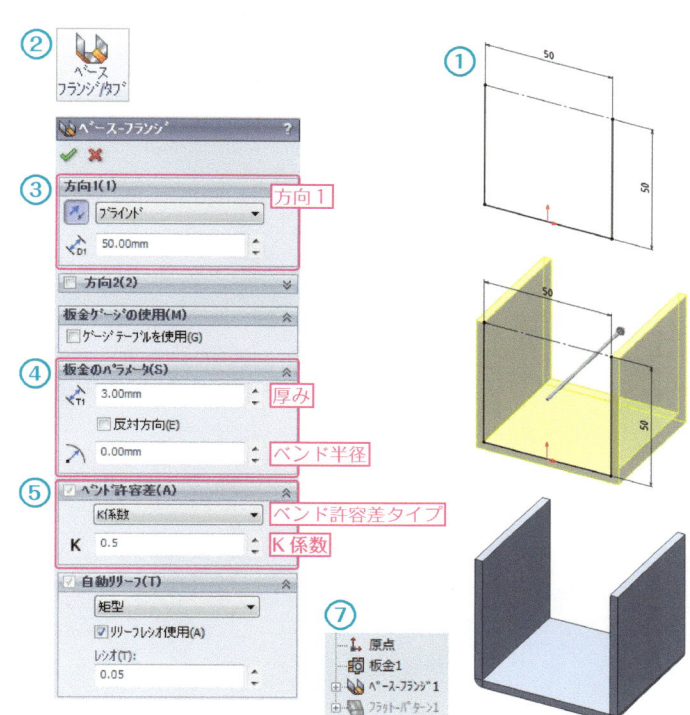

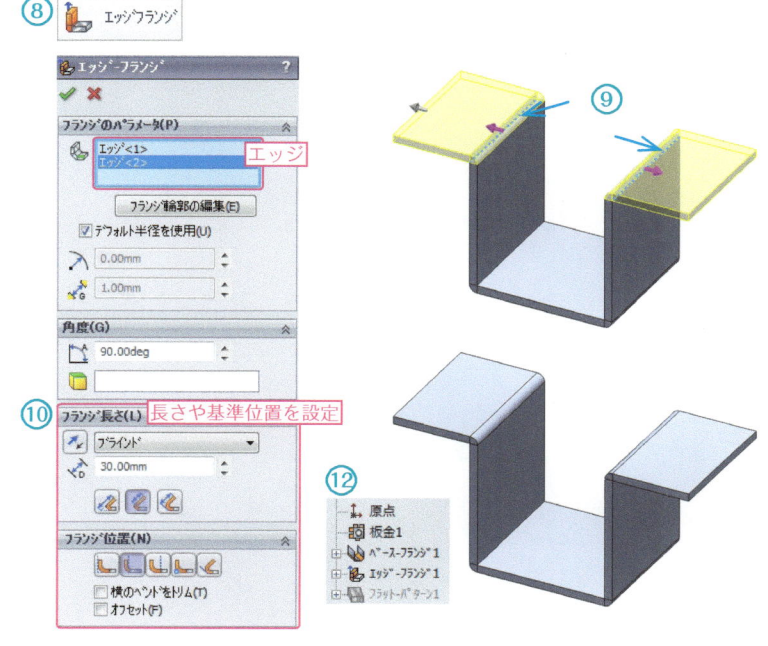

解説 板金部品のモデリングで気をつけるポイント

　板金部品のモデリングで気をつけるポイントがあります。特に板金モデルに変換する前は、次の事項に注意しましょう。

●板厚は一定に

　板金製品は1枚の板から作成します。1つの部品内(マルチボディ部品の場合は、各ボディごと)で、板厚が一定になるようにモデリングをします。

●段曲げ（押し出しコマンドで作成する場合）

　段曲げは2箇所の曲げがあると考えます。曲げと曲げの間に0.01 mm以上の直線部分を設ける必要があります。0mmにするとエラーの原因になります。コーナー部のRは板金モデルに変換する時につけます。

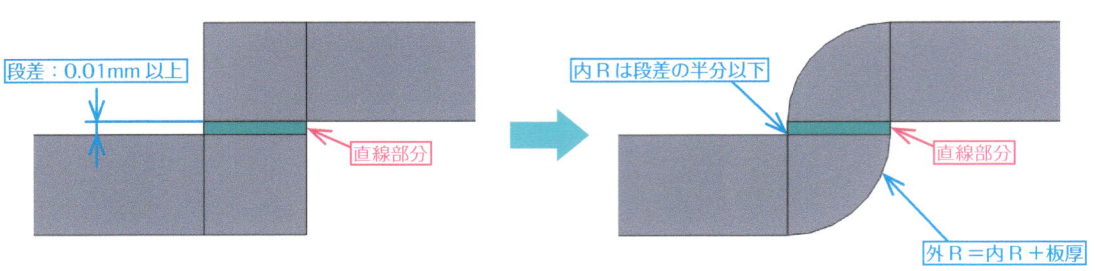

　段差が板厚以下の場合、曲げ角度を90°より大きくし、段差の面を斜めに傾けることによって0.01 mm以上の直線部分を確保します。

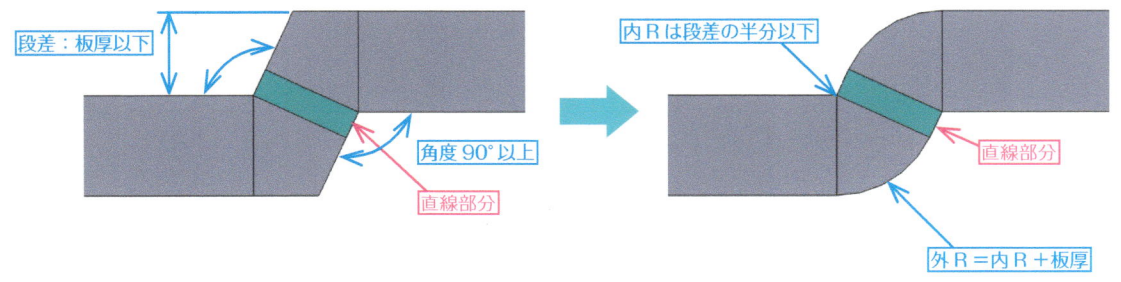

●隙間をあける

突き合わせや重ね合わせ部分に隙間がないモデルは、そのままでは展開することができません。展開するには、展開ラインコマンドを使用するか、隙間をあけて作成する必要があります。

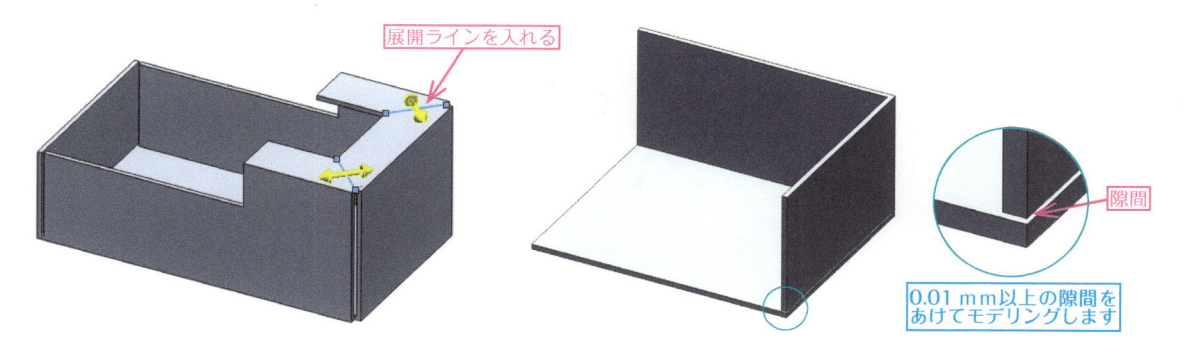

ヘミング曲げの形状についても展開するために隙間をあける必要があります。図ではコーナー部のRをつけてありますが、隙間があいていれば直角のままでも板金コマンドで板金モデルに変換することができます。

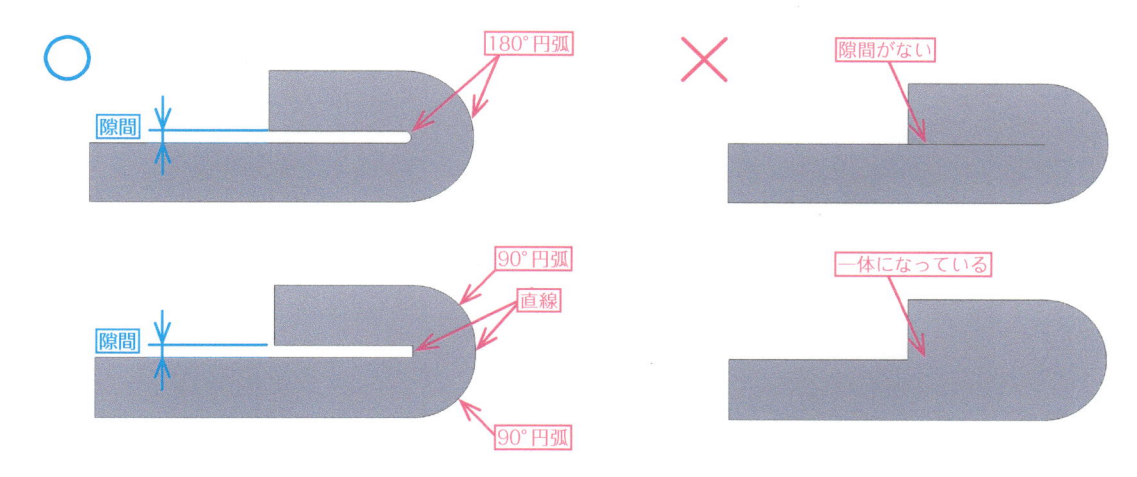

Point 曲げ逃げ

実際の加工で板を曲げると、曲げの根元には変形が生じます。この変形を回避するためには、曲げ逃げ（リリーフ）が必要になります。

3Dモデルで曲げ逃げを追加するには、板金モデルの自動リリーフを使用するか、手動でカットします。

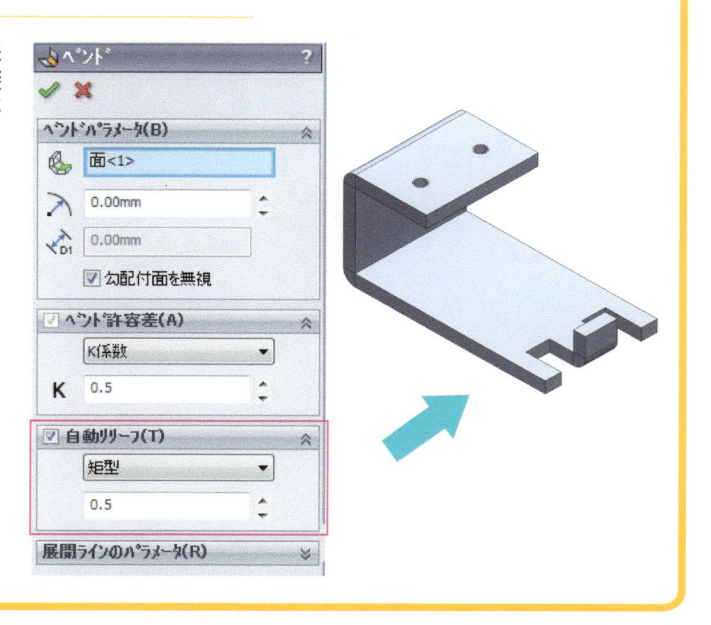

STEP1 板金製品

●ブリッジ・ガイドレール等の追加

　ベースの面と一続きになる成形形状は、板金モデルに変換する前に挿入するとエラーの原因になります。このような成形形状は、板金モデルに変換した後に追加します。※実際の加工では、金型等を用いたプレス加工によって成形します。

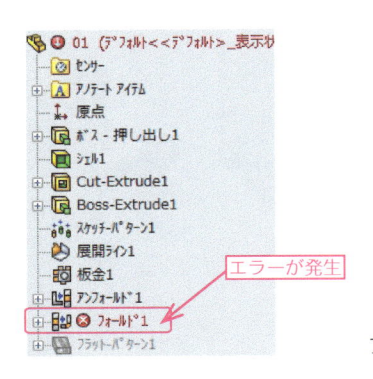

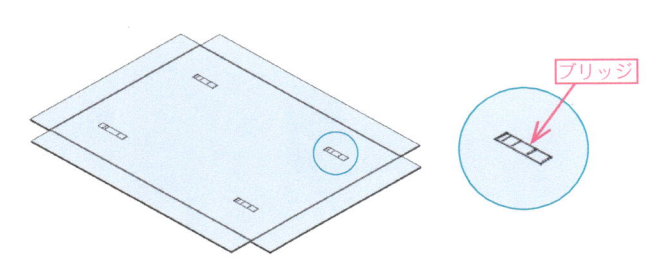

ブリッジを曲げと認識してしまい、成形形状にならない。

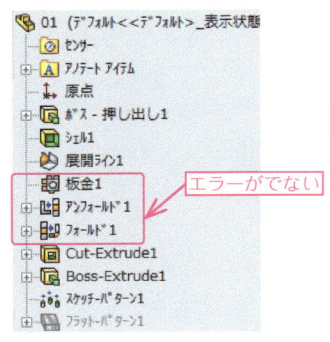

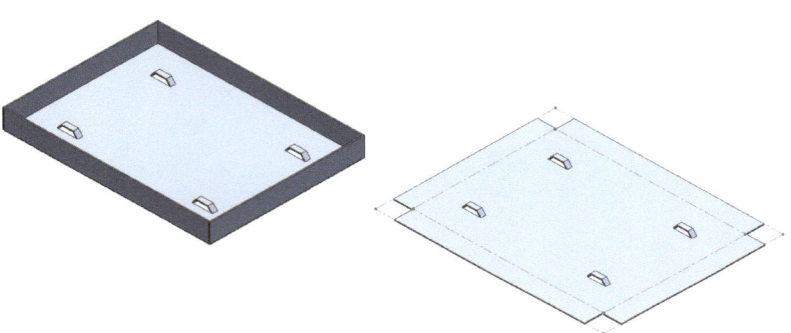

ブリッジのフィーチャーを板金モデルに変換した後に挿入しているため、成形形状として認識します。

ポイント Point　成形形状の作成方法　その②

　成形形状のバーリング・ハーフシャーは、押し出し・押し出しカットコマンドで作成します。凸形状を作成し、凹形状を追加します（大きさは参考例です）。

●バーリング　押し出しコマンドで凸形状と凹形状を作成

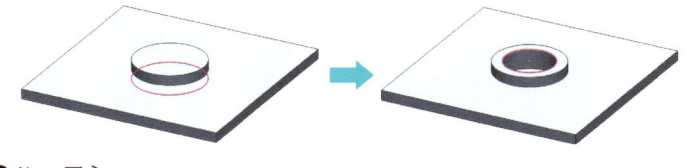

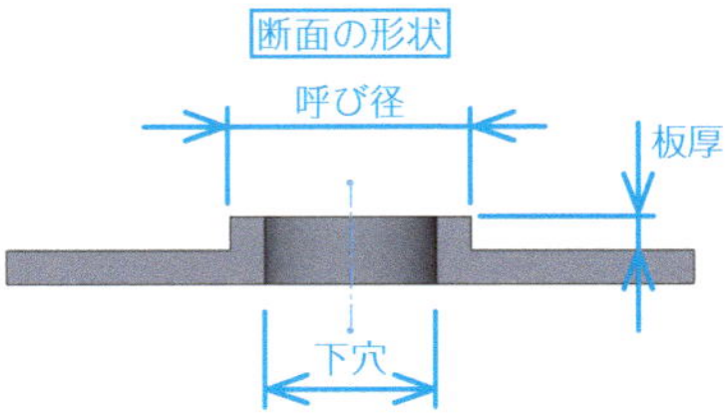

断面の形状
呼び径
板厚
下穴

●ハーフシャー

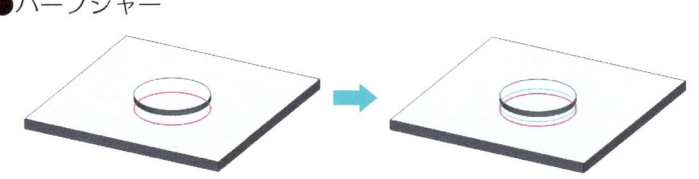

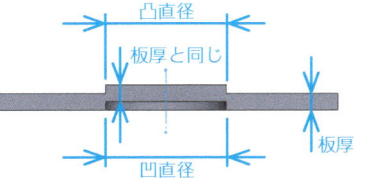

凸直径
板厚と同じ
凹直径
板厚

凸形状の直径と高さは、凹形状の直径と深さと同じ値です。

STEP 2
組立製品

- STEP2 では、組立製品を作成します。
- 便利なコマンドや応用操作について解説します。
- 標準品・購入品はモデルを Web サイトよりダウンロードして使用します。
- モデルを作成する際には完成モデルを参考にして作成方法を確認してみましょう。
 （標準品・購入品・完成モデルのダウンロード方法は P127 を参照）

01 Try it! テープカッター

アセンブリ Point
- 本体を一番はじめに挿入します
- 連結ブラケット、カッター取付プレート、ホルダー、刃、テープの順で行うと組立がしやすくなります

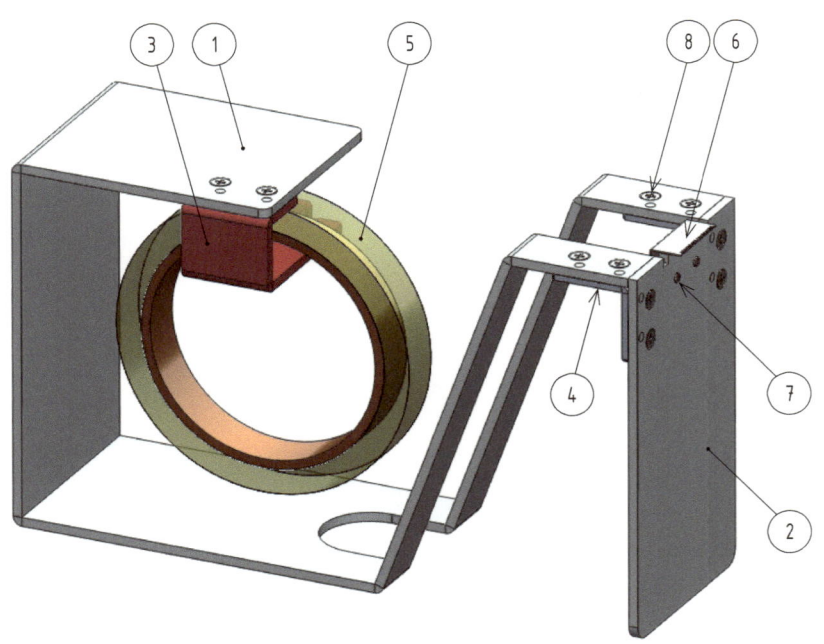

③ホルダーは P17 の部品を使用します。

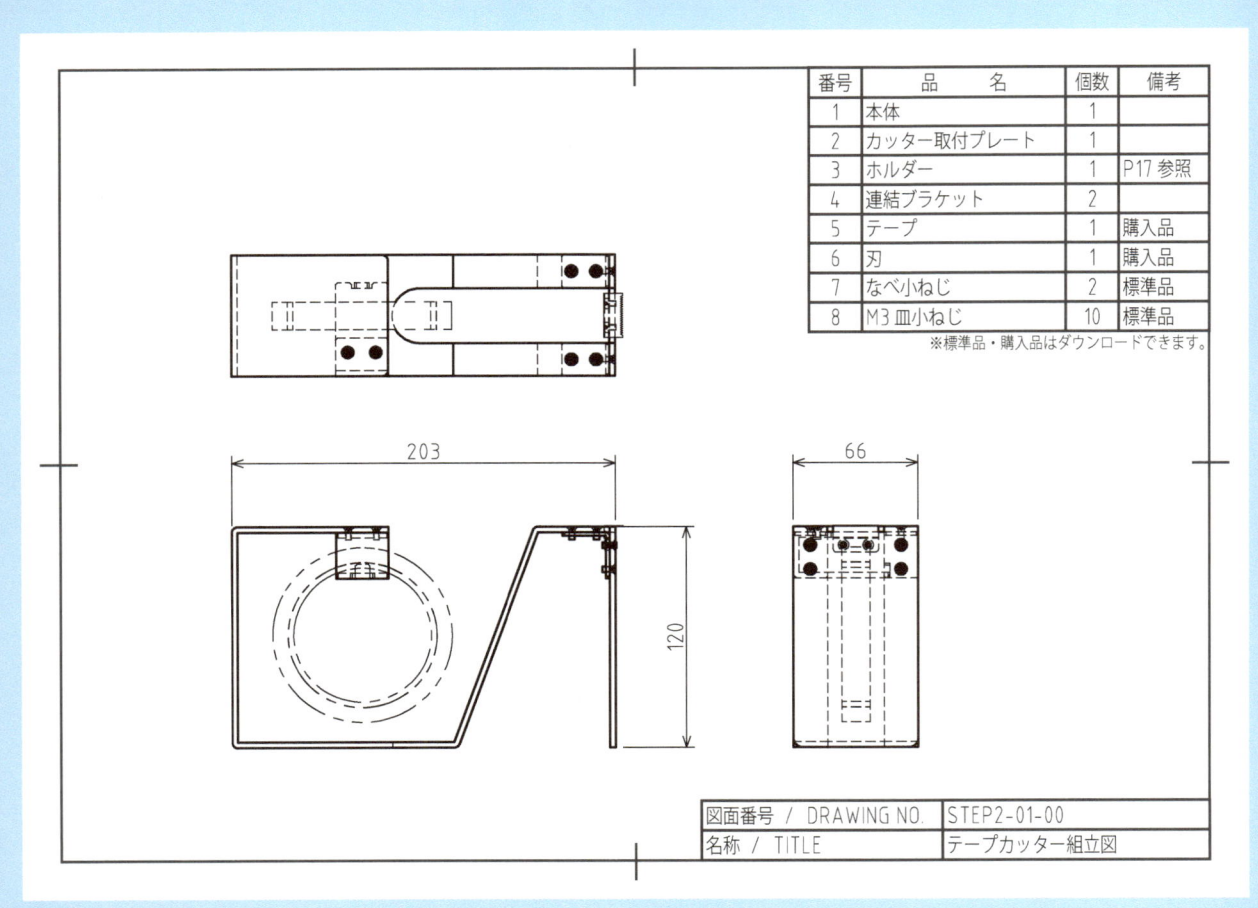

番号	品　名	個数	備考
1	本体	1	
2	カッター取付プレート	1	
3	ホルダー	1	P17 参照
4	連結ブラケット	2	
5	テープ	1	購入品
6	刃	1	購入品
7	なべ小ねじ	2	標準品
8	M3 皿小ねじ	10	標準品

※標準品・購入品はダウンロードできます。

図面番号 / DRAWING NO.	STEP2-01-00
名称 / TITLE	テープカッター組立図

①本体

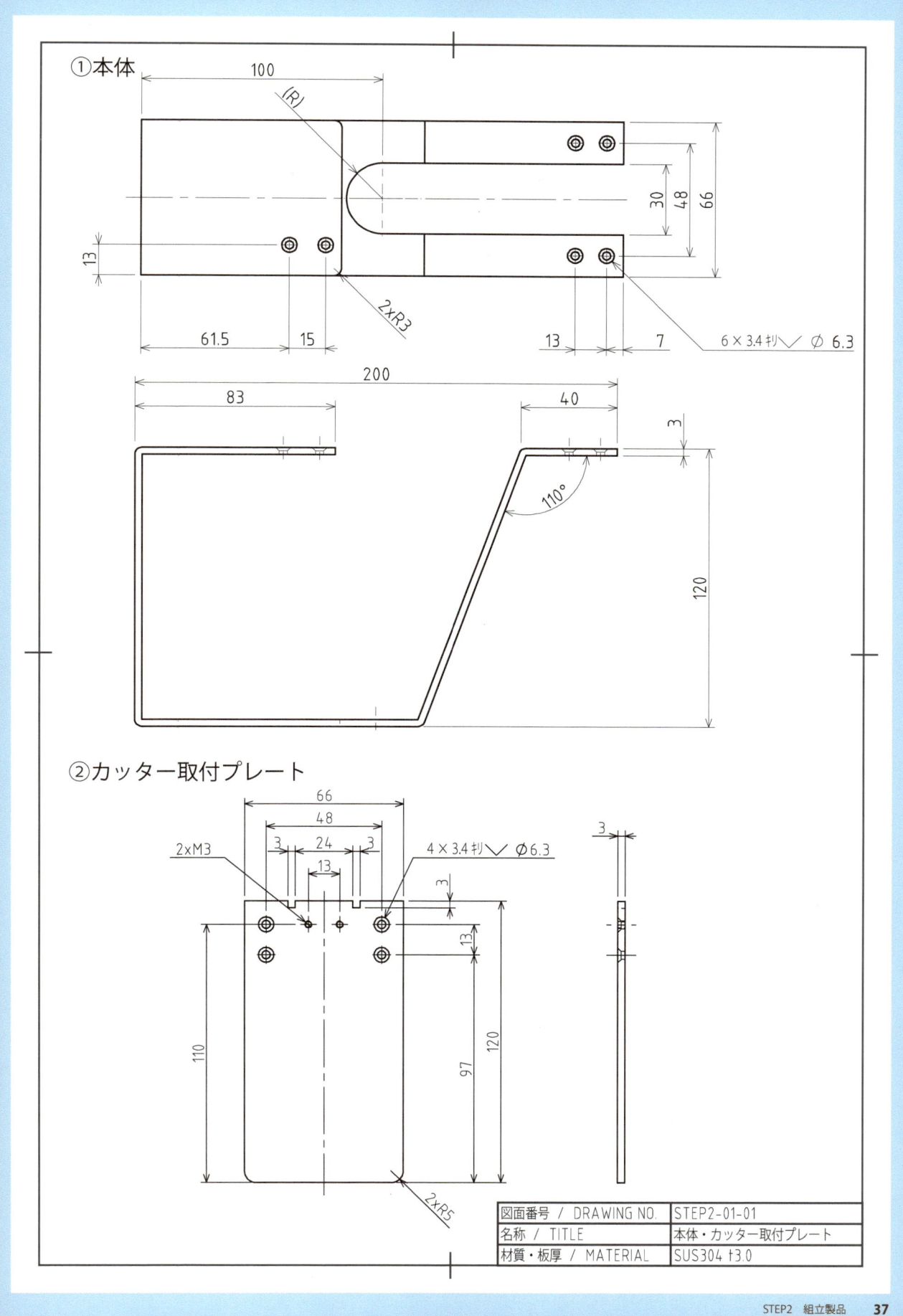

②カッター取付プレート

図面番号 / DRAWING NO.	STEP2-01-01
名称 / TITLE	本体・カッター取付プレート
材質・板厚 / MATERIAL	SUS304 t3.0

STEP2 組立製品

④連結ブラケット

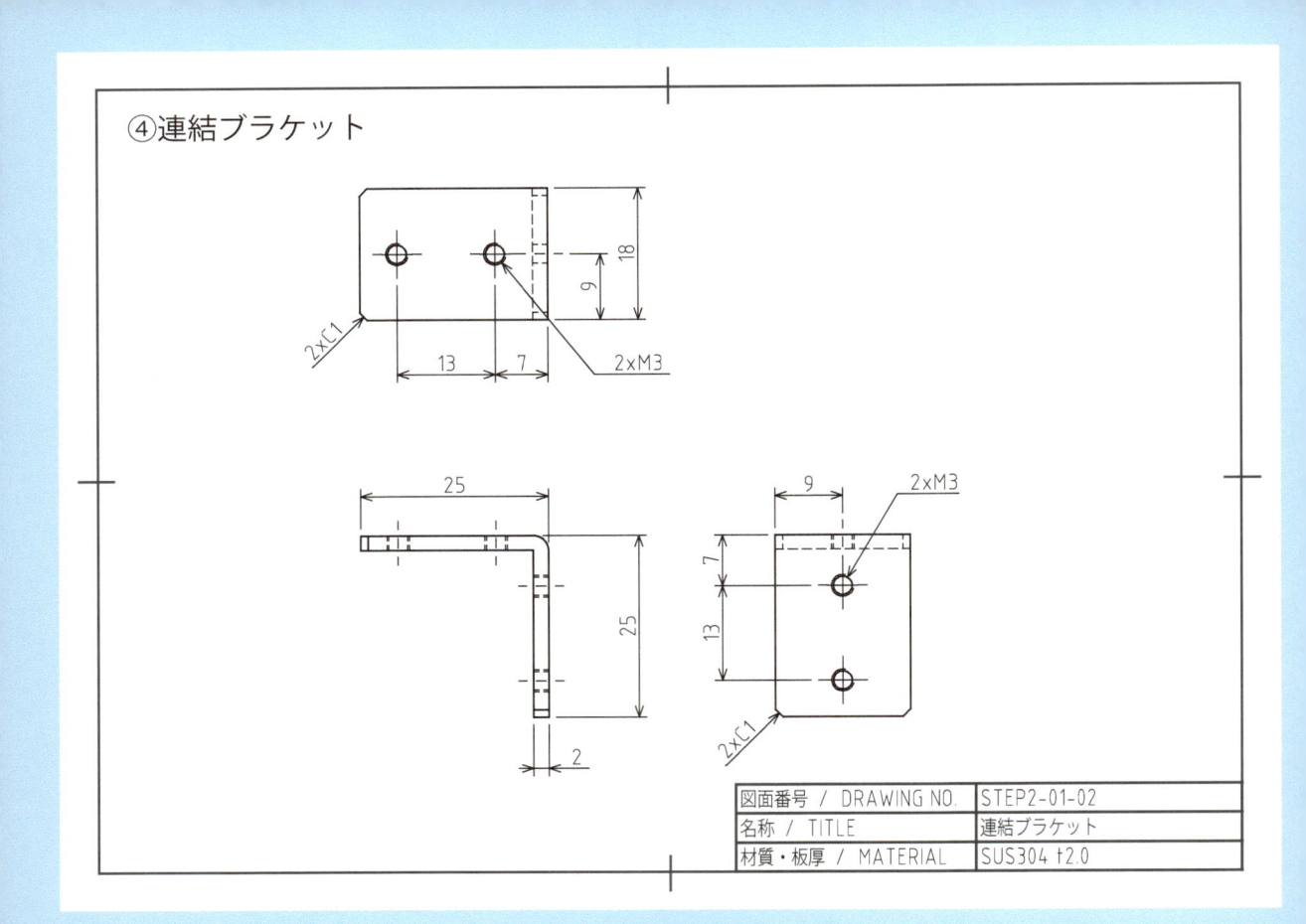

2×C1
13
7
2×M3
18
9

25
2
25

9
2×M3
7
13
2×C1

図面番号 / DRAWING NO.	STEP2-01-02
名称 / TITLE	連結ブラケット
材質・板厚 / MATERIAL	SUS304 t2.0

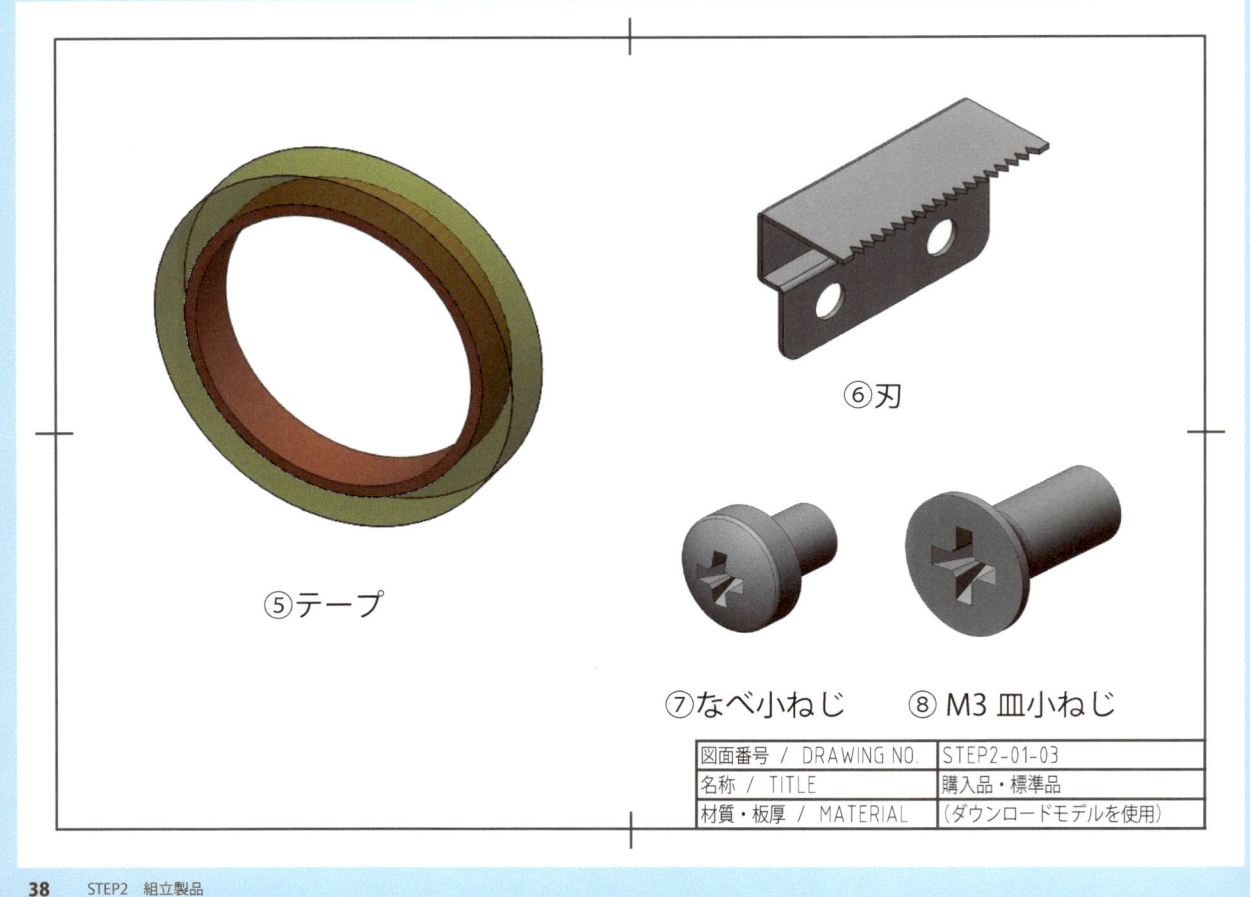

⑤テープ

⑥刃

⑦なべ小ねじ　⑧M3 皿小ねじ

図面番号 / DRAWING NO.	STEP2-01-03
名称 / TITLE	購入品・標準品
材質・板厚 / MATERIAL	（ダウンロードモデルを使用）

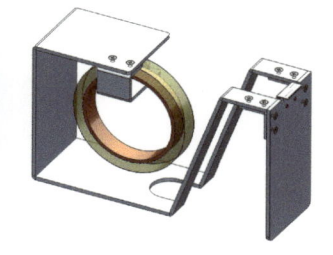

01 アセンブリテープカッター

アセンブリ Point
・本体を一番はじめに挿入します
・連結ブラケット、カッター取付プレート、ホルダー、刃、テープの順で行うと組立がしやすくなります

③ホルダーはP17の部品を使用します。

1. 既存の部品アセンブリを使って部品を挿入します。
2. 合致をつけます。

- 本体の皿穴とホルダーの穴に同心円（2箇所）
- 本体の上部裏面とホルダーの上面に一致
- カッター取付プレートのねじ穴と刃の穴に同心円（2箇所）
- カッター取付プレートの側面と刃の側面に一致

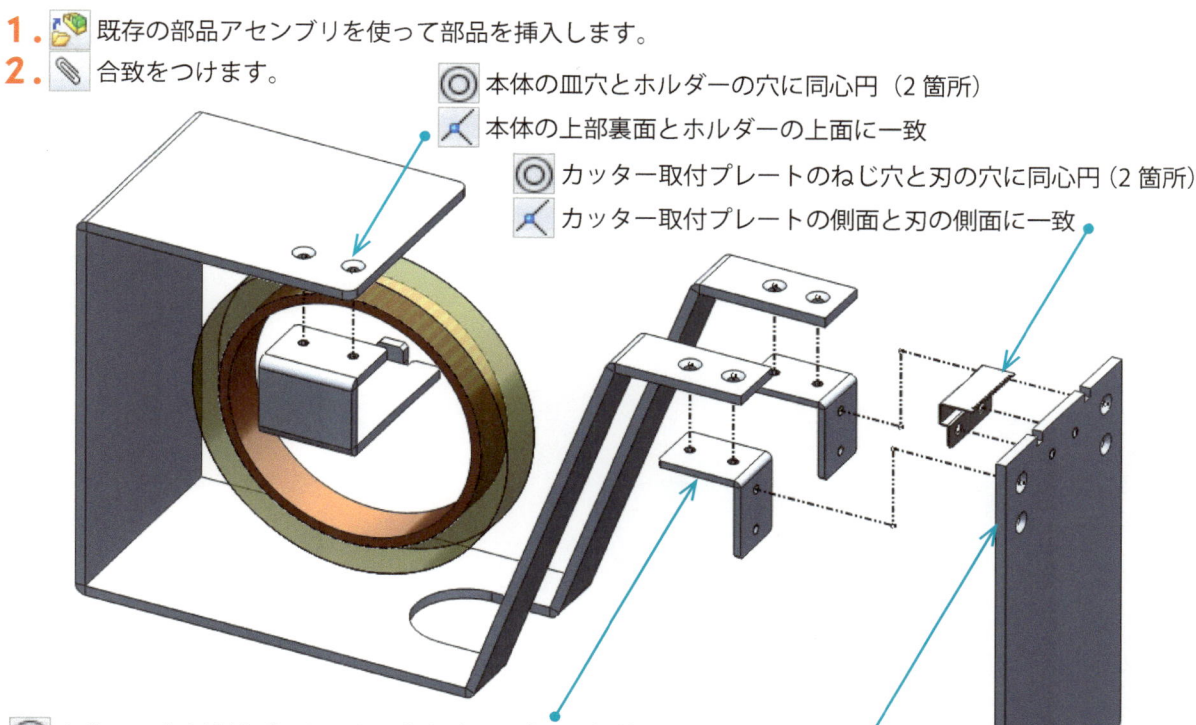

- 本体の皿穴と連結ブラケットのねじ穴に同心円（2箇所）
- 本体の上部裏面と連結ブラケットの上面に一致　※反対側も同様
- カッター取付プレートの皿穴と連結ブラケットのねじ穴に同心円（2箇所）
- カッター取付プレートの側面と連結ブラケットの側面に一致　※反対側も同様

Point 合致の方法

テープはホルダーに引掛ける配置になります。

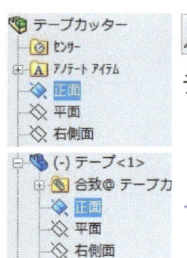

- アセンブリの「正面」とテープの「正面」に一致 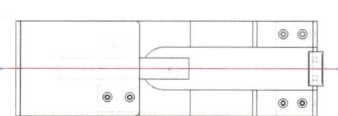
- テープの内側円筒面とホルダーのエッジに一致　※反対側も同様

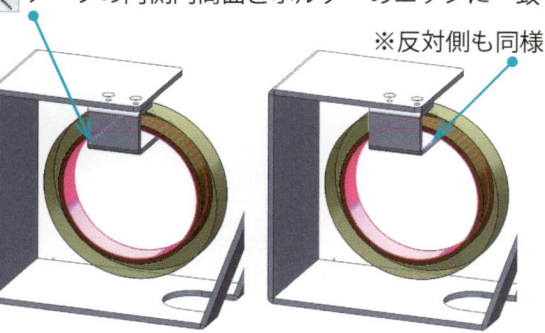

02 Try it! キャンドルホルダー

モデリング Point
- レイアウトスケッチを使用します
- 一部薄板フィーチャーを使うと便利です
- 屋根部品はサーフェスボディからそのまま板金モデルにします
- 扉、壁部品には好きなデザインを入れてみましょう

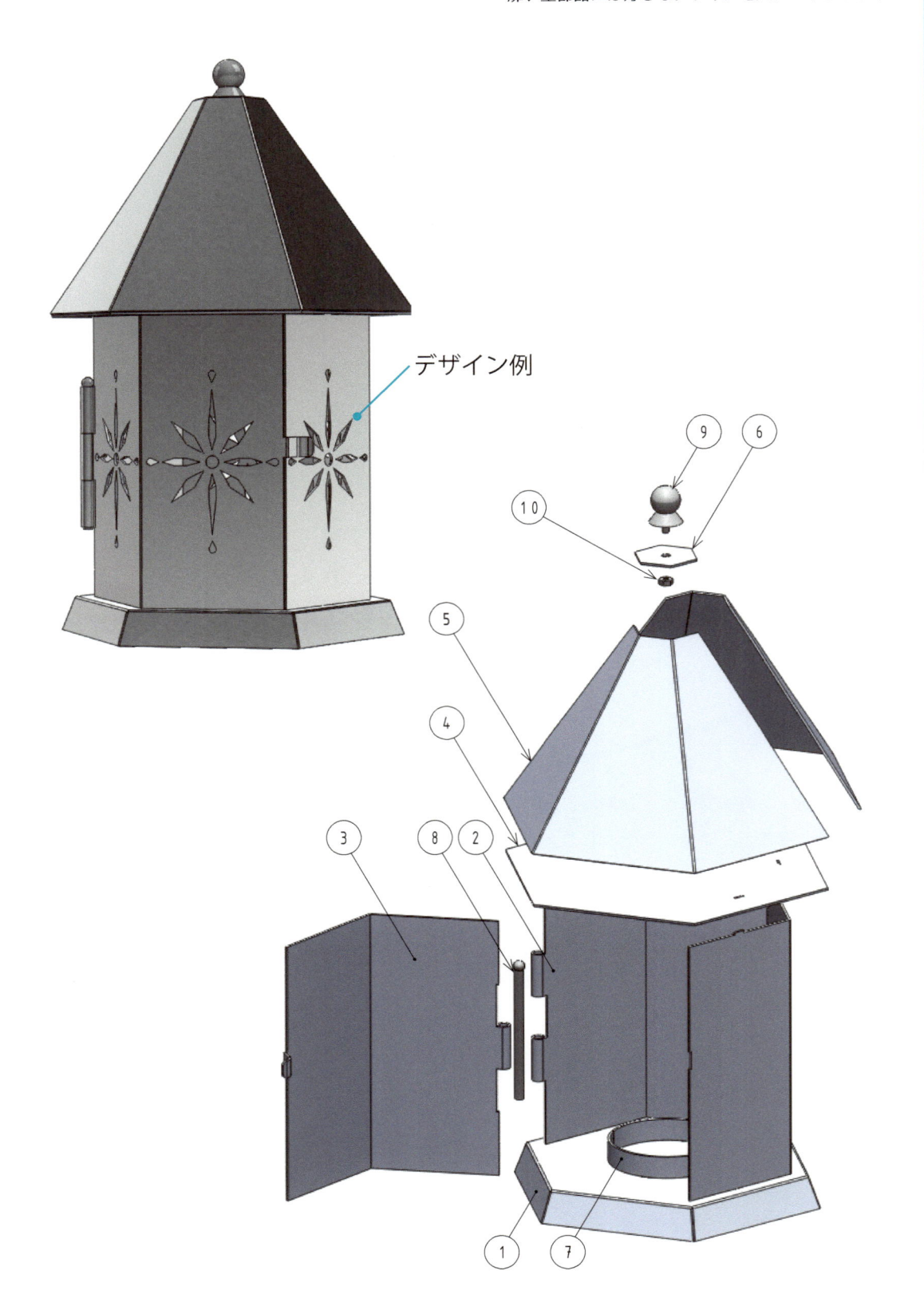

デザイン例

番号	品　名	個数	備考
1	台座	1	
2	壁	1	
3	扉	1	
4	天井	1	
5	屋根	2	
6	屋根板	1	
7	ホルダー	1	
8	ピン	1	購入品
9	天飾	1	購入品
10	M3 ナット	1	標準品

※標準品・購入品はダウンロードできます。

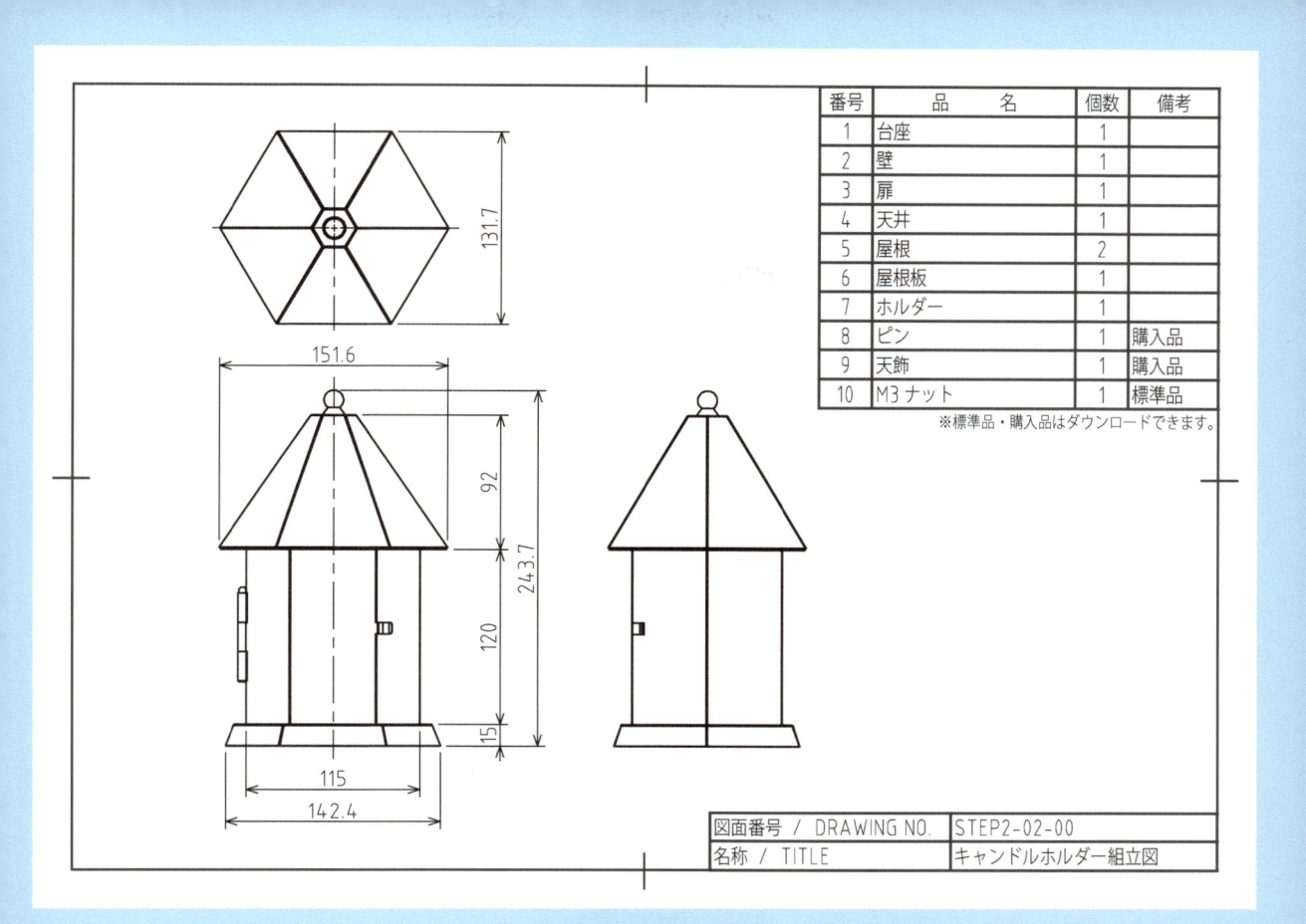

図面番号 / DRAWING NO.	STEP2-02-00
名称 / TITLE	キャンドルホルダー組立図

① 台座

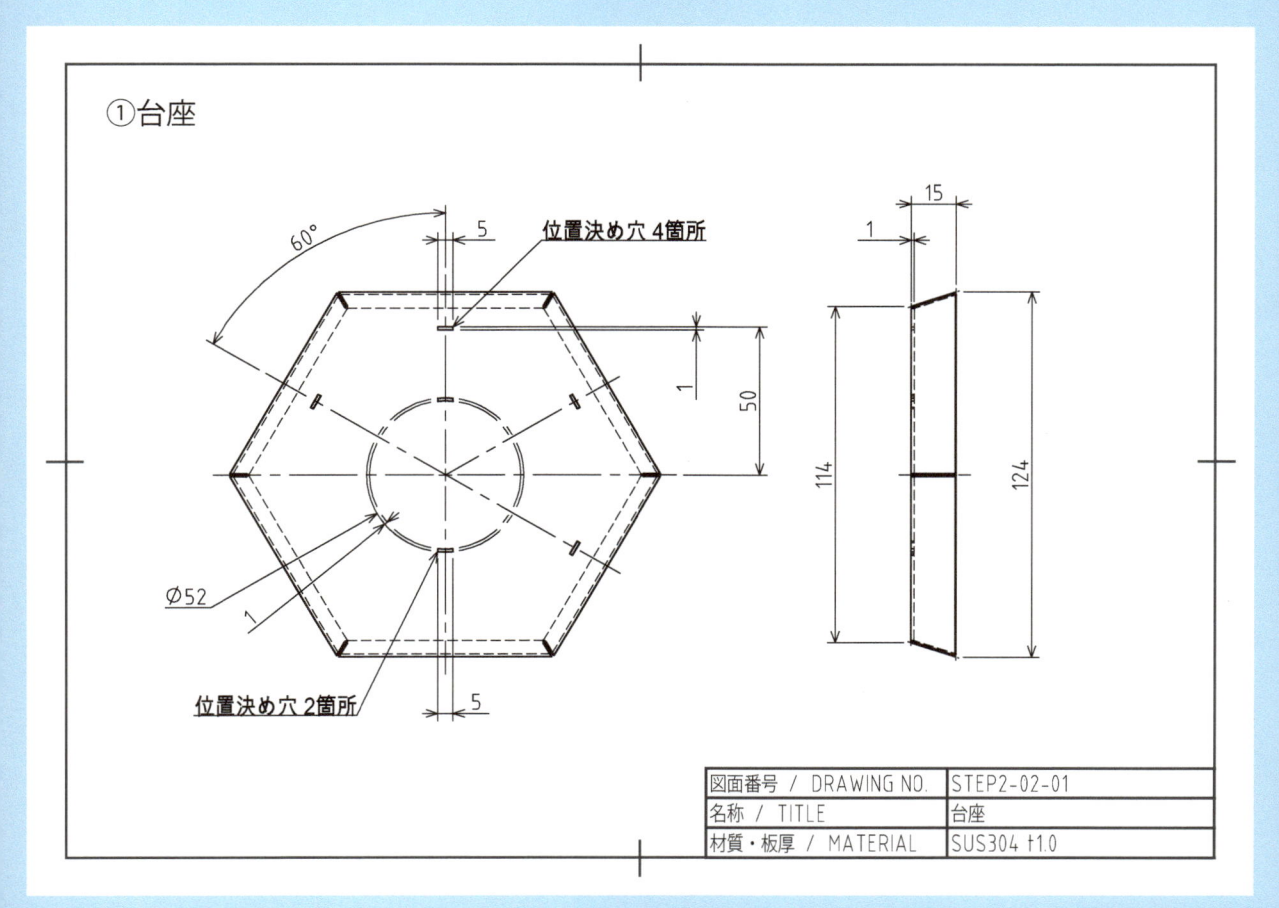

位置決め穴 4箇所
位置決め穴 2箇所

図面番号 / DRAWING NO.	STEP2-02-01
名称 / TITLE	台座
材質・板厚 / MATERIAL	SUS304 t1.0

STEP2　組立製品

②壁

Ø6

詳細図 A
スケール 2：1
(2箇所)

40°
1
(切り欠き)

円の中心と端点：水平
円弧と直線：正接

60°
5
位置決めタブ 4箇所
底面 4箇所

1
A
98

1
(切り欠き)

20
20
(切り欠き)
20
50

1
120
(122)
8
62
1

図面番号 / DRAWING NO.	STEP2-02-02
名称 / TITLE	壁
材質・板厚 / MATERIAL	SUS304 t1.0

③扉　解説 P50

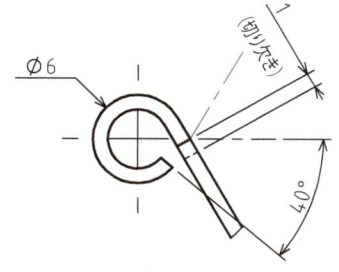

詳細図 A
スケール 2：1

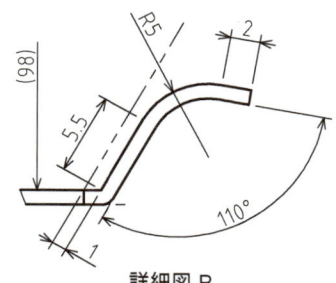

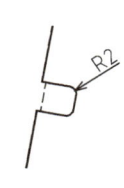

詳細図 B
スケール 2：1

矢視C

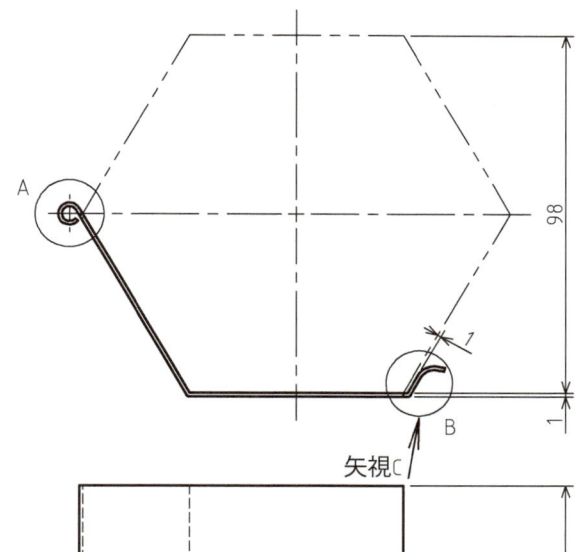

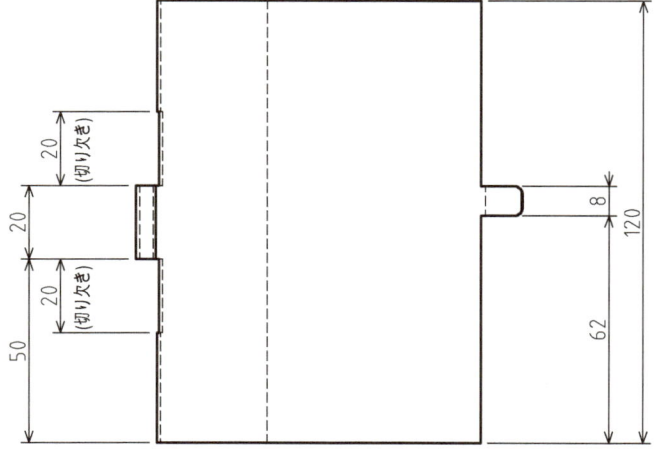

図面番号 / DRAWING NO.	STEP2-02-03
名称 / TITLE	扉
材質・板厚 / MATERIAL	SUS304 t1.0

④天井

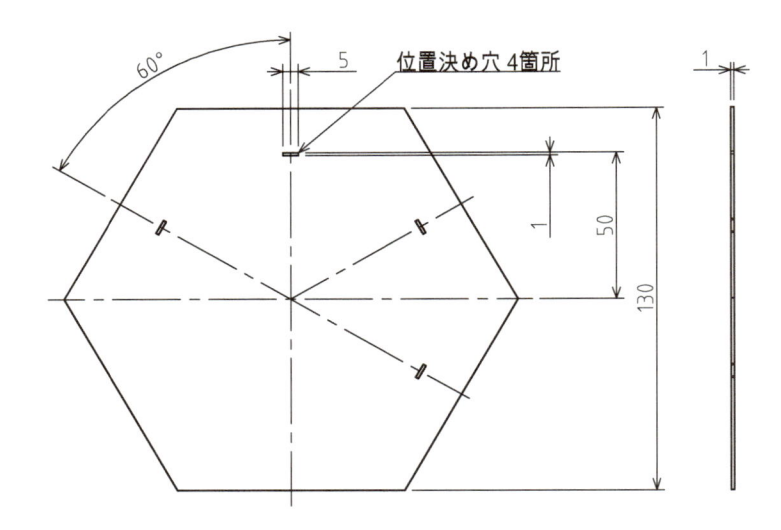

位置決め穴 4箇所

60°
5
1
50
130
1

⑤屋根（2個使用） 解説 P46

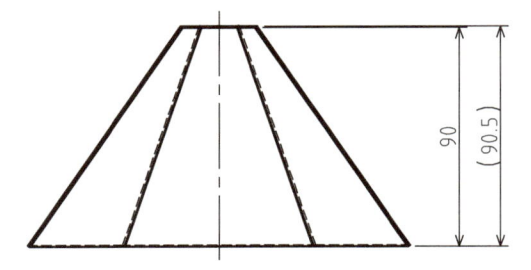

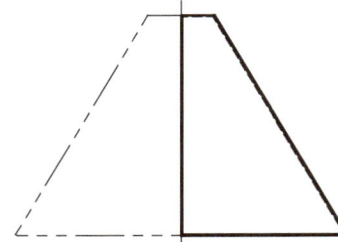

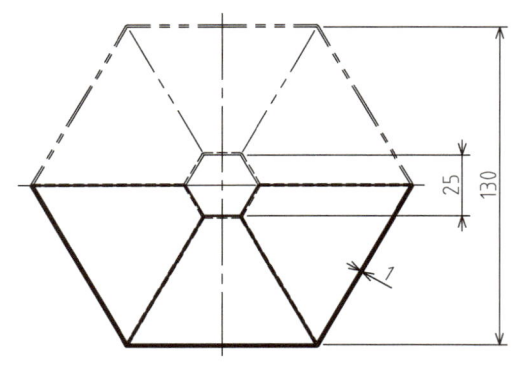

90
(90.5)

130
25
1

※寸法は内側基準
※内Rは0.2mmとする

⑥屋根板

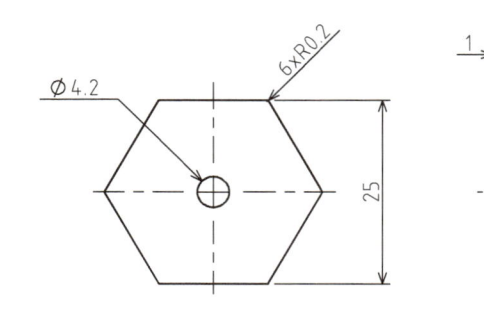

Ø4.2
6×R0.2
25
1

図面番号 / DRAWING NO.	STEP2-02-04
名称 / TITLE	天井・屋根・屋根板
材質・板厚 / MATERIAL	SUS304 t1.0

⑦ホルダー　解説 P49

(11)
10　1
5
位置決めタブ 2箇所
⌀52
1

図面番号 / DRAWING NO.	STEP2-02-05
名称 / TITLE	ホルダー
材質・板厚 / MATERIAL	SUS304 t1.0

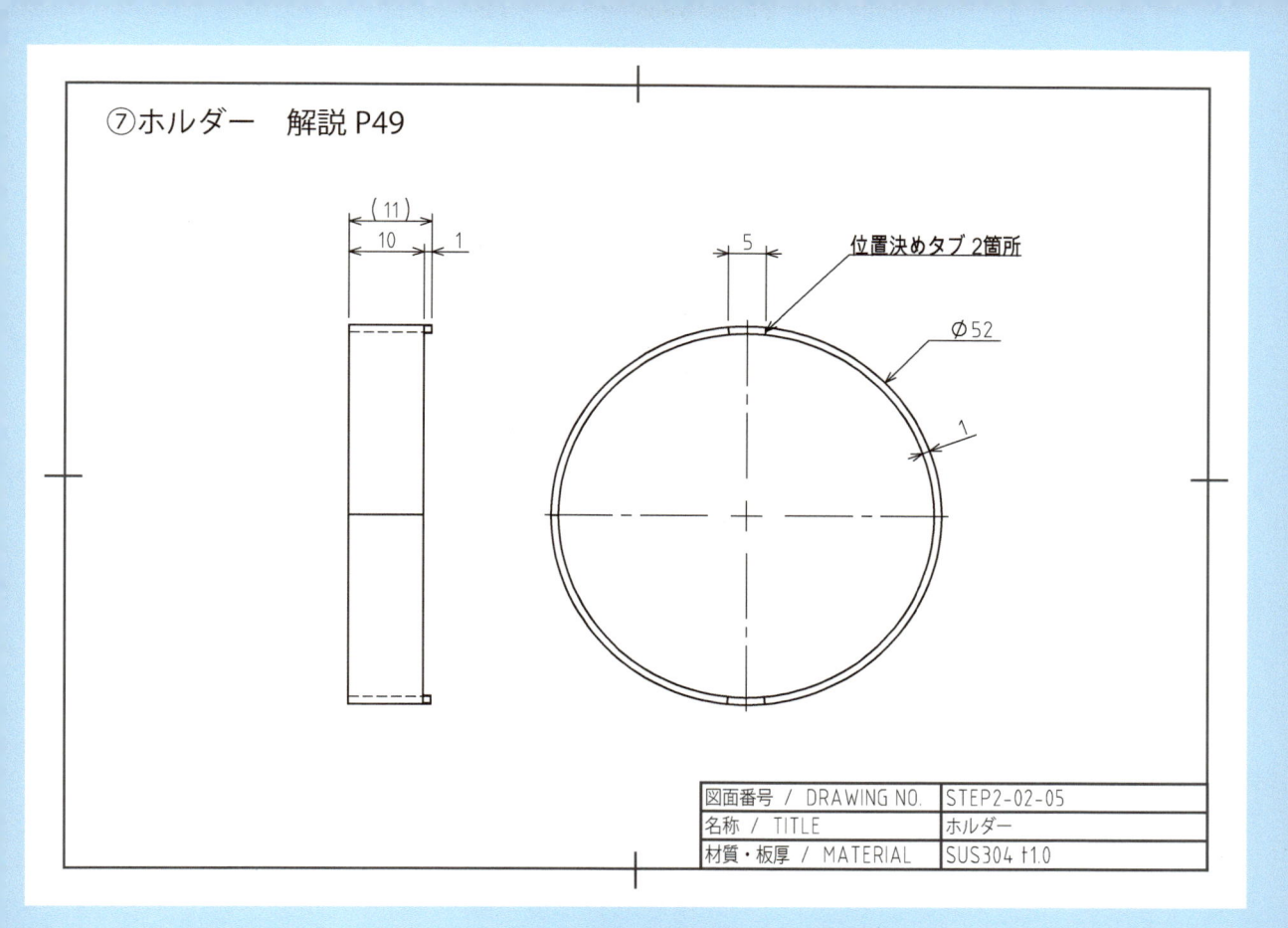

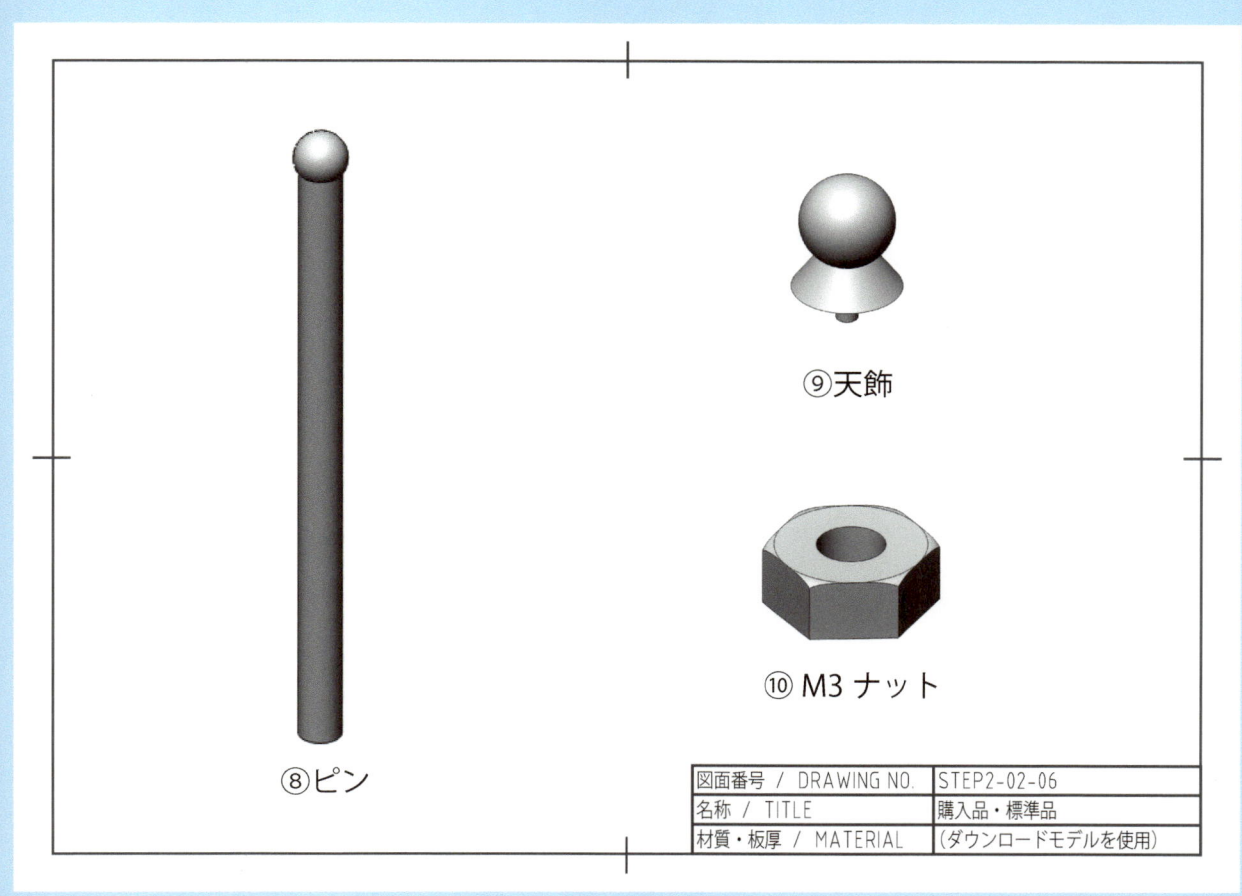

⑨ 天飾

⑩ M3 ナット

⑧ ピン

図面番号 / DRAWING NO.	STEP2-02-06
名称 / TITLE	購入品・標準品
材質・板厚 / MATERIAL	(ダウンロードモデルを使用)

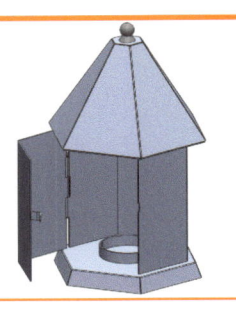

02 キャンドルホルダー

屋根

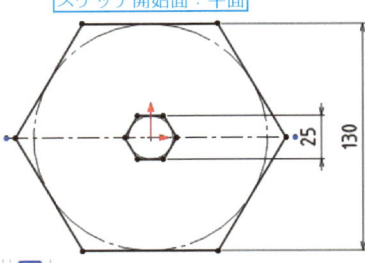

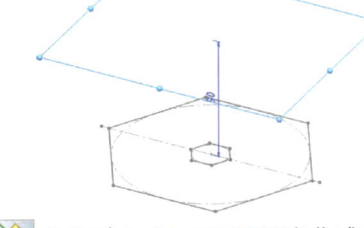

1. 中心線を水平に描き、多角形で図のスケッチを描きます。
   ※スケッチを終了します。
   ※屋根のレイアウトスケッチです。

2. 参照ジオメトリで平面を作成します。
   距離

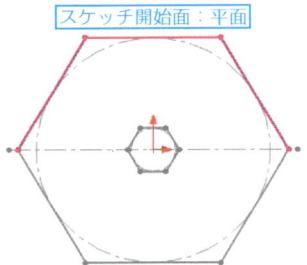

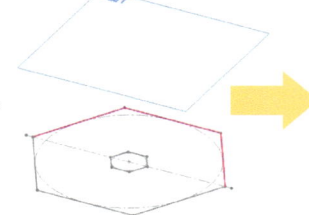

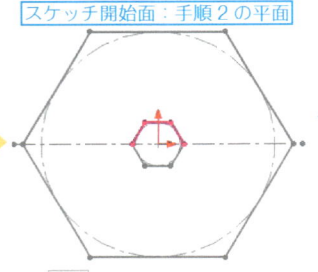

3. 手順1のスケッチを参照して、図のスケッチを描きます。
   ※手順1とは別に、新たなスケッチとして描き始めます。
   ※スケッチを終了します。

4. 手順3と同様に手順1のスケッチを参照して、図のスケッチを描きます。
   ※スケッチを終了します。
   ※手順1のスケッチと手順2の平面を非表示にします。

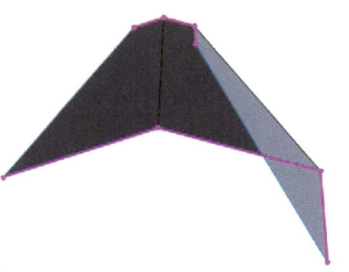

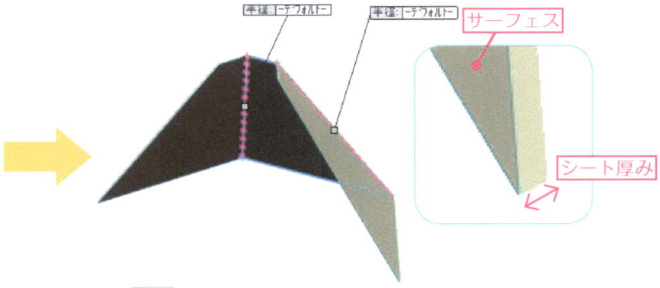

5. ロフトサーフェスで形状を作成します。
   輪郭：手順3、手順4のスケッチ

6. 板金に変換コマンドでサーフェスモデルをソリッド板金モデルに変換します。
   固定エンティティ：図の面を選択
   シート厚み：1mm
   ベンド半径：0.2mm
   ベンドエッジ：2箇所のエッジを選択

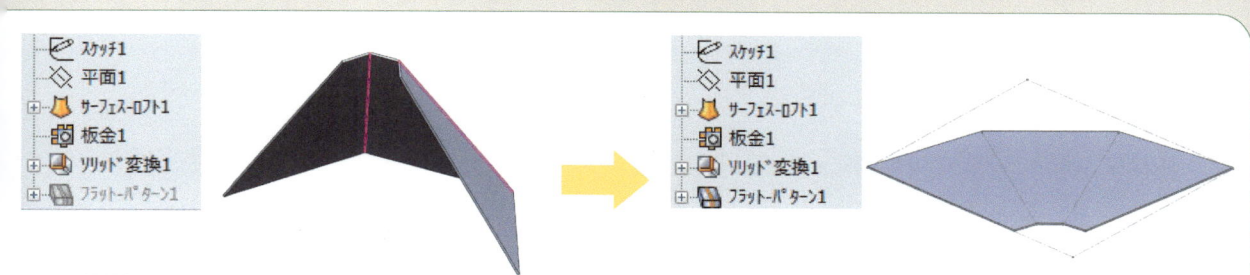

7. 🔧 板金モデルに変換されました。

8. 📄 展開形状を確認します。

完成！

チェック Check　板金に変換コマンド

板金に変換コマンドは、サーフェスボディ（P 48 参照）から直接板金モデルに変換するコマンドです。角度のついた部品を作成する際に有効です。

①サーフェスボディで作成します。

②板金に変換コマンドに入ります。

③板金パラメータを設定します。

固定エンティティを選択：
モデルの面を選択
シート厚み：板厚を入力
ベンドのデフォルト半径：
0.2mm
（内 R になります。このコマンドでは 0mm は設定できません）

④ベンドエッジを選択します。

モデルのエッジを選択

⑤板金モデルに変換されます。

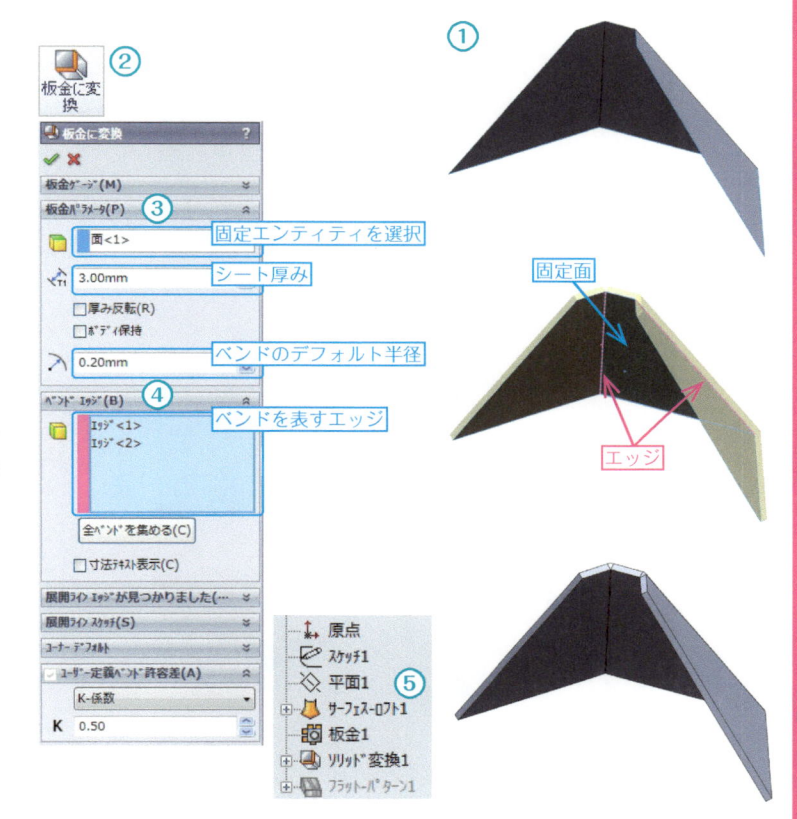

固定エンティティを選択
シート厚み
ベンドのデフォルト半径
ベンドを表すエッジ
固定面
エッジ

●板金に変換コマンドの場合
曲げ部がきれいにつながった形状になる。

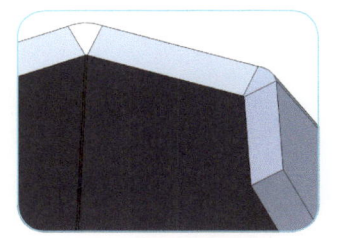

●シェルコマンドから板金にした場合
曲げ部の板厚が均一でないため、きれいにつながらない形状になる。

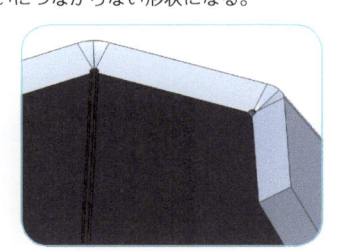

STEP2　組立製品　47

解説 ボディとは

ボディにはソリッドボディとサーフェスボディがあります。
ソリッドボディは中身の詰まった立体形状であるのに対し、サーフェスボディは面のみで構成された立体形状になり、重さや厚みの情報がありません。

●ソリッドボディとサーフェスボディ

ボディ

ソリッドボディ＝「中身の詰まった立体」

面によって完全に囲まれ、かつ、中身が詰まっており体積情報を有する。

サーフェスボディ＝「面のみで構成された立体」

境界（エッジや面）のみ存在し、体積情報を持たない。

●サーフェスボディの活用

モデルは最終的にソリッドボディで完成させますが、サーフェスボディを活用することでソリッドボディではできない形状の作成や効率よくモデリングを進めることができるといったメリットがあります。

●サーフェスボディの厚みをつけてソリッドボディを作成する

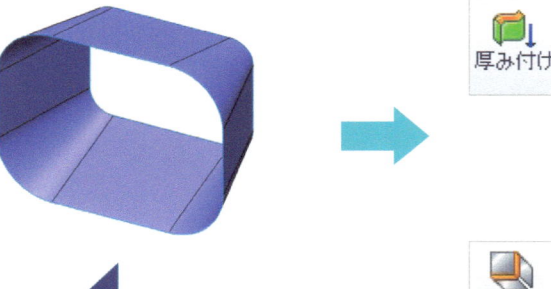

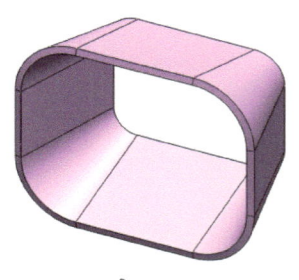

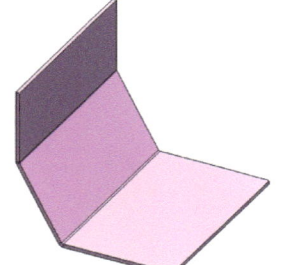

厚み付け

板金に変換

●サーフェスボディでソリッドボディを分割する

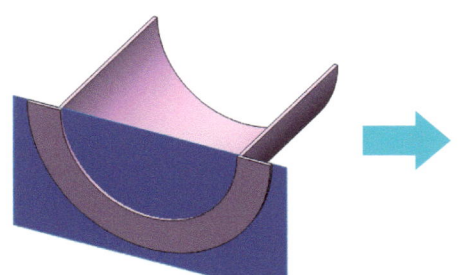

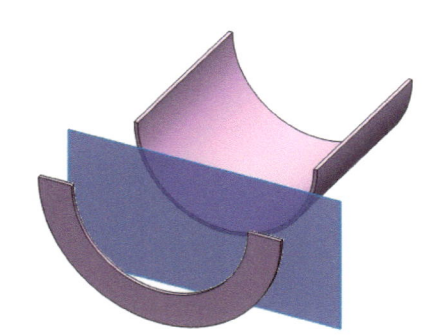

部品分割

02

キャンドルホルダー
ホルダー

スケッチ開始面：平面

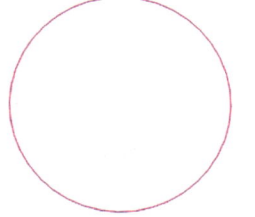

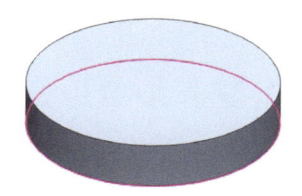

1. 図のスケッチを描きます。
2. 押し出しでベース形状を作成します。
   ブラインド
3. シェルで薄板化します。 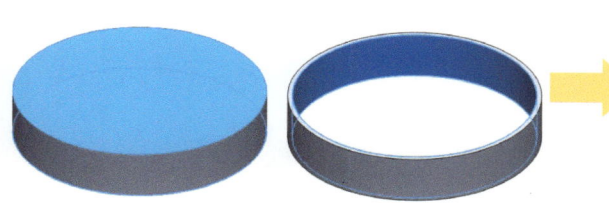 
   削除する面：2箇所の面を選択
4. 図のスケッチを描き寸法を入れます。 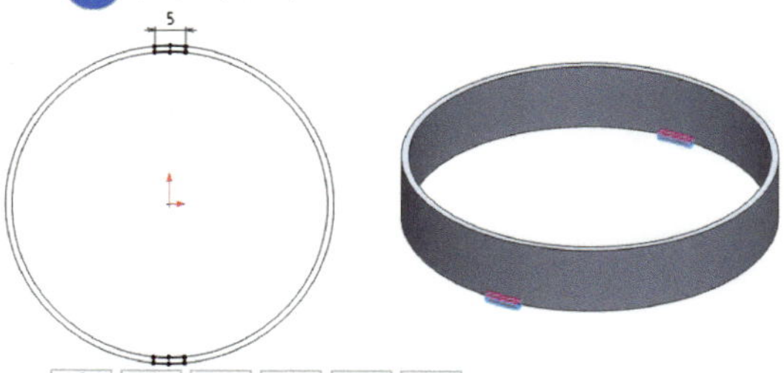
5. 押し出しでベース形状を作成します。
   ブラインド

スケッチ開始面：平面

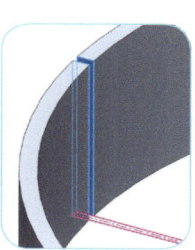

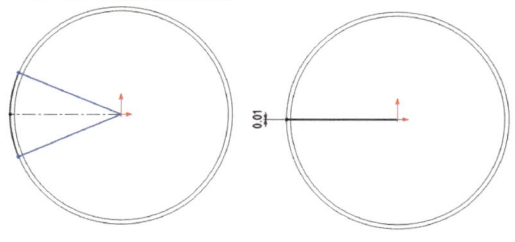

6. 図のスケッチを描き寸法を入れます。
   ※展開するためにスリットを入れます。 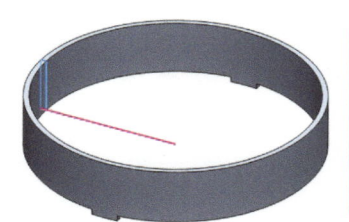
7. 押し出しカットをします。
   全貫通

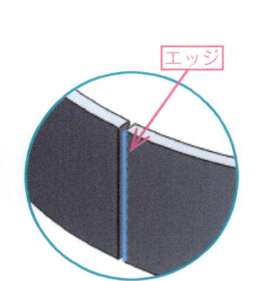

エッジ

8. 板金モデルに変換します。
   固定エッジ：図のエッジを選択
   ※円筒モデルの場合はエッジを選択します。
9. 展開形状を確認します。 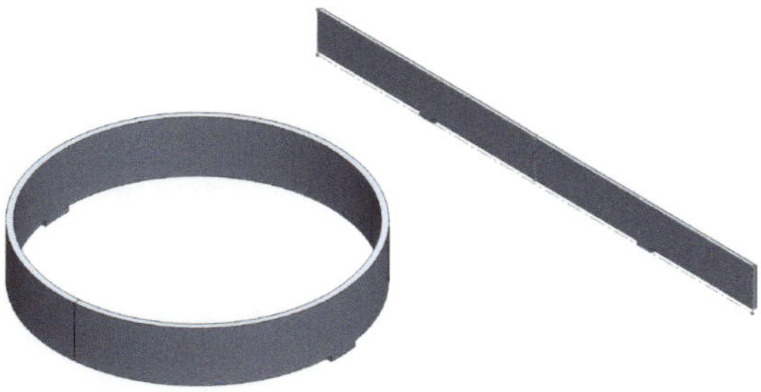

完成！

STEP2 組立製品　49

02

キャンドルホルダー

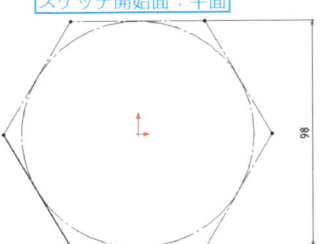

扉

1. 多角形で図のスケッチを描きます。
   スケッチ開始面：平面

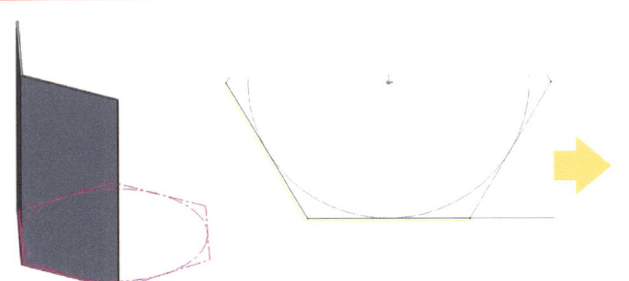

2. 押し出しでベース形状を作成します。
   - ブラインド
     薄板フィーチャー：厚み指定・厚み方向を確認
   ※スケッチが開いた輪郭の場合、自動的に薄板フィーチャーにチェックが入ります。

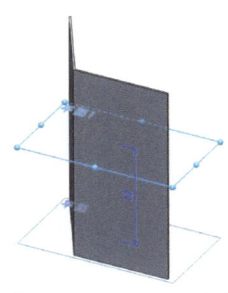

3. 参照ジオメトリで平面を作成します。
   - 距離

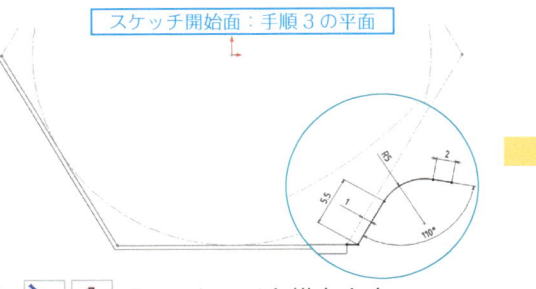

4. 図のスケッチを描きます。
   ※手順1のスケッチを表示します。
   スケッチ開始面：手順3の平面

5. 押し出しで薄板形状を追加します。
   - ブラインド
     薄板フィーチャー：厚みの指定、厚みの方向を確認
   ※手順3の平面を非表示にします。

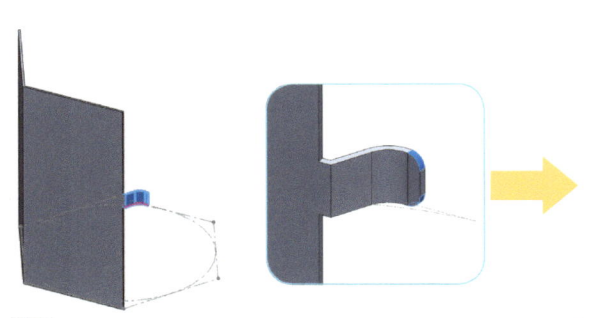

6. フィレットで角を丸めます。

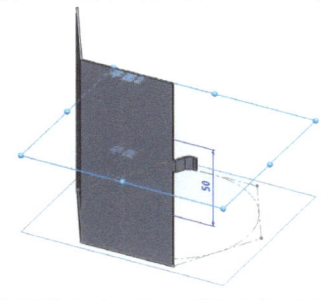

7. 参照ジオメトリで平面を作成します。
   - 距離

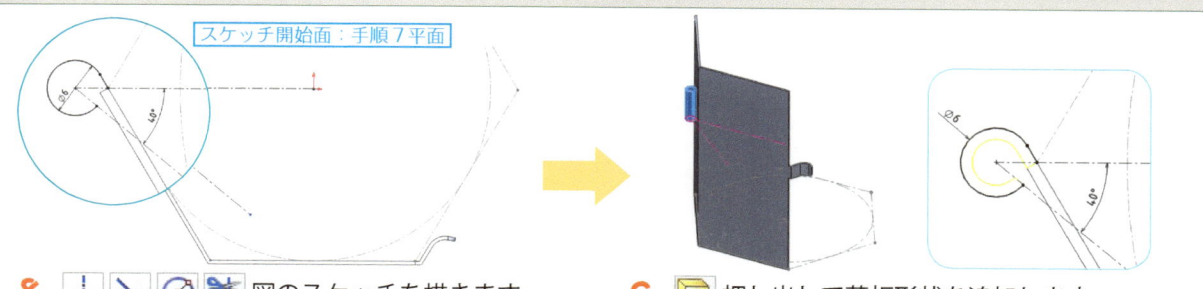

8. 図のスケッチを描きます。

9. 押し出しで薄板形状を追加します。
🔧 ブラインド
薄板フィーチャー：厚みの指定、厚みの方向を確認

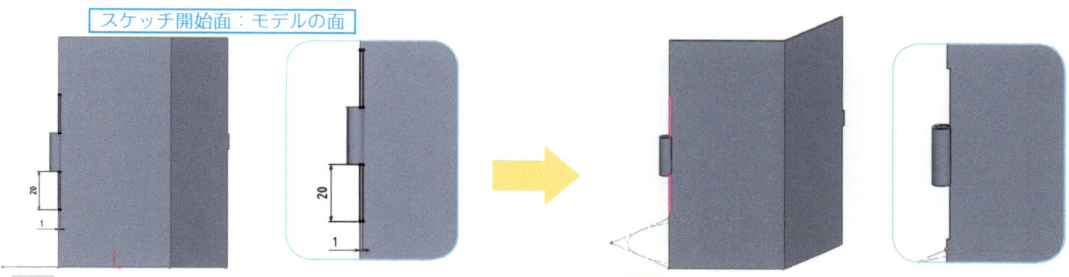

10. モデルの面に図のスケッチを描きます。

11. 押し出しカットをします。
🔧 全貫通
※手順1のスケッチを非表示にします。

12. 板金モデルに変換します。

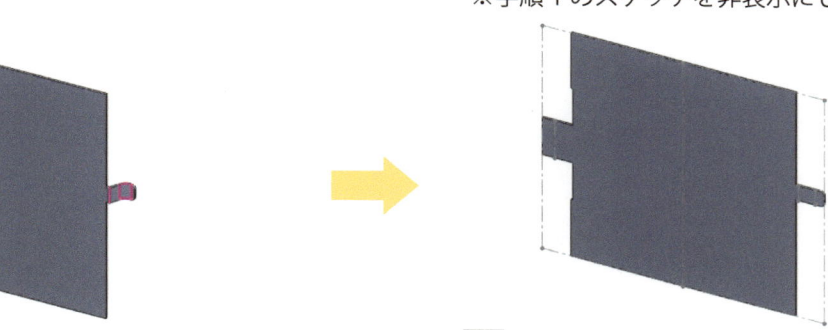

13. 展開形状を確認します。

完成！

ポイント 押し出しコマンドの薄板フィーチャー　厚みの設定

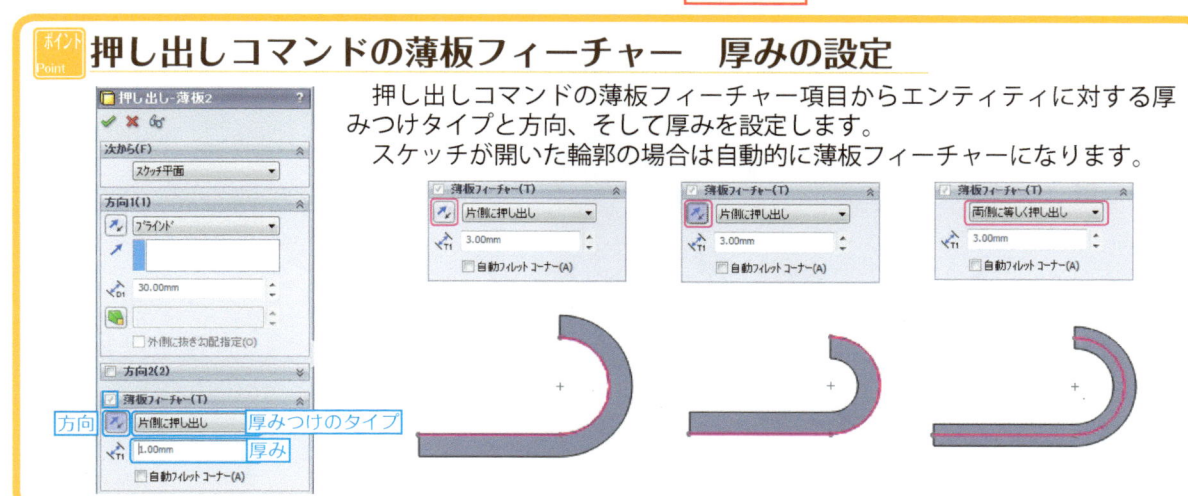

押し出しコマンドの薄板フィーチャー項目からエンティティに対する厚みつけタイプと方向、そして厚みを設定します。
スケッチが開いた輪郭の場合は自動的に薄板フィーチャーになります。

方向　厚みつけのタイプ　厚み

03 ポスト
Try it !

アセンブリ Point
- ①本体と②扉のサブアセンブリを作成します
- スケッチを使用して合致をつけます
- 扉の開閉に角度制限合致を使用します

1-5 ブラケット 1 は、P16 の部品を使用します。

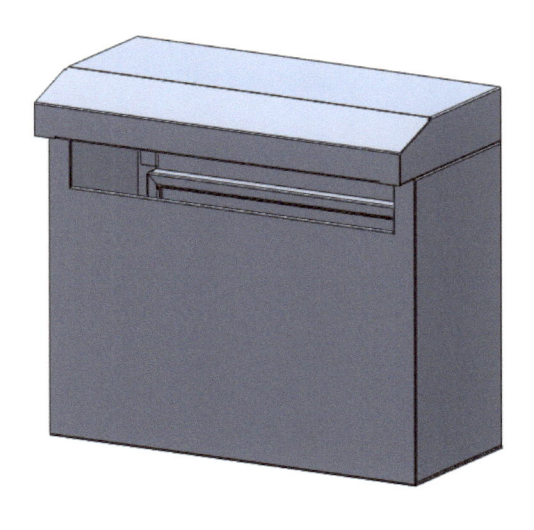

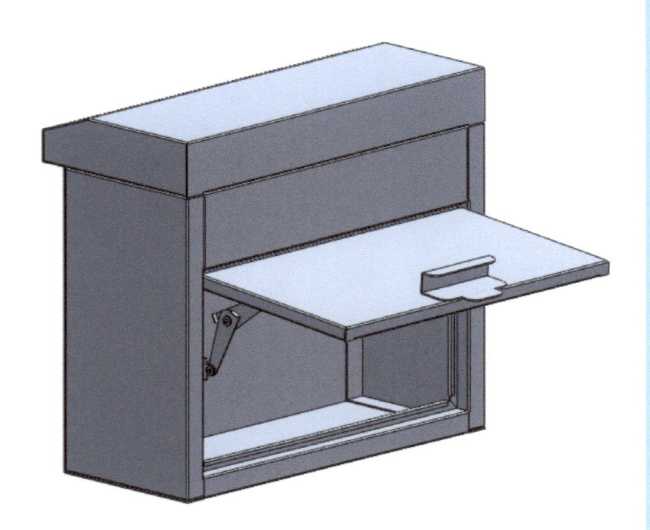

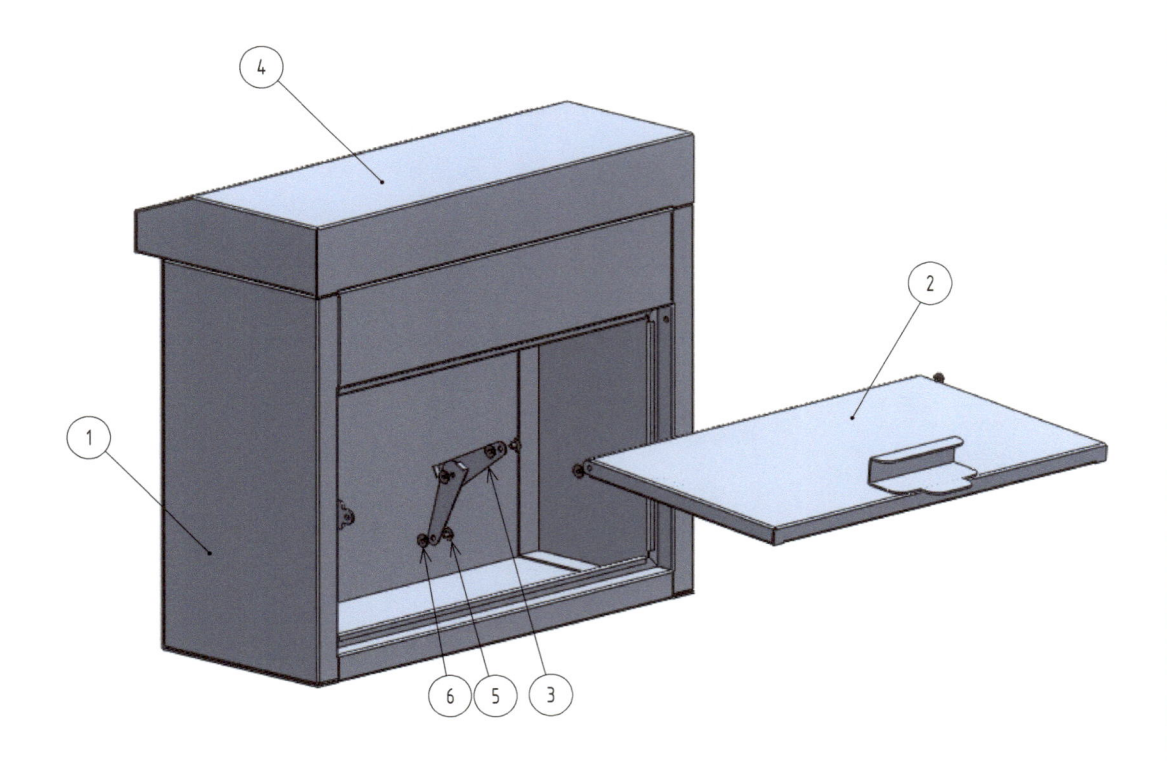

番号	品　名	個数	備考
1	本体 assy	1	
2	扉 assy	1	
3	接続金具	2	
4	屋根	1	
5	ビスねじ(オス)	5	購入品
6	ビスねじ(メス)	5	購入品

※標準品・購入品はダウンロードできます。

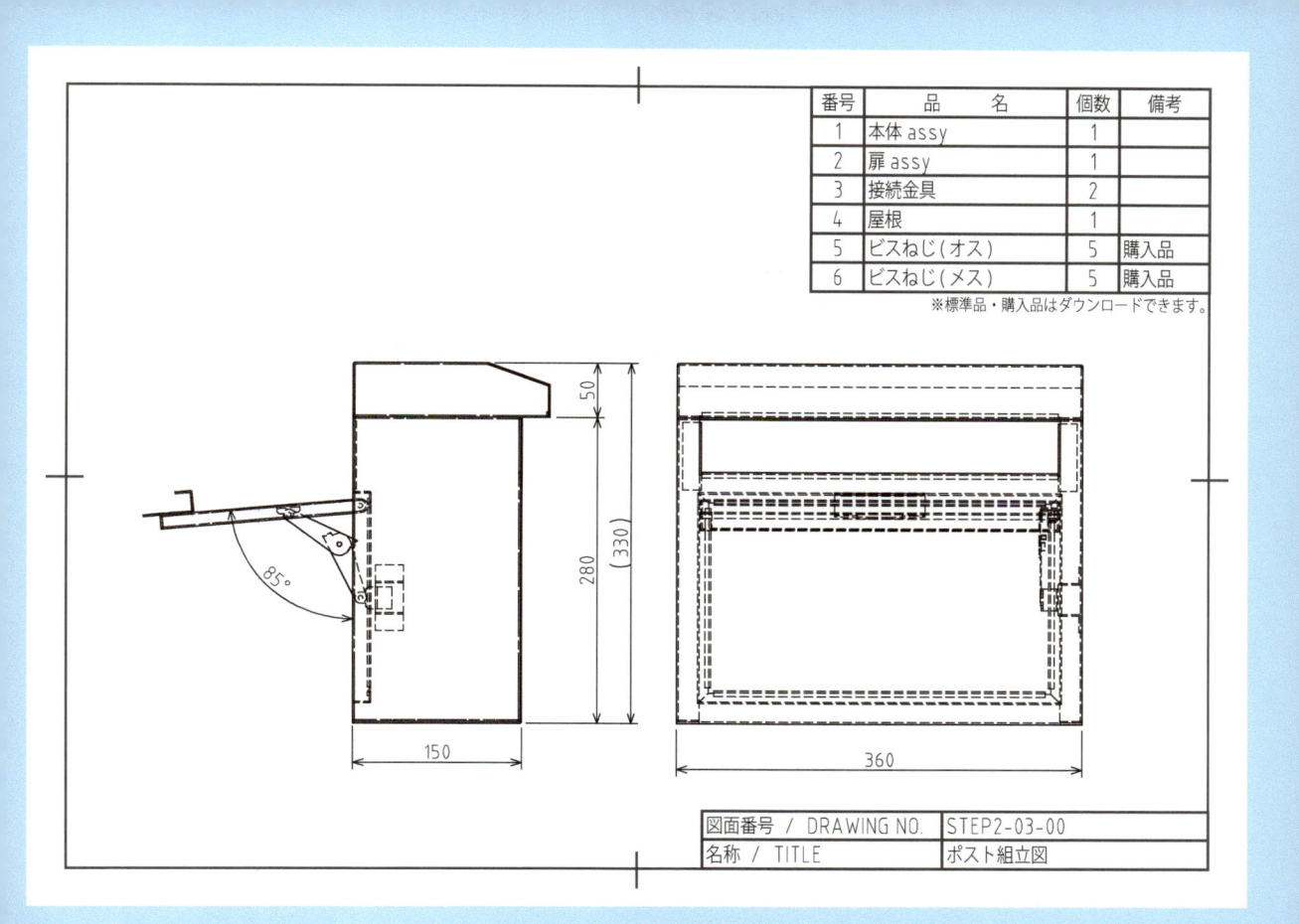

図面番号 / DRAWING NO.	STEP2-03-00
名称 / TITLE	ポスト組立図

①本体 assy　解説 P66

番号	品　名	個数	備考
1-1	本体_P1	1	
1-2	本体_P2	1	
1-3	本体_P3	1	
1-4	本体_P4	1	
1-5	ブラケット1	1	P16参照
1-6	ブラケット2	1	

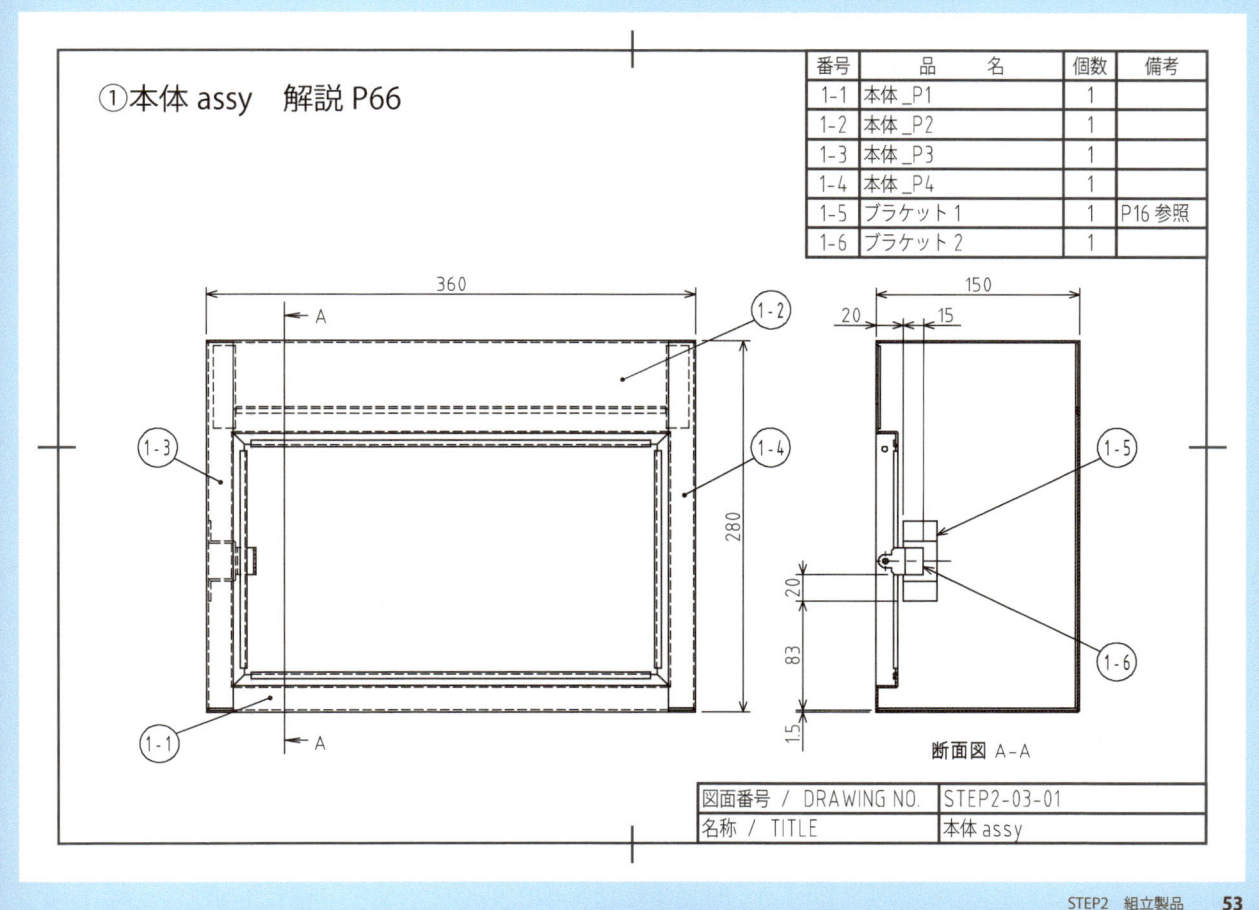

断面図 A-A

図面番号 / DRAWING NO.	STEP2-03-01
名称 / TITLE	本体 assy

STEP2　組立製品　53

①-1 本体_P1

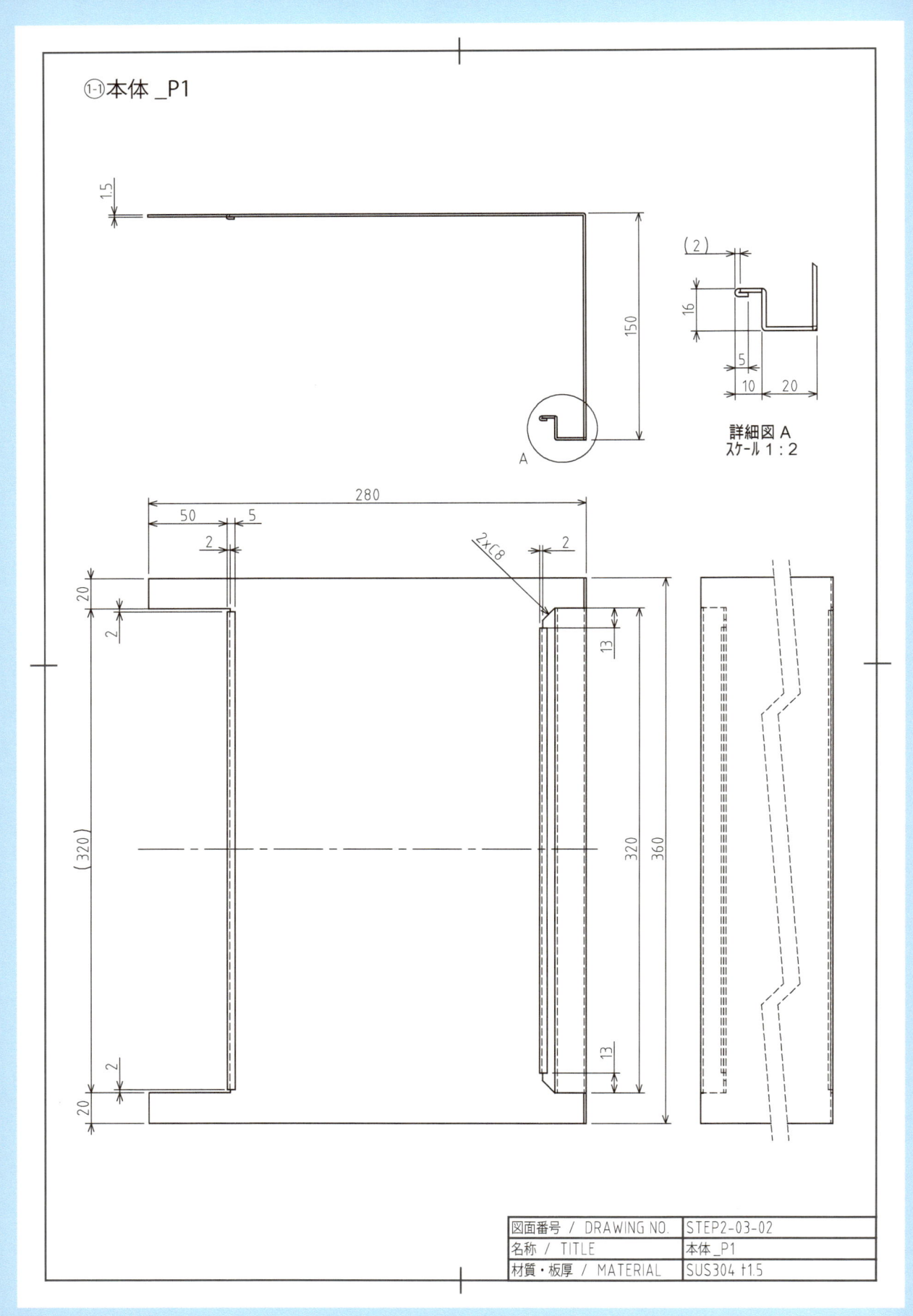

詳細図 A
スケール 1:2

図面番号 / DRAWING NO.	STEP2-03-02
名称 / TITLE	本体_P1
材質・板厚 / MATERIAL	SUS304 t1.5

①-② 本体 _P2　解説 P64

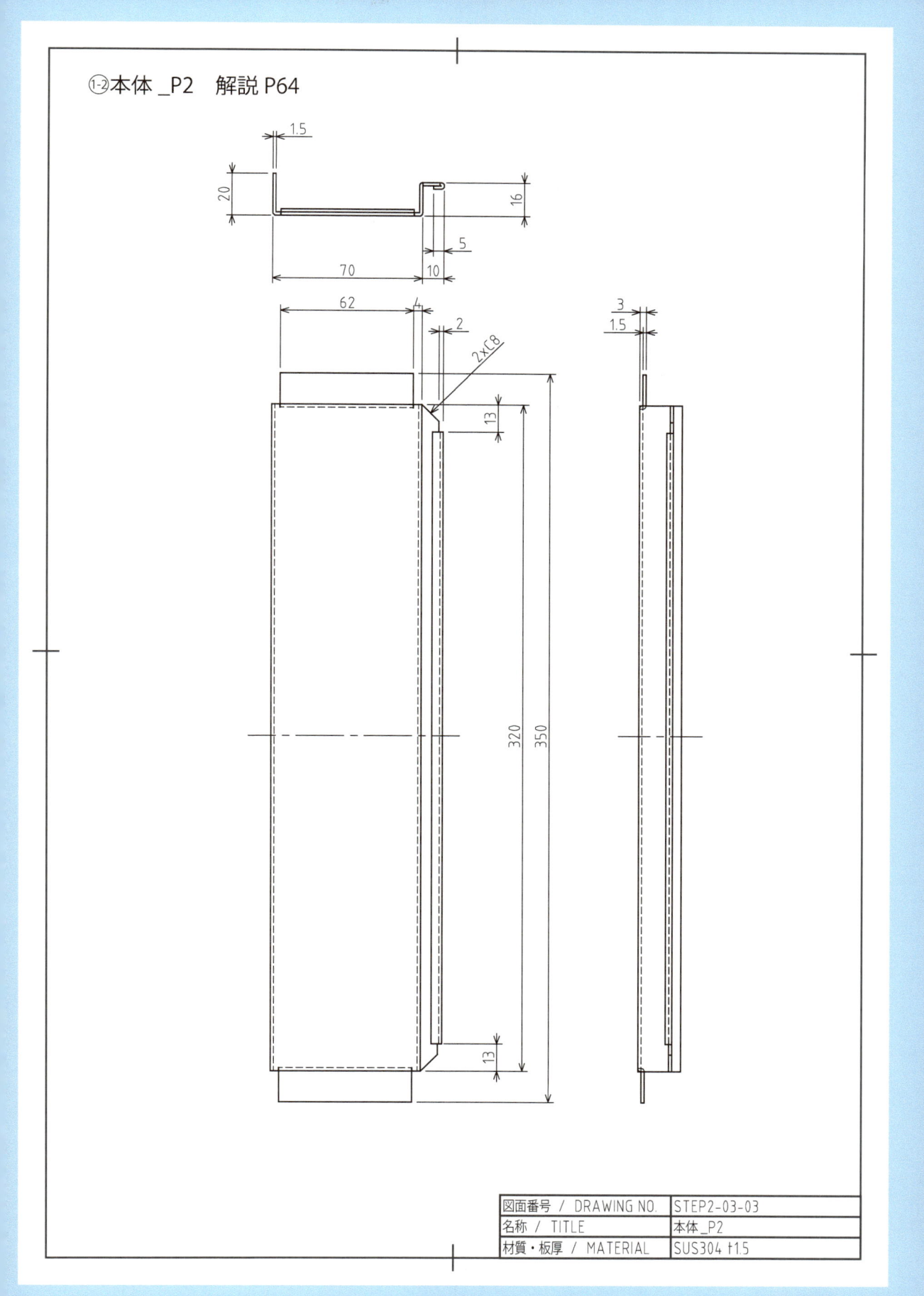

図面番号 / DRAWING NO.	STEP2-03-03
名称 / TITLE	本体_P2
材質・板厚 / MATERIAL	SUS304 t1.5

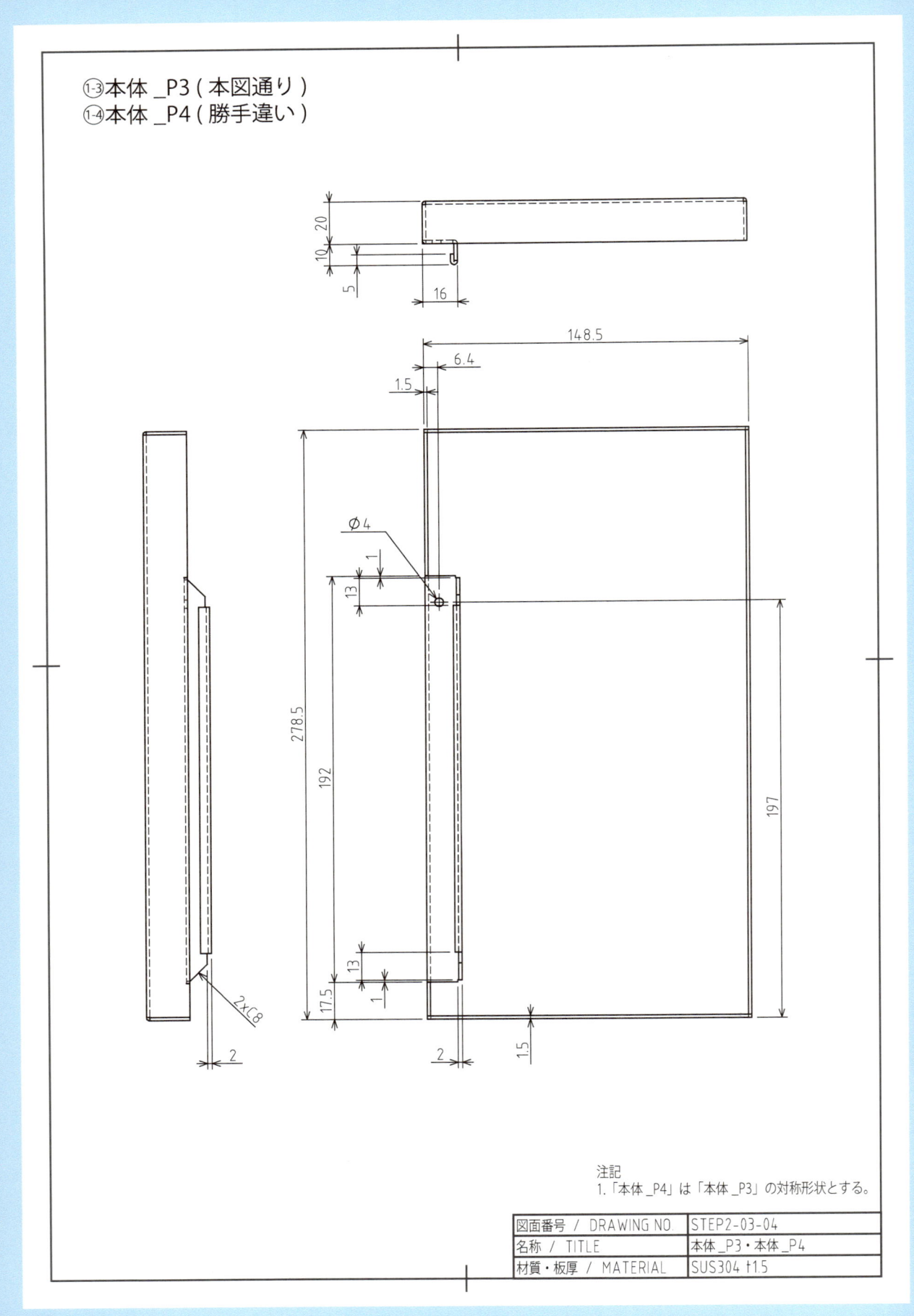

①-3 本体_P3 (本図通り)
①-4 本体_P4 (勝手違い)

注記
1.「本体_P4」は「本体_P3」の対称形状とする。

図面番号 / DRAWING NO.	STEP2-03-04
名称 / TITLE	本体_P3・本体_P4
材質・板厚 / MATERIAL	SUS304 t1.5

①-⑥ ブラケット2

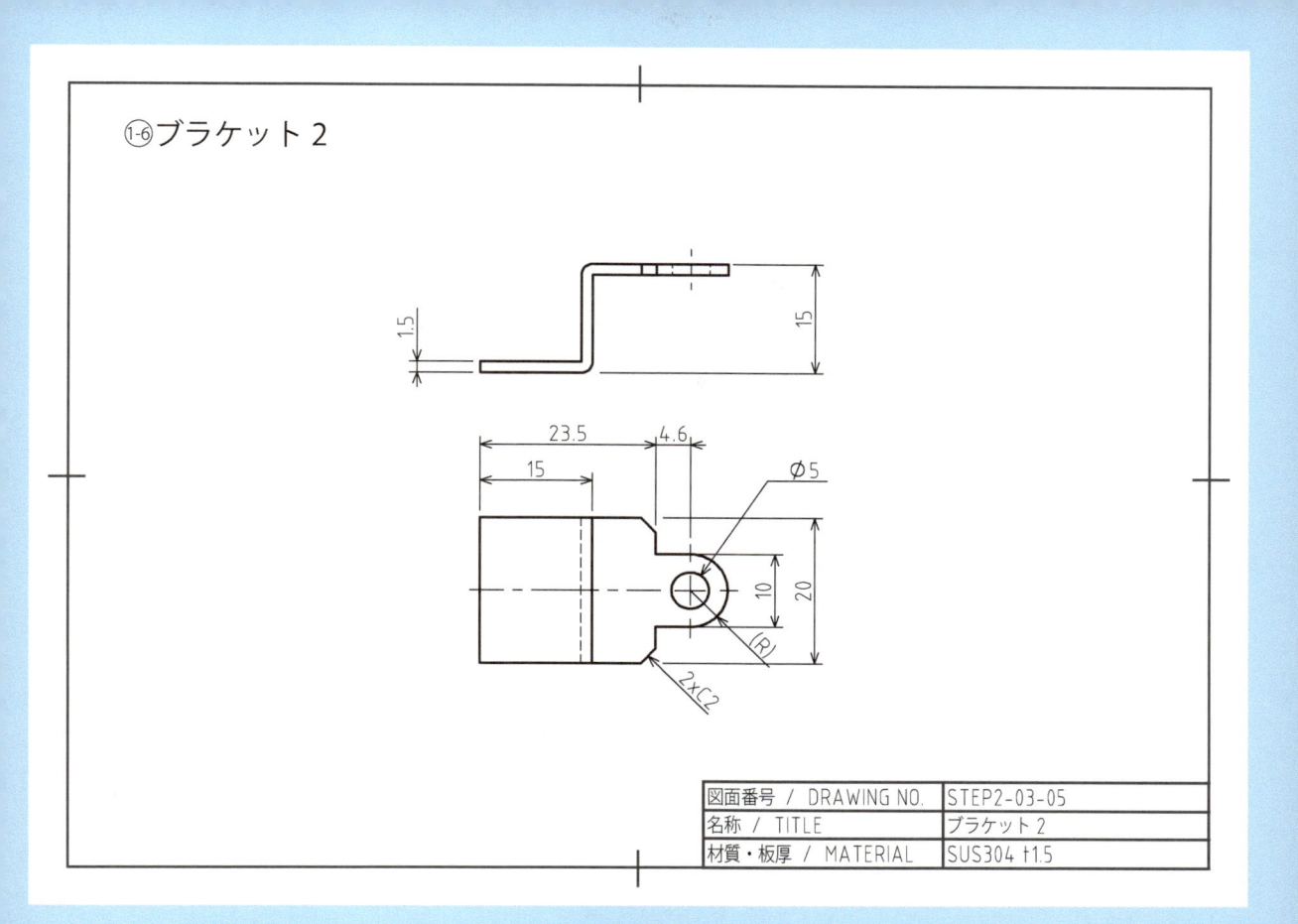

図面番号 / DRAWING NO.	STEP2-03-05
名称 / TITLE	ブラケット2
材質・板厚 / MATERIAL	SUS304 t1.5

② 扉 assy　解説 P66

番号	品　名	個数	備考
2-1	扉	1	
2-2	取っ手	1	
2-3	ブラケット3	1	

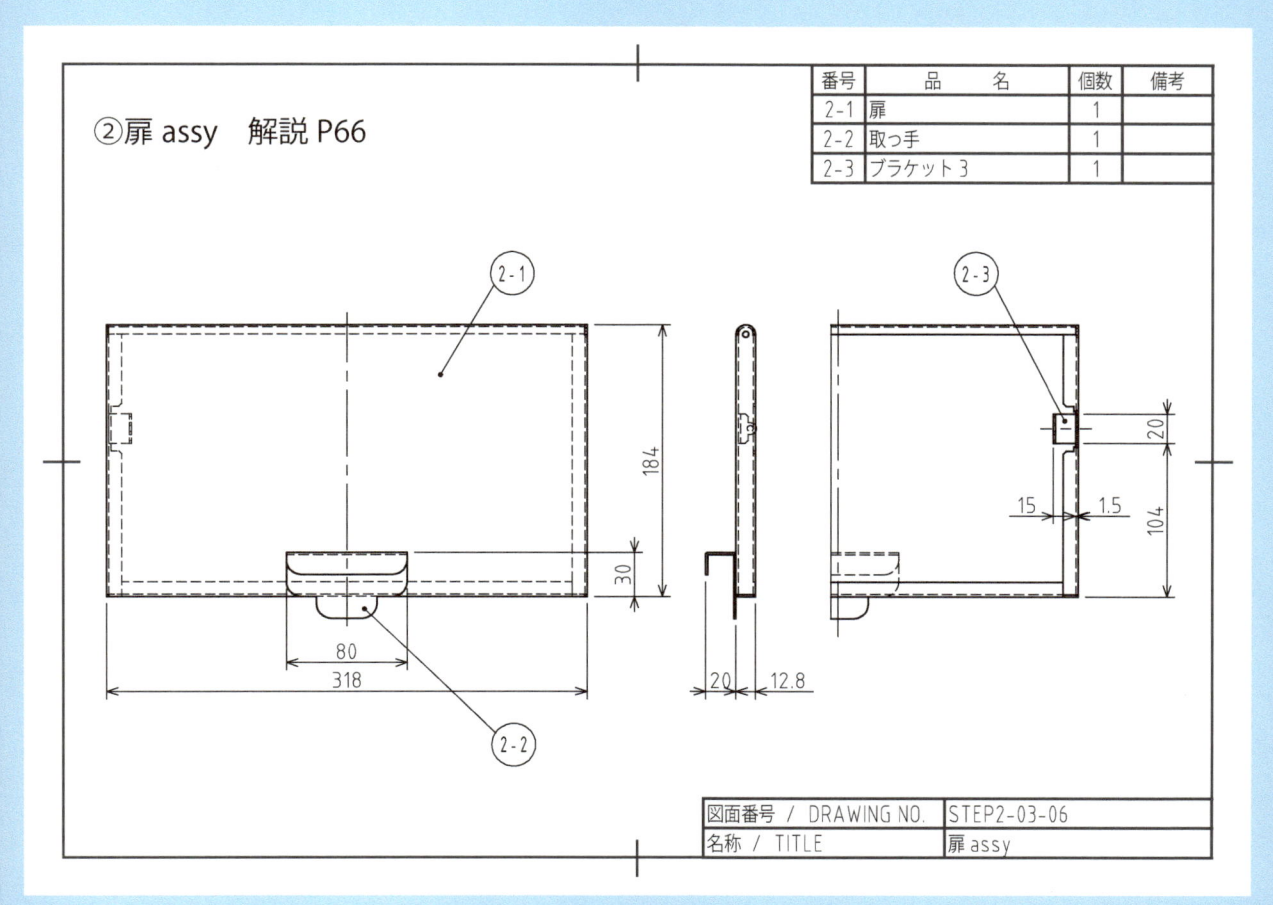

図面番号 / DRAWING NO.	STEP2-03-06
名称 / TITLE	扉 assy

STEP2　組立製品　57

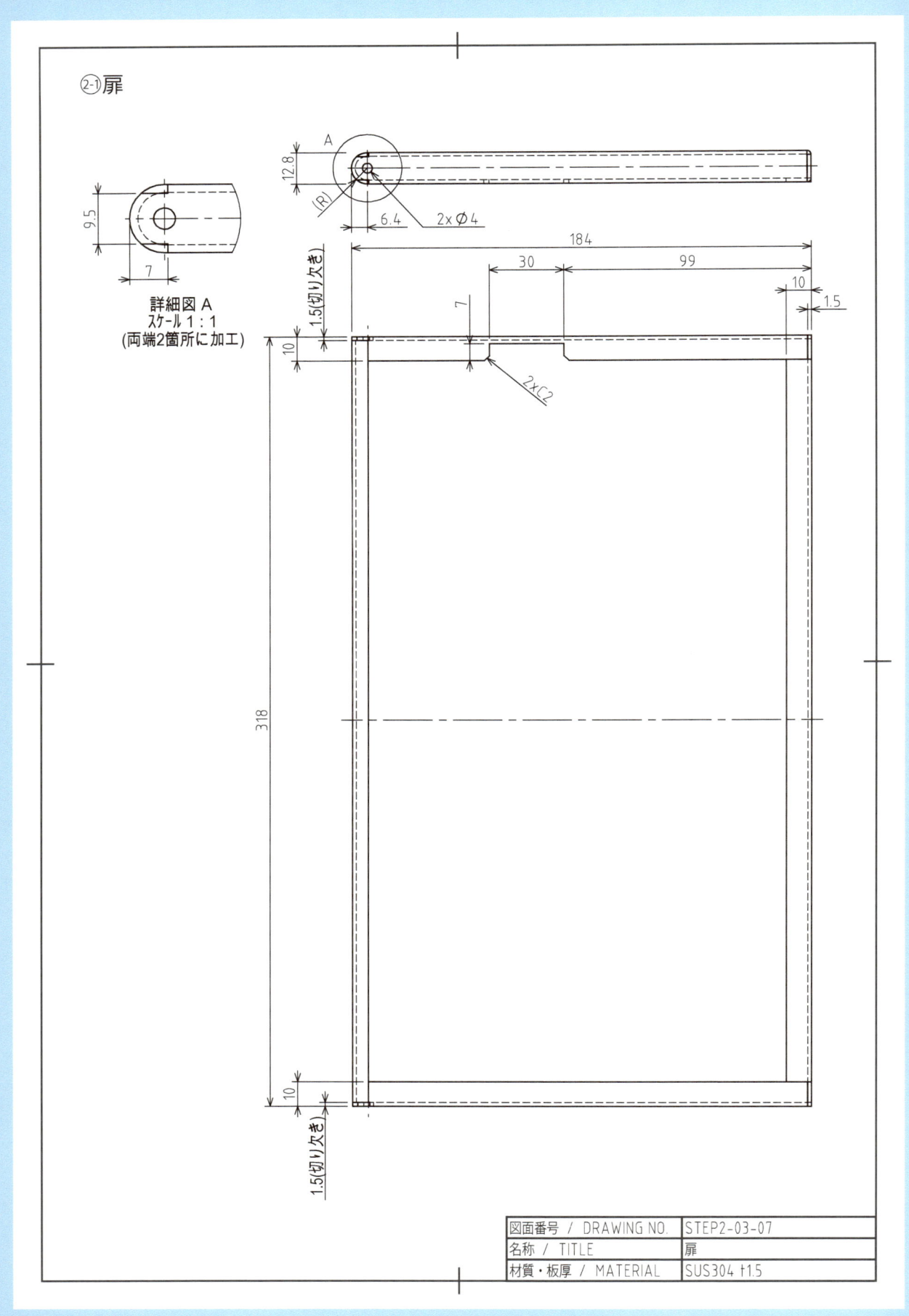

②-1 扉

詳細図 A
スケール 1：1
(両端2箇所に加工)

図面番号 / DRAWING NO.	STEP2-03-07
名称 / TITLE	扉
材質・板厚 / MATERIAL	SUS304 t1.5

②-2 取っ手

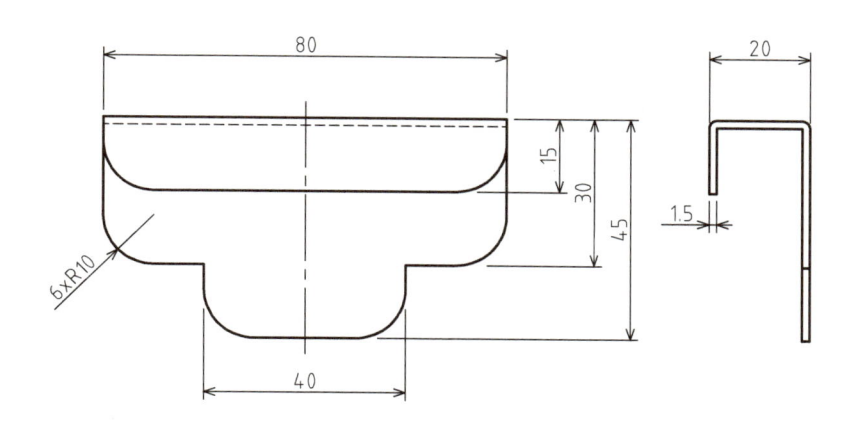

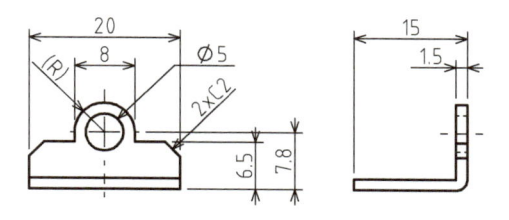

②-3 ブラケット3

③ 接続金具　解説 P62

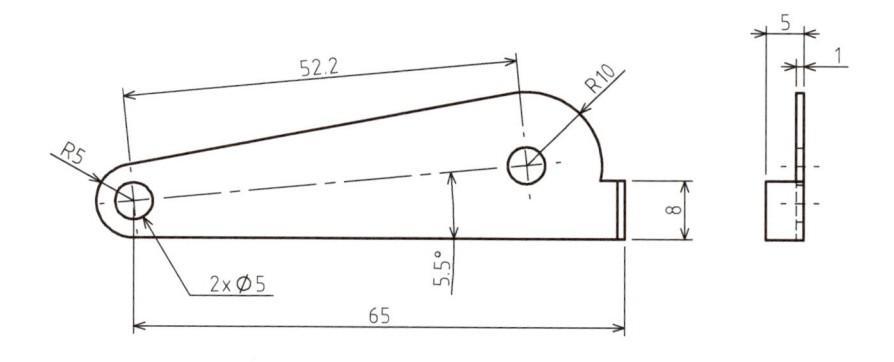

図面番号 / DRAWING NO.	STEP2-03-08
名称 / TITLE	取っ手・ブラケット3・接続金具
材質・板厚 / MATERIAL	SUS304 t1.5, t1.0

④屋根

詳細図 A
スケール 1:1

図面番号 / DRAWING NO. STEP2-03-09
名称 / TITLE 屋根
材質・板厚 / MATERIAL SUS304 t1.5

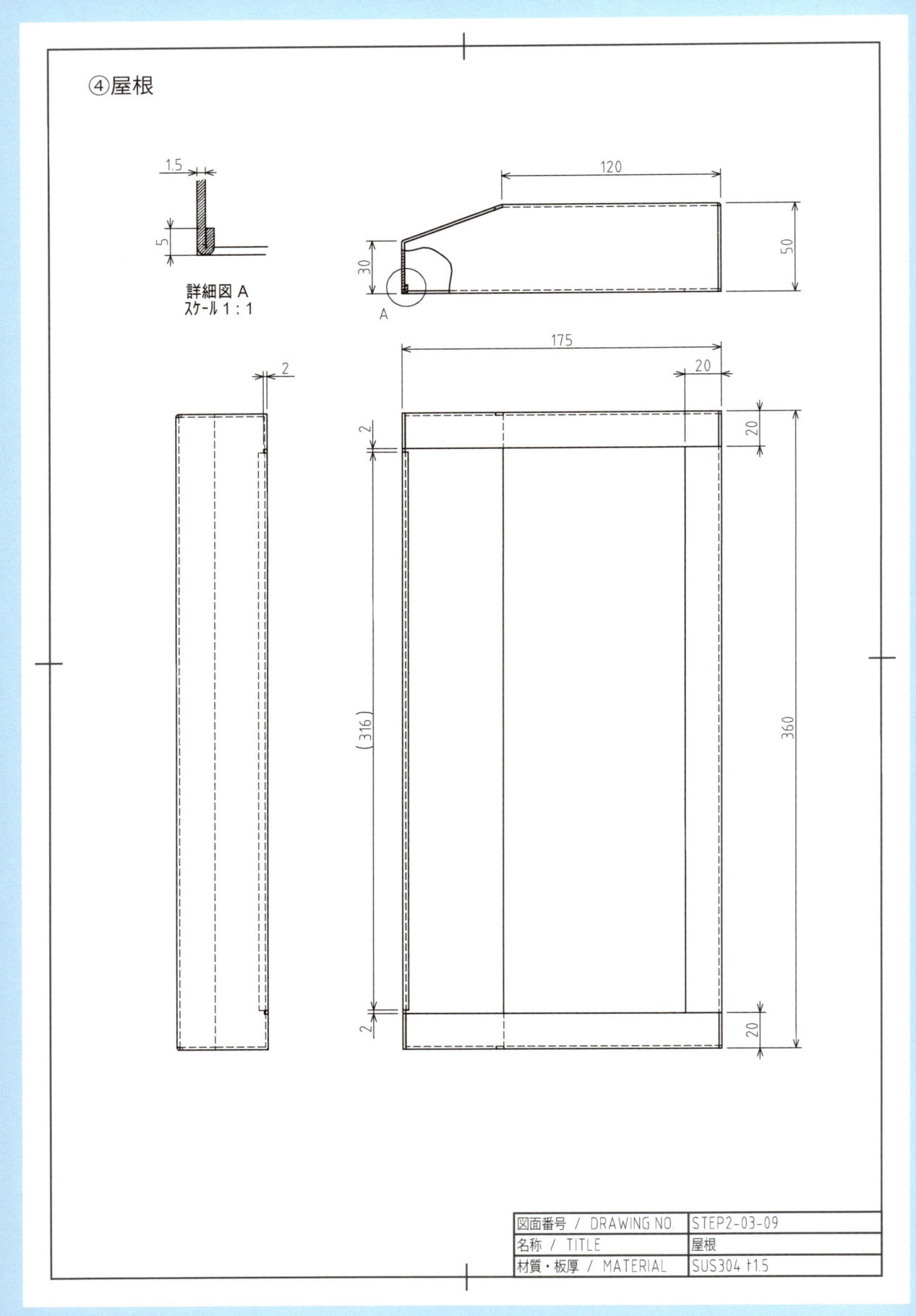

⑤ビスねじ(オス)　　　　⑥ビスねじ(メス)

注記
1.締結箇所に使用のこと。

図面番号 / DRAWING NO.	STEP2-02-10
名称 / TITLE	購入品
材質・板厚 / MATERIAL	(ダウンロードモデルを使用)

ポイント Point　サブアセンブリの活用

　部品点数が多いアセンブリの場合には、一定の単位でサブアセンブリを作成します。ユニットを構成する複数の部品が1つのサブアセンブリとして使えるようになり、組み立てやすくなります。

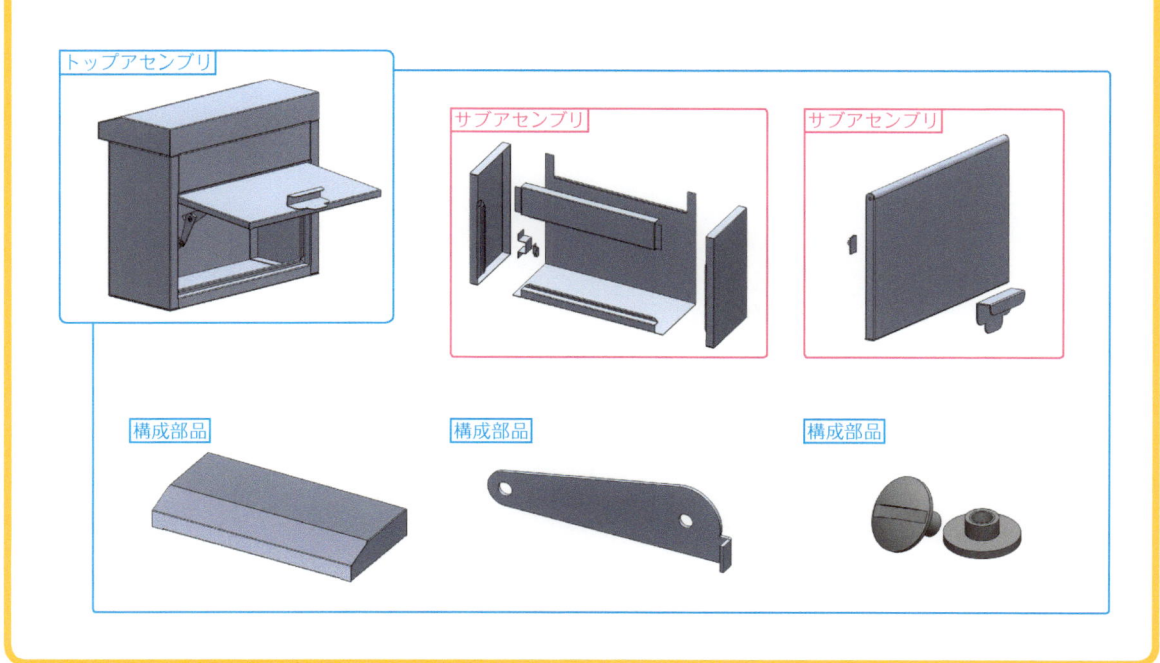

トップアセンブリ
サブアセンブリ
サブアセンブリ
構成部品
構成部品
構成部品

STEP2　組立製品

03 ポスト

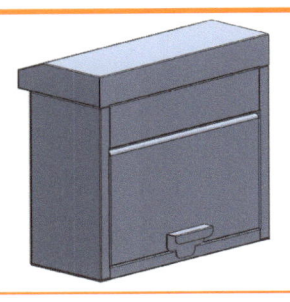

接続金具

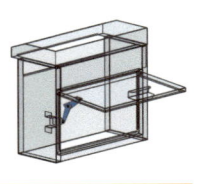

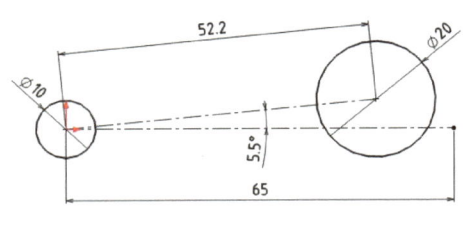

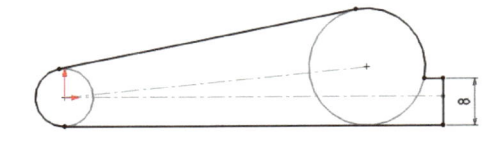

1. 中心線と円で図のスケッチを描きます。
   ※スケッチを終了します。
   ※接続金具のレイアウトスケッチです。

2. 手順1のスケッチを参照して、図のスケッチを描きます。
   ※手順1とは別に、新たなスケッチとして描き始めます。

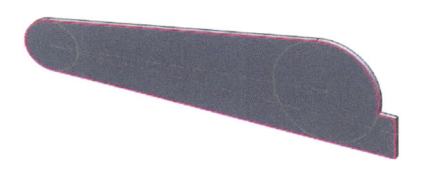

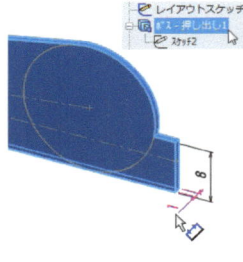

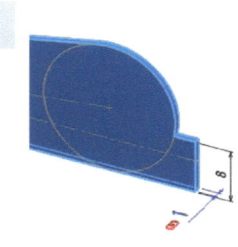

3. 押し出しでベース形状を作成します。
   ブラインド

4. 履歴の押し出し1をダブルクリックして、寸法を表示させます。

5. 表示した板厚寸法に寸法のリンクを設定します。

ポイント レイアウトスケッチ

通常、スケッチは立体化のための輪郭として使いますが、レイアウトスケッチは、「部品と部品の勘合を見るため」「複雑な形状を構築するため」「動きがあるものを定義するため」など、部品作成の検討するための下書きとして使用します。

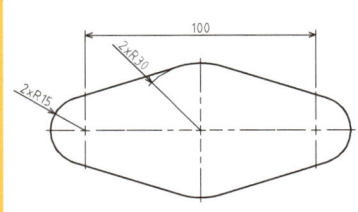

● 直接輪郭を描くと…
スケッチの拘束が複雑になって難しくなる。

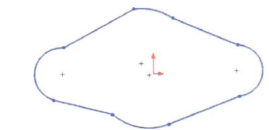

● レイアウトスケッチを使うと…
形状の主要な部分のみをレイアウトスケッチで表現する。輪郭のスケッチはレイアウトスケッチを参照することで容易に描くことができる。

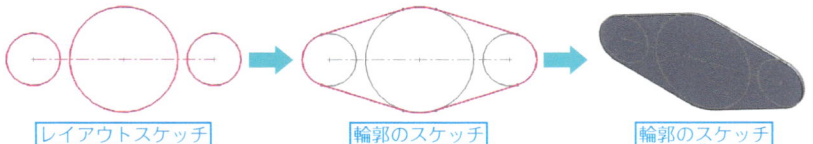

レイアウトスケッチ → 輪郭のスケッチ → 輪郭のスケッチで立体化

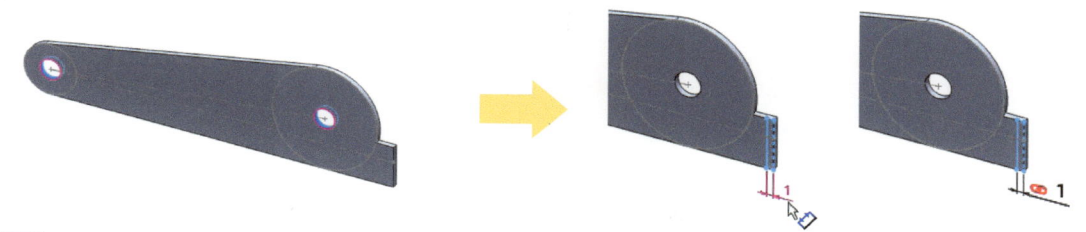

6. ⊙ 手順1のスケッチに合わせて、円のスケッチを描きます。

7. 押し出しカットをします。
　🔧 全貫通

8. □ 長方形のスケッチを描きます。
9. 板厚寸法に寸法のリンクを設定します。

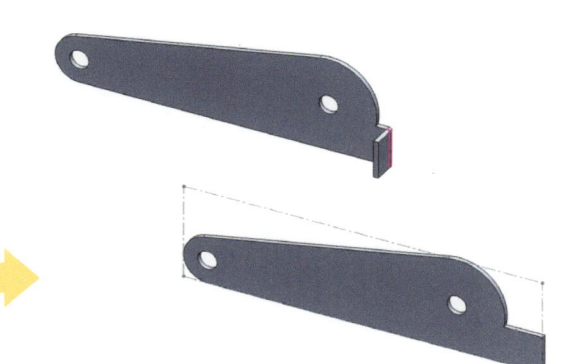

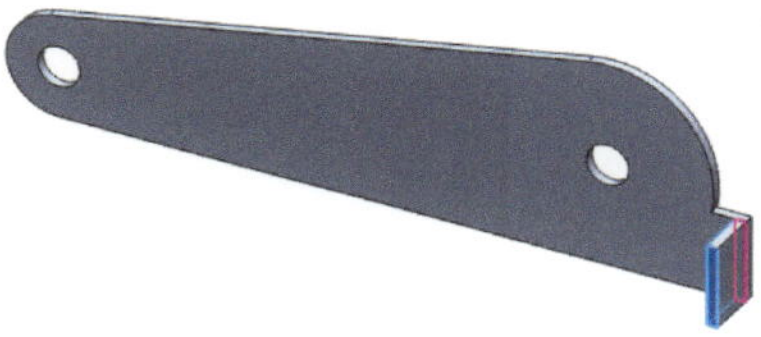

10. 押し出しで形状を追加します。
　🔧 ブラインド
　※手順1のスケッチを非表示にします。

11. 板金モデルに変換します。
12. 展開形状を確認します。

完成！

寸法のリンク

　寸法のリンクは、他のスケッチやフィーチャー間で寸法値を共有することができます。板金製品では板厚寸法に設定しておくと、板厚変更の際に一度に修正することができます。

①履歴から設定する寸法を表示させます。
※履歴のスケッチやフィーチャーをダブルクリックすると使用されている寸法が表示されます。

②現れた寸法を右クリックします。

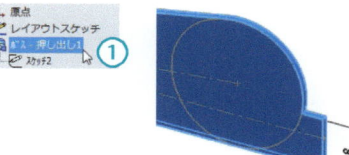

③右クリックメニューの寸法のリンクを選択します。

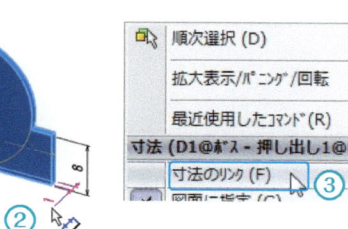

④共有値ダイアログが現れます。

⑤名前を入力します。
名前：厚み
（自由に決めることができます）

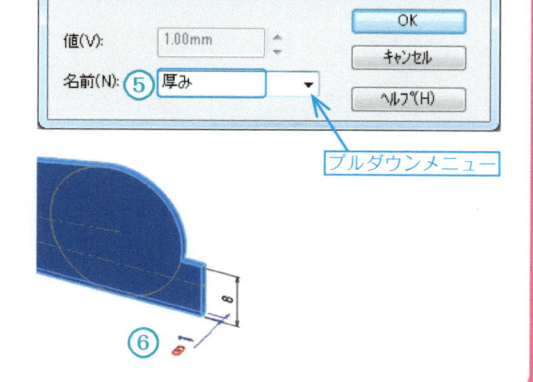

⑥寸法に「∞」が付きます。

※共有させたい他の寸法にも同様の手順で設定します。設定した名前は、プルダウンメニューで選択し、共有させることができます。

STEP2 組立製品

03

ポスト
本体_P2

スケッチ開始面：正面

1. 長方形のスケッチを描きます。
2. 押し出しでベース形状を作成します。
   - ブラインド
3. 図のスケッチを描きます。
4. 分割ラインで面を分割します。
5. シェルで薄板化します。
   - 削除する面：4箇所の面を選択
6. 図のスケッチを描きます。
7. 押し出しで形状を追加します。
   - ブラインド
8. 図のスケッチを描きます。
9. 押し出しカットをします。
   - 全貫通
10. 面取りをします。
11. 図のスケッチを描きます。

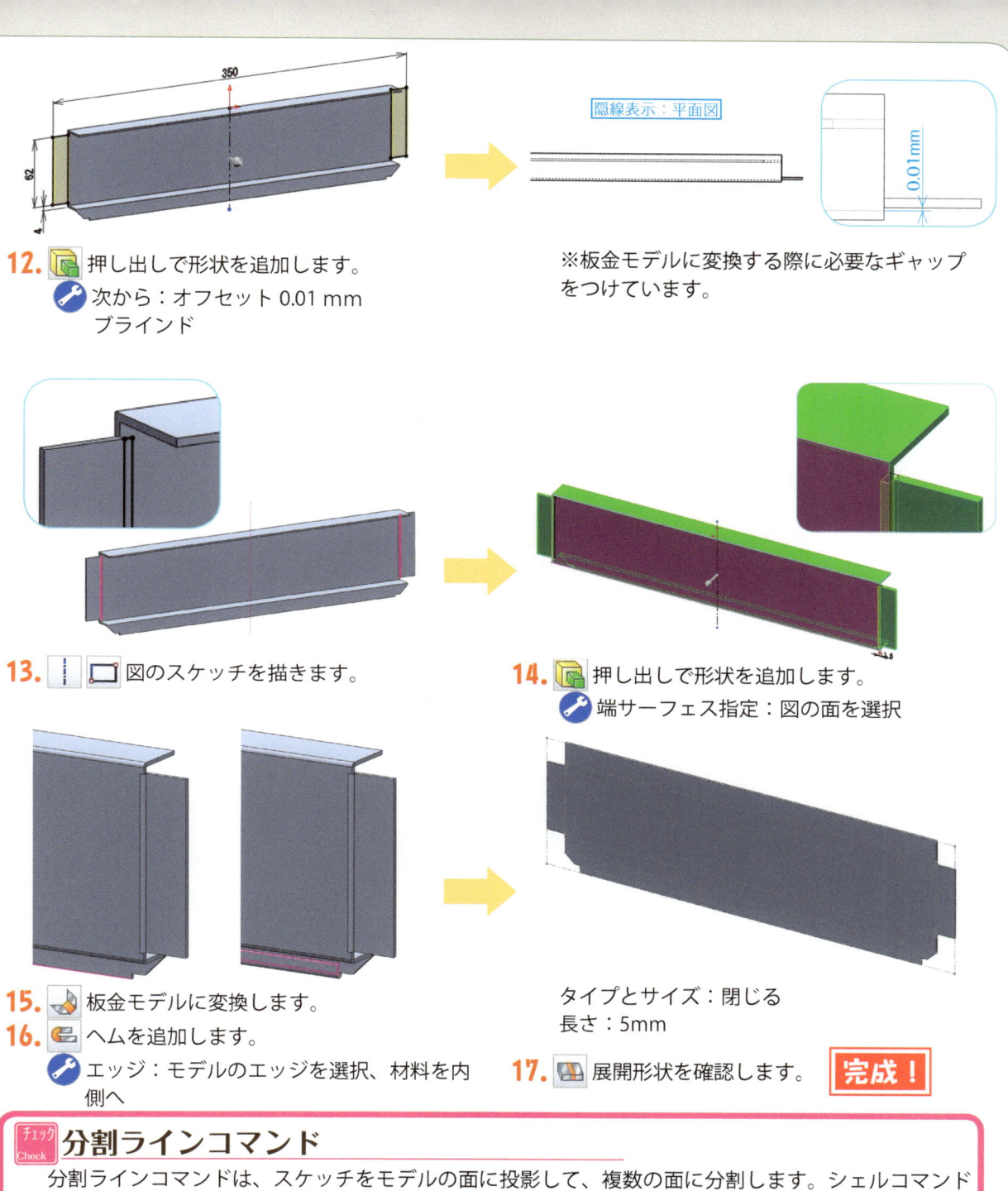

隠線表示：平面図

0.01mm

12. 押し出しで形状を追加します。
　　次から：オフセット 0.01 mm
　　ブラインド

※板金モデルに変換する際に必要なギャップをつけています。

13. 図のスケッチを描きます。

14. 押し出しで形状を追加します。
　　端サーフェス指定：図の面を選択

15. 板金モデルに変換します。
16. ヘムを追加します。
　　エッジ：モデルのエッジを選択、材料を内側へ

タイプとサイズ：閉じる
長さ：5mm

17. 展開形状を確認します。　**完成！**

チェック Check 分割ラインコマンド

分割ラインコマンドは、スケッチをモデルの面に投影して、複数の面に分割します。シェルコマンドと組み合わせると効率よくモデル作成ができます。

（作成例）①スケッチを描く　②分割ラインコマンドで投影するスケッチと分割面を選択する　③シェルコマンドで薄板化する

① 　　　② 分割ライン／投影するスケッチ／分割面　　　③ 分割した面を残すことができます

STEP2 組立製品　65

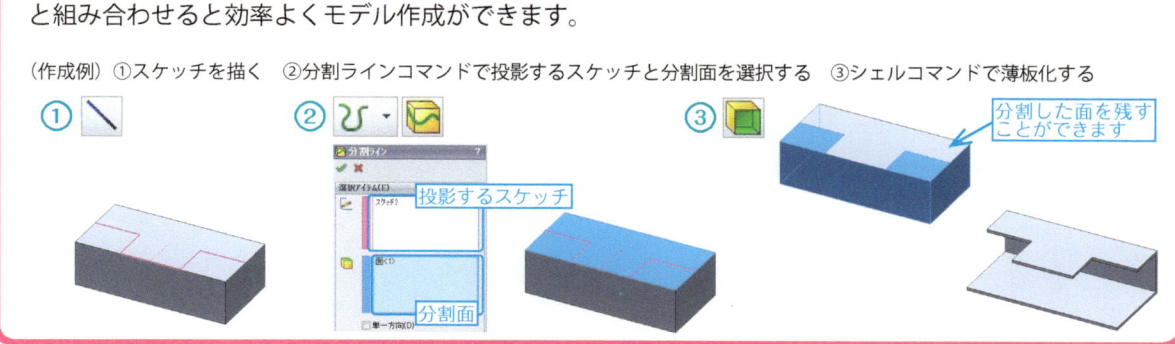

03 サブアセンブリ

本体 assy

アセンブリ Point
・サブアセンブリを作成します
・スケッチを使用して合致をつけます

①-3 本体_P3

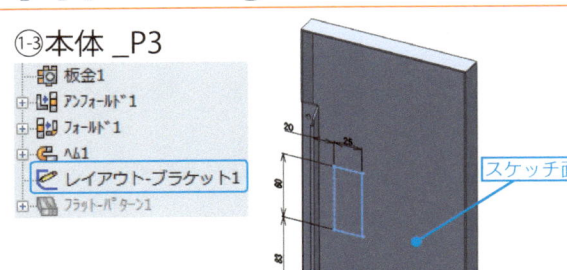

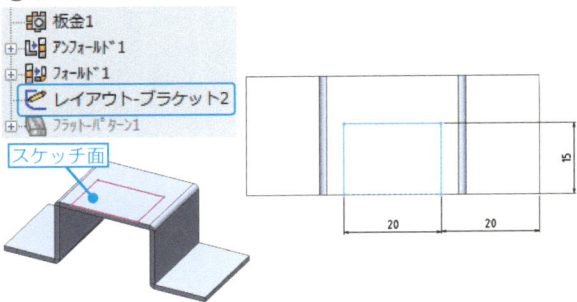

1. 「本体_P3」に ▢ アセンブリの合致用に図のスケッチを追加します。

①-5 ブラケット1

2. 「ブラケット1」に ▢ アセンブリの合致用に図のスケッチを追加します。

- ブラケット1のエッジ側とスケッチの線に一致
- ブラケット1のエッジ側とスケッチの線に一致
- ブラケット1の面と本体_P3の面に一致

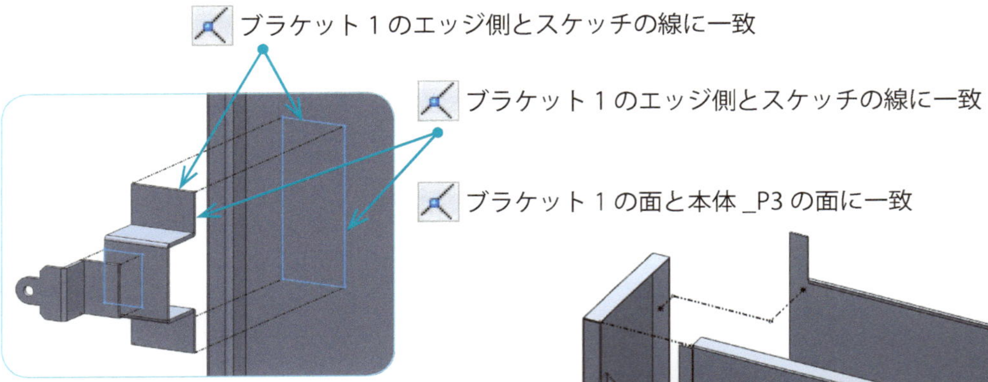

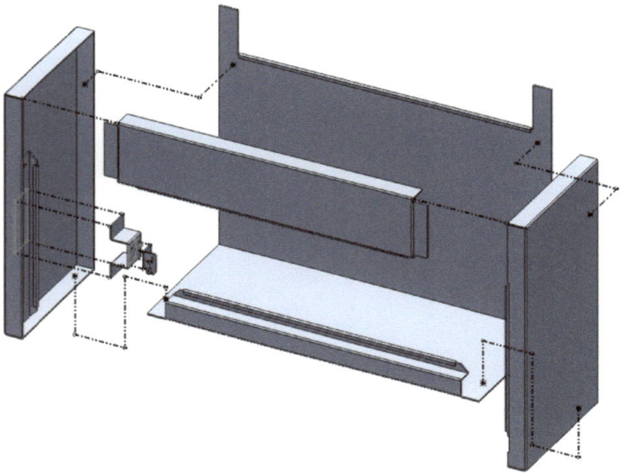

3. 合致をつけます。
※モデルの面やエッジの他に、スケッチにも合致をつけることができます。

03 サブアセンブリ

扉 assy

②-1 扉

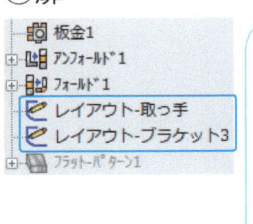

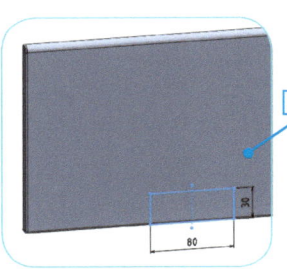

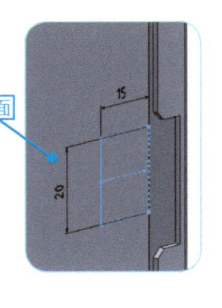

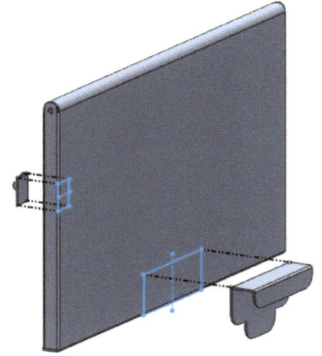

1. 「扉」に ▢ アセンブリの合致用に図のスケッチを追加します（スケッチ2つ）。

2. 合致をつけます。

03 トップアセンブリ
ポスト

アセンブリ Point
・本体 assy を一番はじめに挿入します
・扉の開閉に角度制限合致を使用します

1. 既存の部品アセンブリを使って部品を挿入します。
2. 合致をつけます。
   ※ビスねじは最後に組み込みます。

- ◎ ビスねじ(メス)の円筒面とブラケット2の穴に同心円
- ✕ ビスねじ(メス)の側面とブラケット2の側面に一致

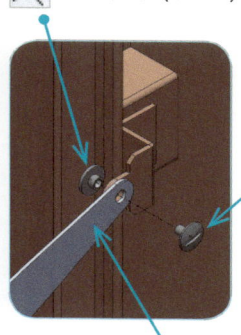

- ◎ ビスねじ(オス)の円筒面と接続金具の穴に同心円
- ✕ ビスねじ(オス)の側面と接続金具の側面に一致

- ◎ 接続金具の穴とブラケット2の穴に同心円
- ✕ 接続金具の側面とブラケット2の側面に一致

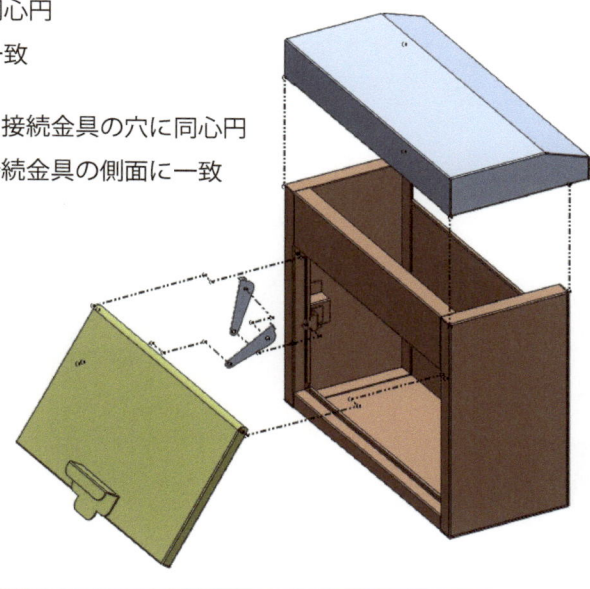

チェック 角度制限合致

角度制限合致は、指定した最大値・最小値の間で角度を制限することができます。

①合致コマンドに入ります。

②詳細設定合致を選択します。

③角度を選択します。

角度　　：45deg
最大値：85deg
最小値：0deg
（角度は現在の値になります）

※合致の向きは、寸法反転や合致の整列状態で調整します。

④合致エンティティに条件をつける図の面を選択します。

⑤ドラッグして動きを確認します。

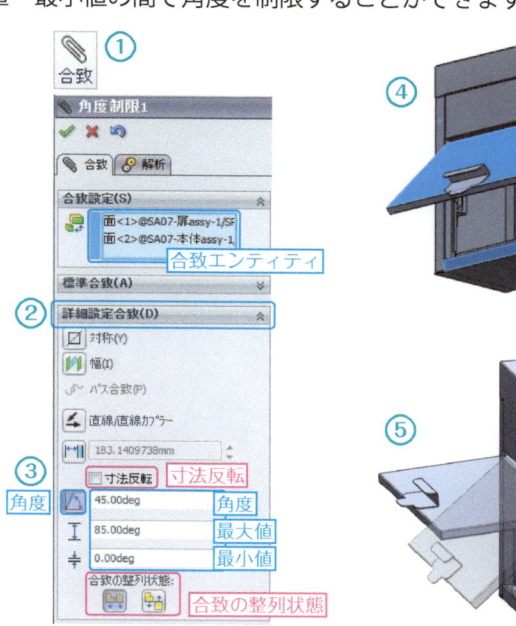

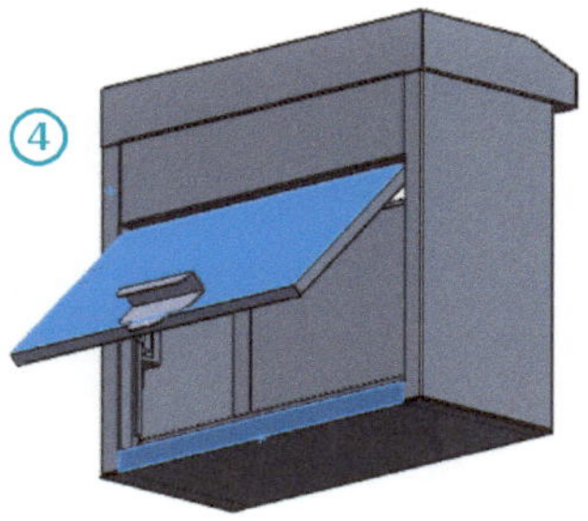

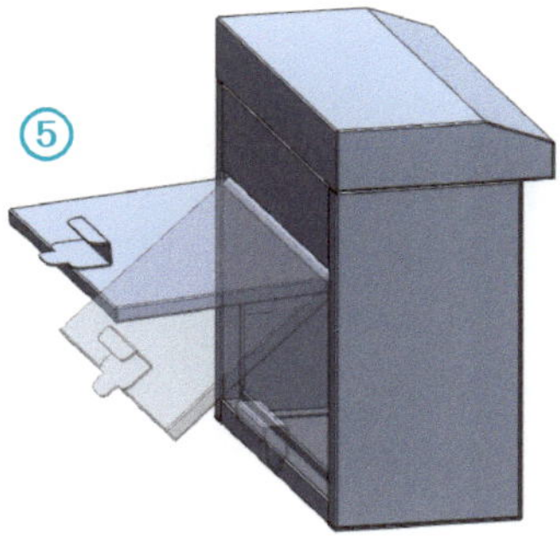

04 Try it! Tホッパー

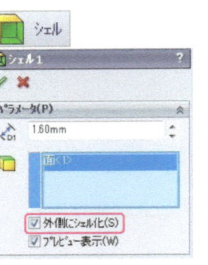

モデリング Point
・寸法の押さえ方に注意しましょう
・シェルを使うと便利です
・はじめに1つのソリッドモデルで作成します
・展開できるように分割をします

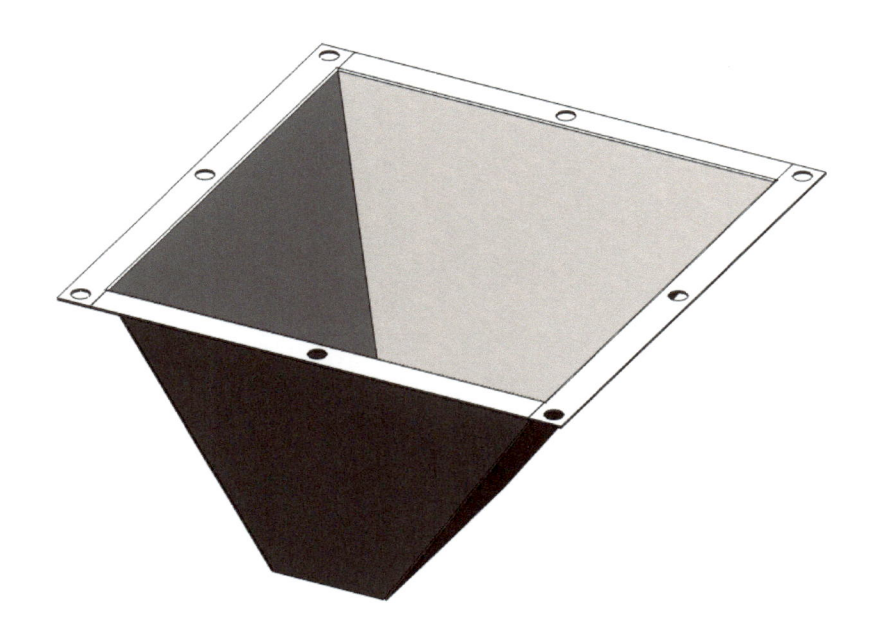

Check シェルコマンド 厚みの方向

シェルコマンドは、モデルの外面から指定した厚み分を残して、中身を削除することができますが、設定で厚みがつく方向を指定することができます。図面の寸法基準が内寸でおさえてある場合に便利です。

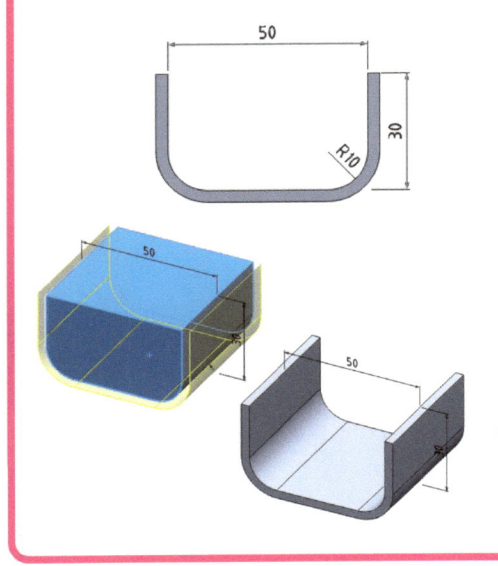

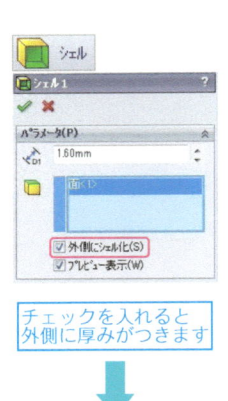

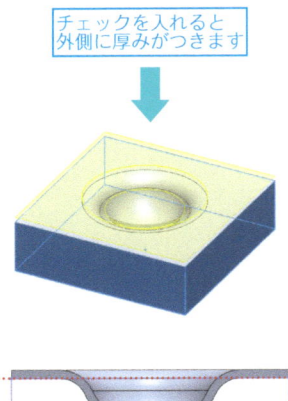

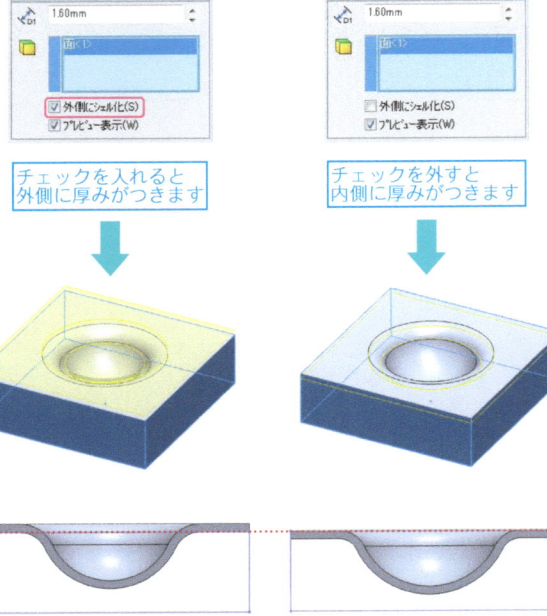

チェックを入れると外側に厚みがつきます

チェックを外すと内側に厚みがつきます

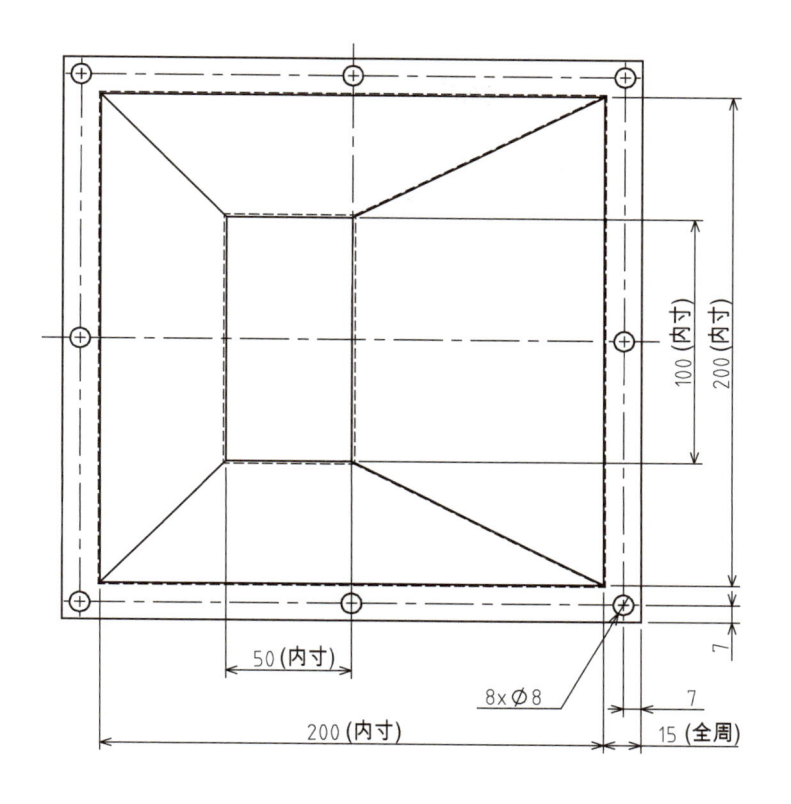

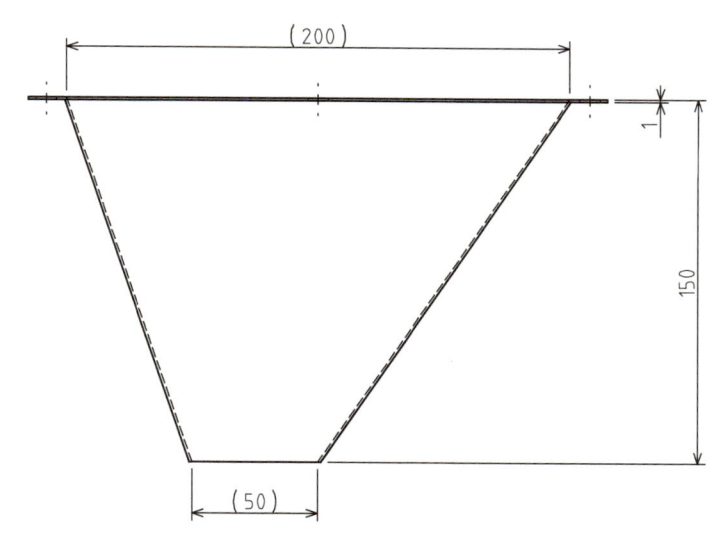

図面番号 / DRAWING NO.	STEP2-04
名称 / TITLE	T ホッパー
材質・板厚 / MATERIAL	SUS304 t1.0

05 Try it! Rホッパー

モデリング Point
- 寸法の押さえ方に注意しましょう
- サーフェスモデルで作成します
- サーフェスに厚みをつけます
- 展開できるように分割をします

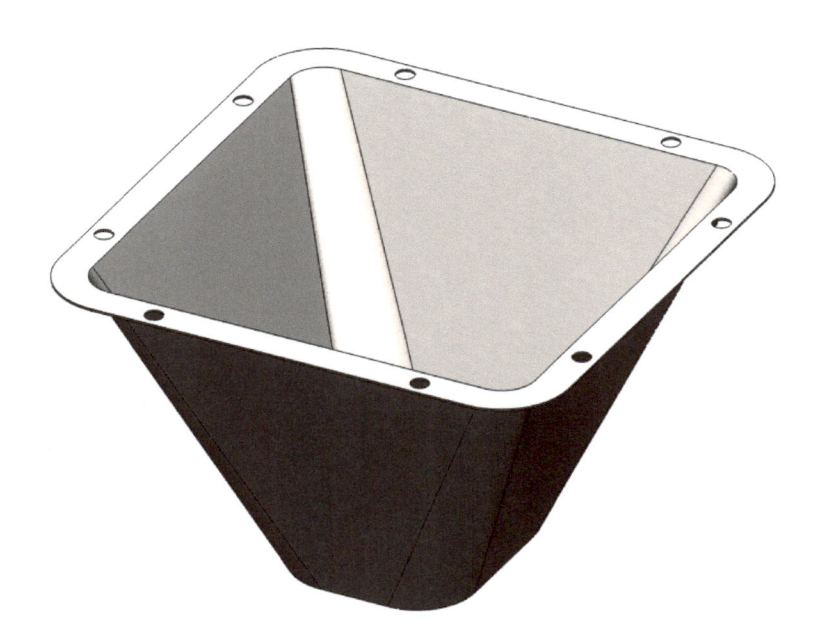

チェック 部品分割コマンド

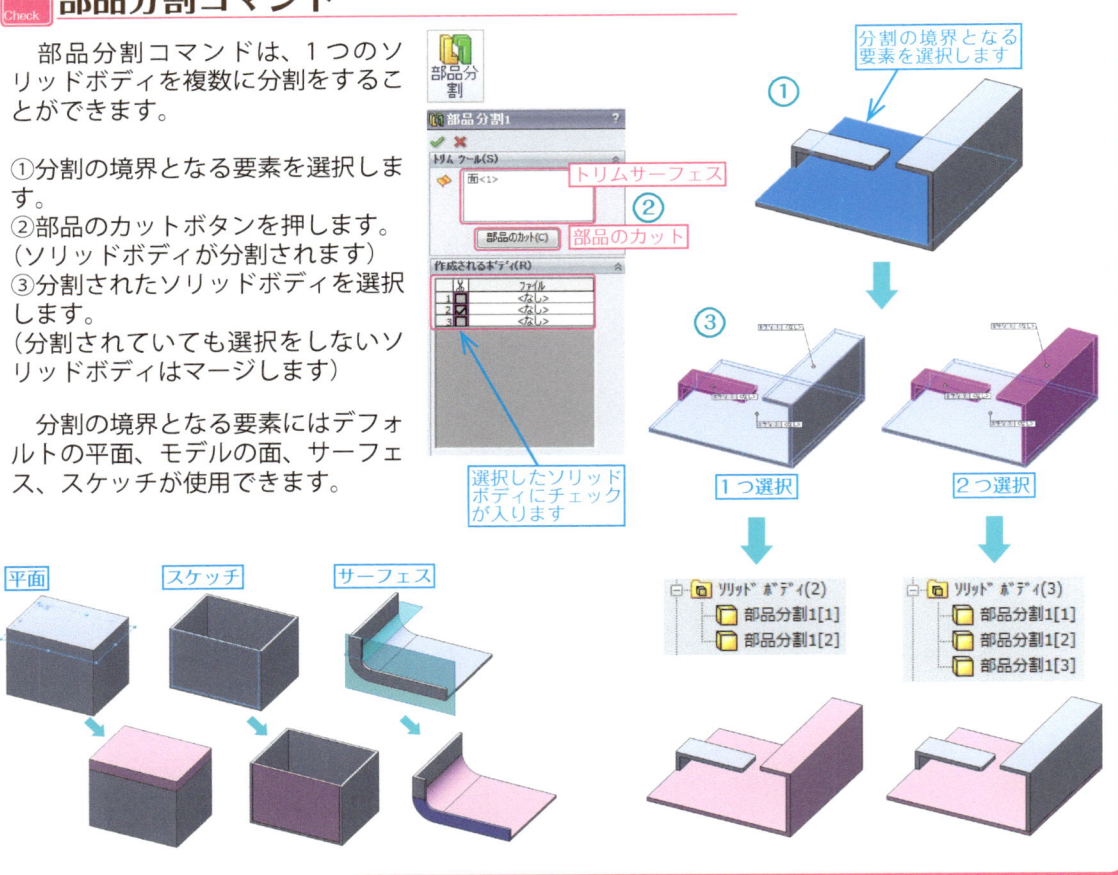

部品分割コマンドは、1つのソリッドボディを複数に分割をすることができます。

①分割の境界となる要素を選択します。
②部品のカットボタンを押します。
（ソリッドボディが分割されます）
③分割されたソリッドボディを選択します。
（分割されていても選択をしないソリッドボディはマージします）

分割の境界となる要素にはデフォルトの平面、モデルの面、サーフェス、スケッチが使用できます。

①分割の境界となる要素を選択します

トリムサーフェス
②部品のカット

選択したソリッドボディにチェックが入ります

1つ選択　　2つ選択

ソリッドボディ(2)
　部品分割1[1]
　部品分割1[2]

ソリッドボディ(3)
　部品分割1[1]
　部品分割1[2]
　部品分割1[3]

平面　　スケッチ　　サーフェス

STEP2 組立製品

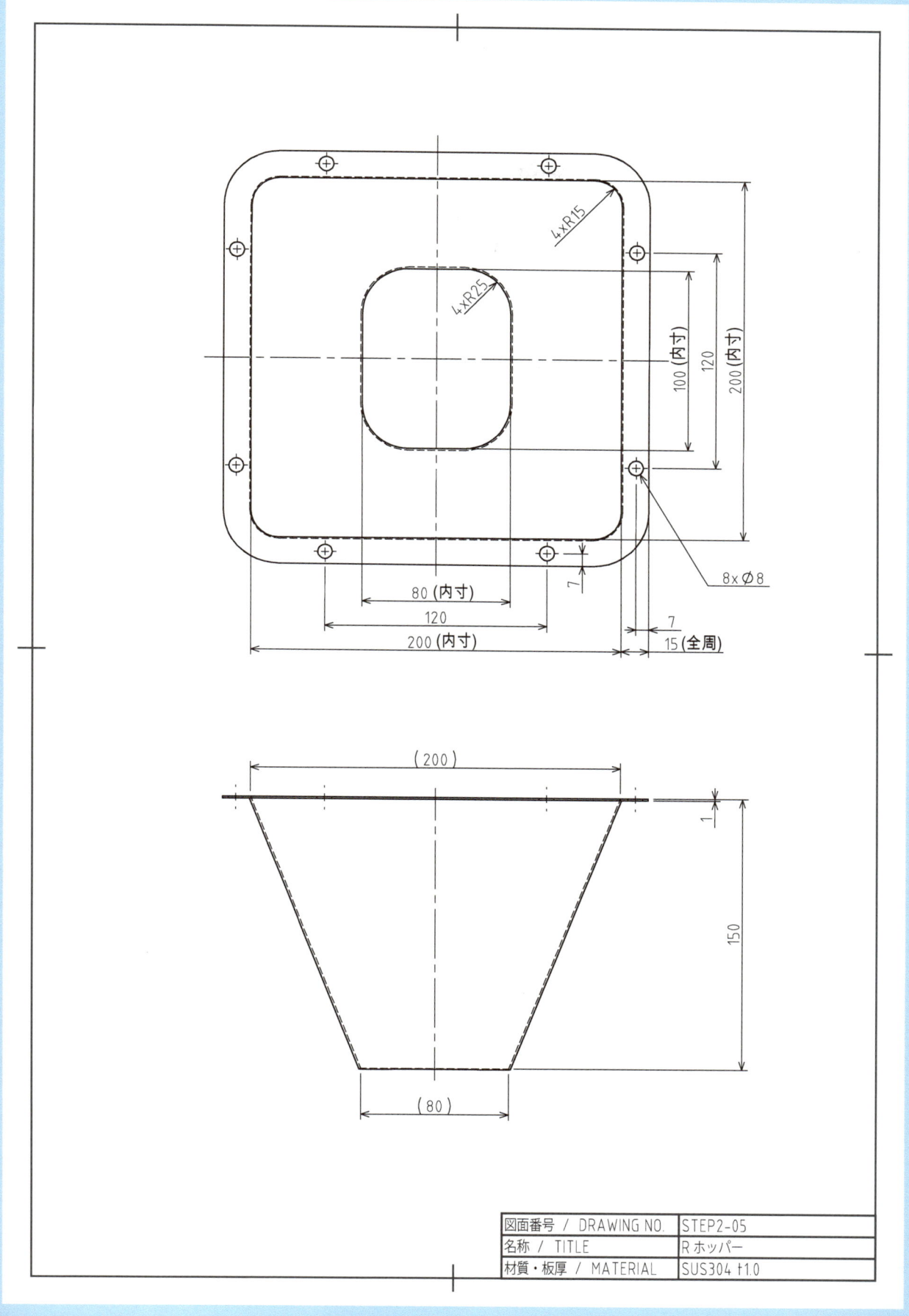

図面番号 / DRAWING NO.	STEP2-05
名称 / TITLE	Rホッパー
材質・板厚 / MATERIAL	SUS304 t1.0

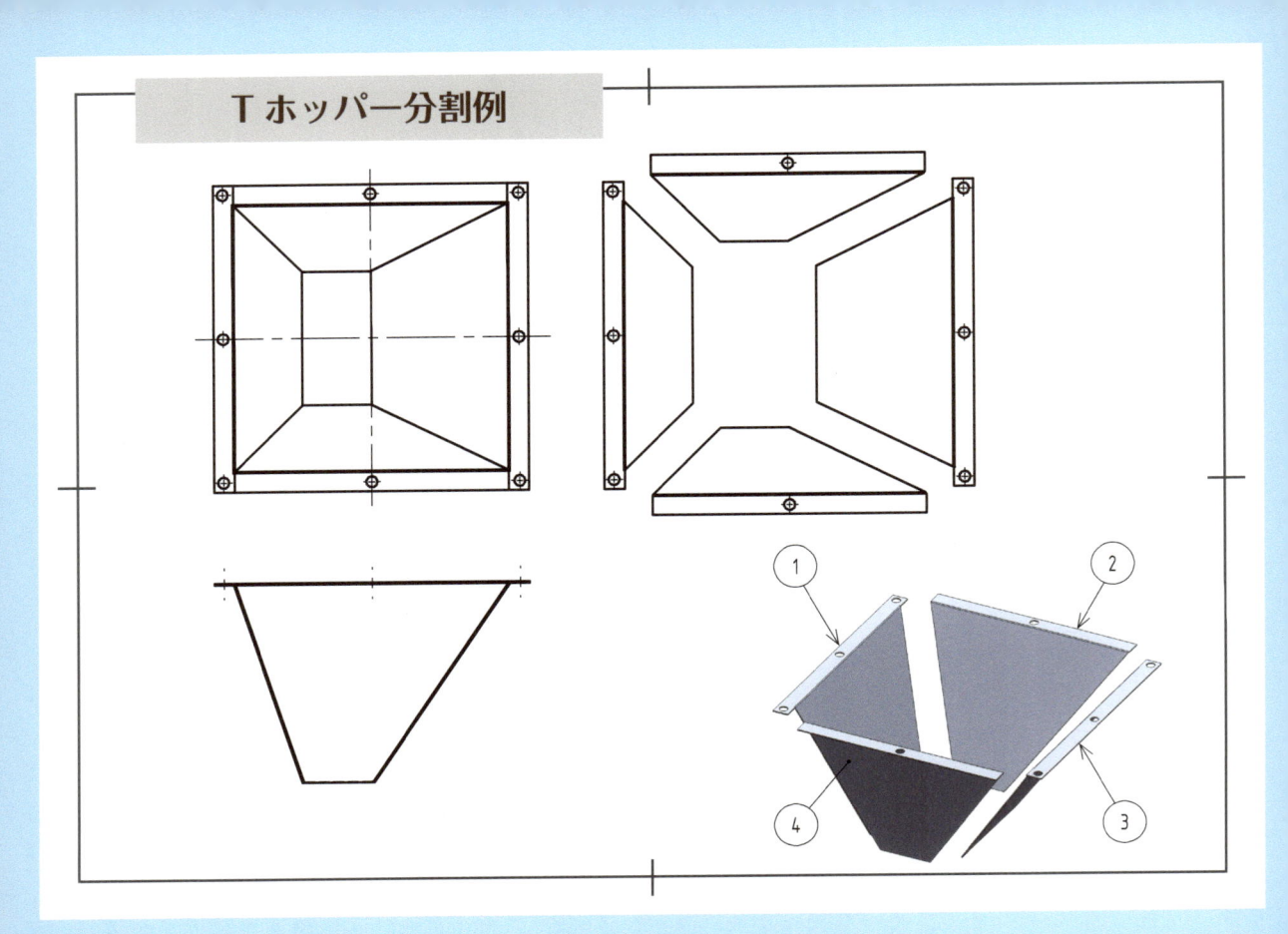

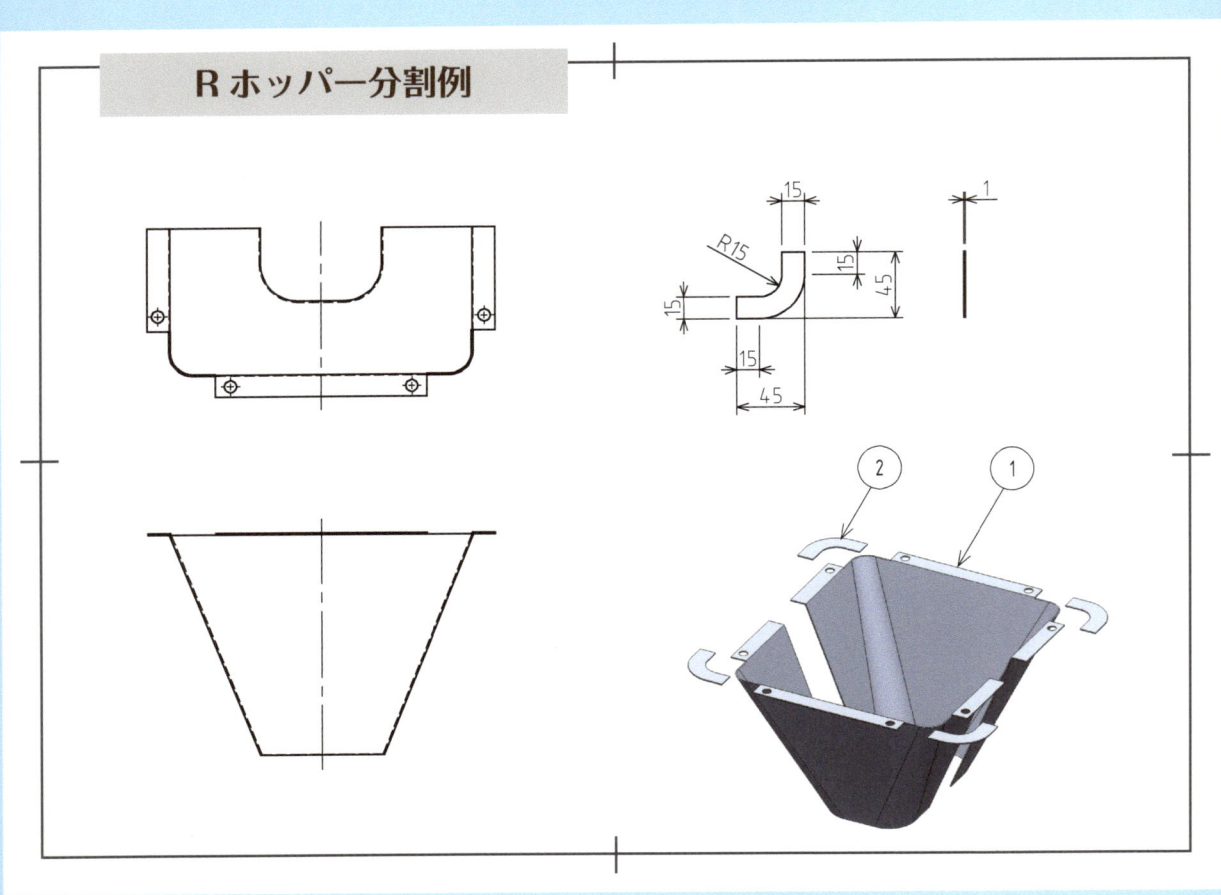

T ホッパー分割例

R ホッパー分割例

チェック ボディ保存コマンド

　ボディ保存コマンドは、部品ドキュメント内の各ソリッドボディを1つの部品ドキュメントとして保存することができ、同時にアセンブリを作成することもできます。

●ボディ保存の手順

①ソリッドボディに名前をつけます。
（ソリッドボディの名前が部品ドキュメントの名前になります）

②ボディ保存コマンドに入ります。
メニューバー→挿入→フィーチャー→ボディ保存

③名前自動指定のボタンを押します。
（ソリッドボディの名前がファイル名として表示されます）

④アセンブリ作成の参照のボタンを押します。

⑤「名前をつけて保存」が現れるのでアセンブリのファイル名をつけます。

⑥ボディ保存コマンドのOKボタンを押します。

⑦履歴にボディ保存が追加されます。
アセンブリが自動作成されファイルが開きます。
（部品ドキュメントとアセンブリドキュメントを上書き保存します）

⑧エクスプローラを開くと、各ソリッドボディが部品ドキュメントとして保存されているのが確認できます。

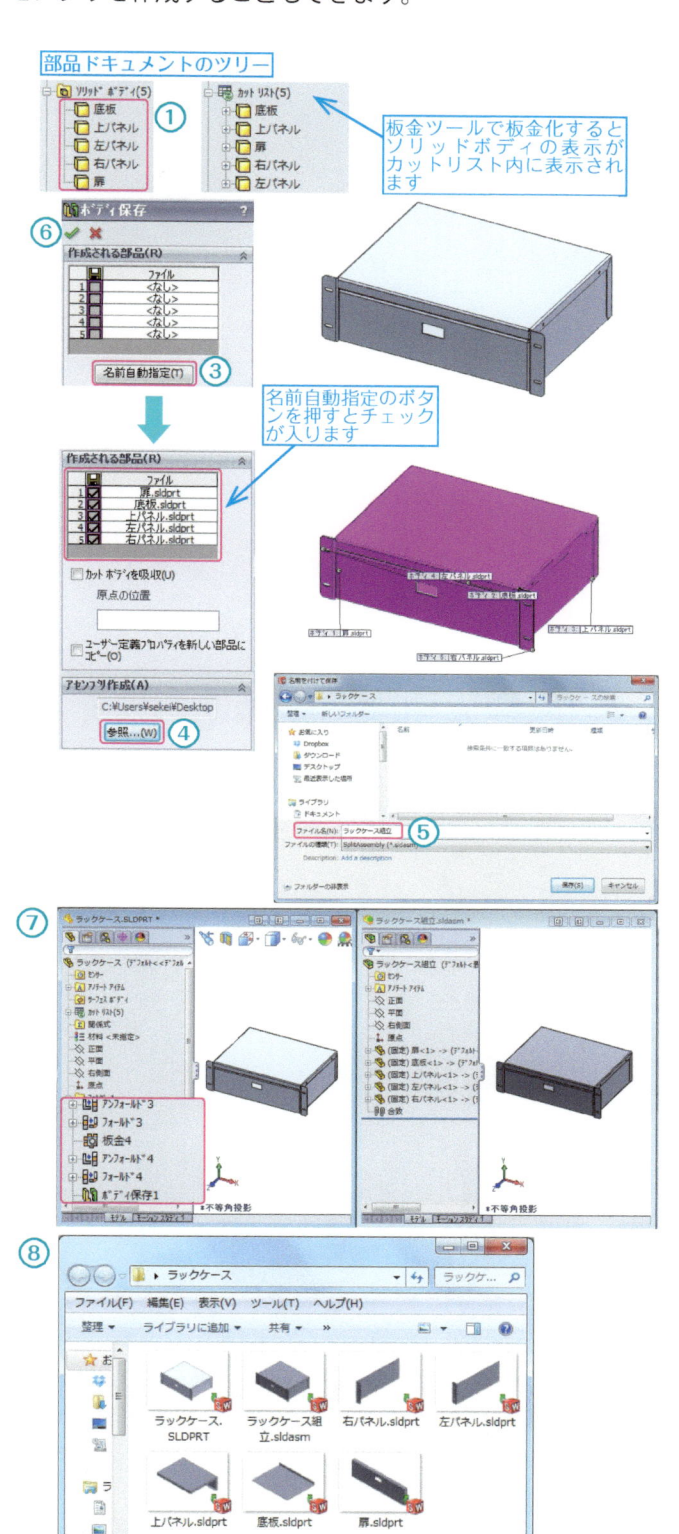

部品ドキュメントのツリー

板金ツールで板金化するとソリッドボディの表示がカットリスト内に表示されます

名前自動指定のボタンを押すとチェックが入ります

STEP2　組立製品　73

04 T ホッパー

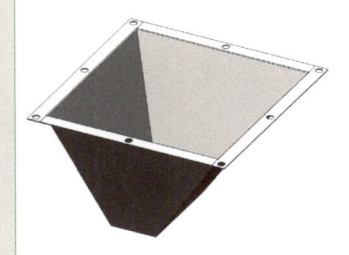

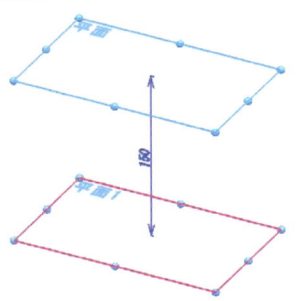

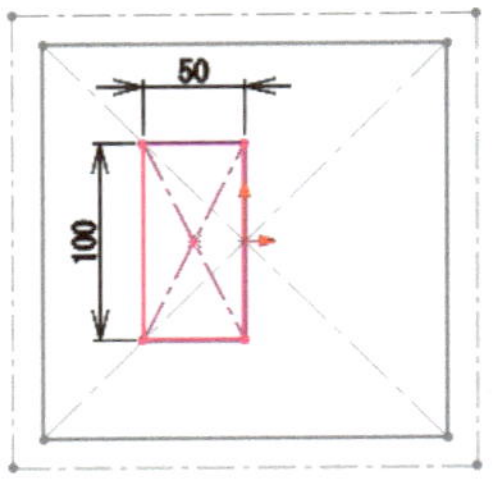

1. 参照ジオメトリで平面を作成します。
   距離

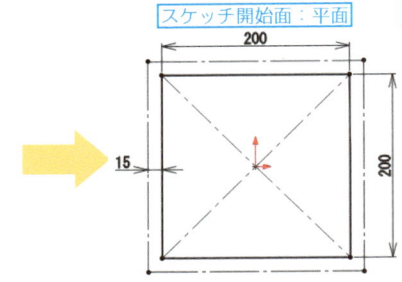

2. 図のスケッチを描きます。
   ※スケッチを終了します。

3. 図のスケッチを描きます。
   ※スケッチを終了します。
   ※手順1の平面を非表示にします。

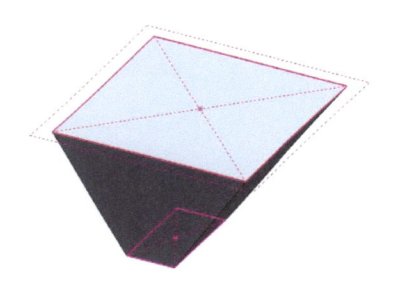

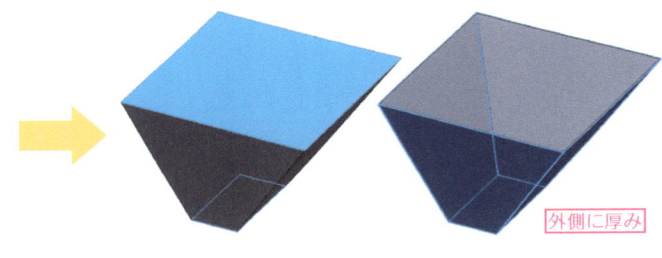

4. ロフトで形状を作成します。
   輪郭：手順2、手順3のスケッチ

5. シェルで薄板化します。
   削除する面：2箇所の面を選択
   外側にシェル化にチェック
   ※手順2のスケッチを表示します。

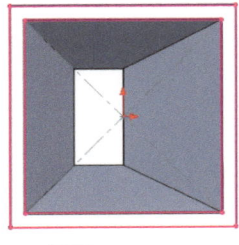

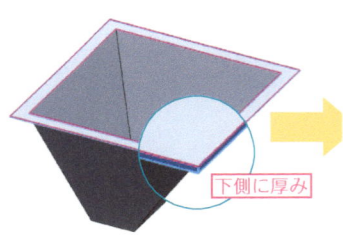

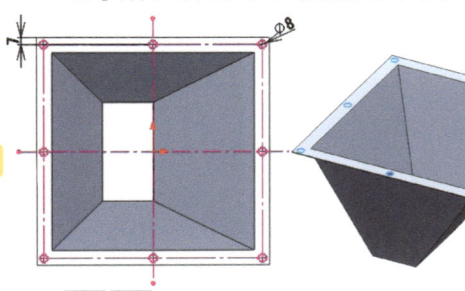

6. 手順2のスケッチを参照してエンティティ変換をします。
   ※手順2のスケッチを非表示にします。

7. 押し出しで形状を追加します。
   ブラインド

8. 図のスケッチを描きます。

9. 押し出しカットをします。
   全貫通

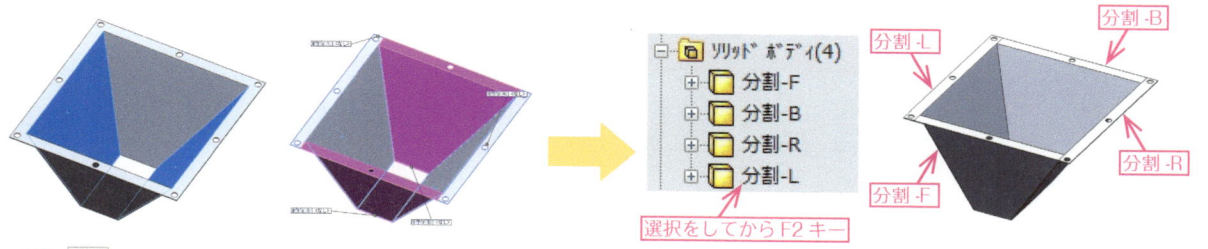

10. 部品分割でソリッドモデルを分割します。
トリムツール：図の面を2箇所選択
部品のカットボタンを押します。
図のソリッドを2箇所選択します。

11. ソリッドボディに名前をつけます。
※ソリッドボディを選択をしてからキーボードのF2キーを押すことで名前を編集することができます。

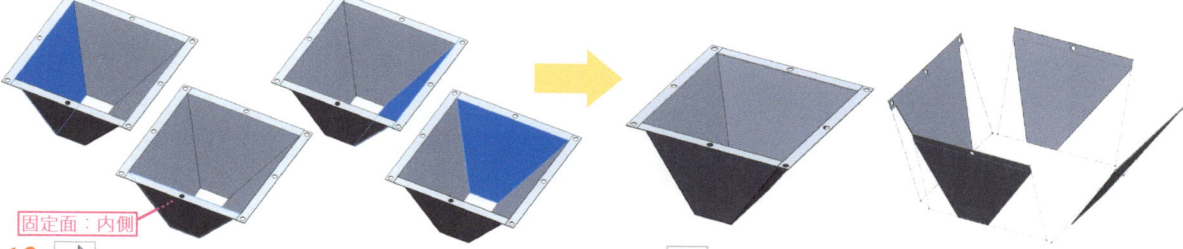

固定面：内側

12. 4つのソリッドボディを、それぞれ板金モデルに変換します。
固定面：図の面を選択
※板金コマンドを4回使用します。

13. 展開形状を確認します。
※フランジ左右に隙間が4箇所開いています。手順14〜18で隙間を埋めます。

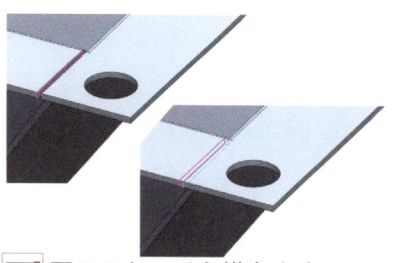

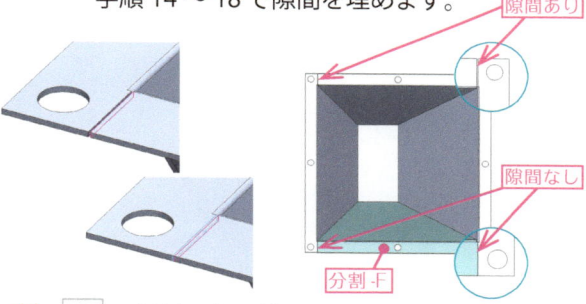

隙間あり
隙間なし
分割-F

14. 図のスケッチを描きます。
15. 押し出しで形状を追加します。
端サーフェス指定
フィーチャーのスコープ
選択ボディ：分割-F

16. 反対側にも同様のスケッチを描きます。
17. 押し出しで形状を追加します。
端サーフェス指定
フィーチャーのスコープ
選択ボディ：分割-F

分割-B　隙間なし

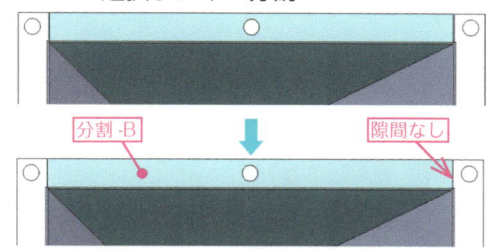

18. 同様に反対側にも両側に形状を追加します。
端サーフェス指定
フィーチャーのスコープ
選択ボディ：分割-B
※フランジ左右の隙間が埋まりました。

19. 各ソリッドボディを部品とアセンブリに保存します。　メニュー→挿入→フィーチャー→ボディ保存
名前自動指定のボタンを押す。
アセンブリ作成：アセンブリのファイル名を指定
※各ソリッドボディが部品に保存され、アセンブリが作成されたことを確認します。

アセンブリ　分割用部品

完成！

05 R ホッパー

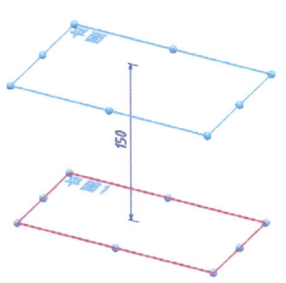

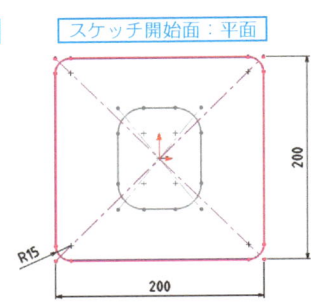

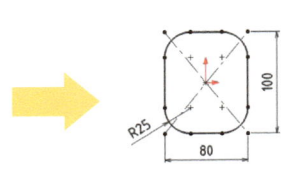

1. 参照ジオメトリで平面を作成します。
   🔧 距離

2. 図のスケッチを描きます。
   ※スケッチを終了します。

3. 図のスケッチを描きます。
   ※スケッチを終了します。
   ※手順1の平面を非表示にします。

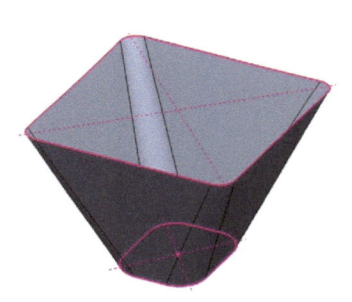

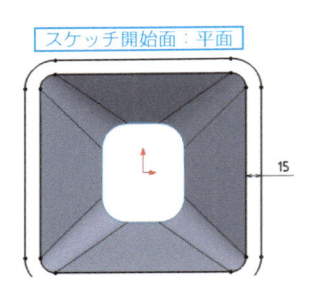

4. ロフトサーフェスで形状を作成します。
   🔧 輪郭：手順2、手順3のスケッチ
   　　オプション：正接保持面のチェックを外す

5. 図のスケッチを描きます。

6. 平坦なサーフェスで形状を追加します。
   🔧 輪郭エンティティ：手順5のスケッチ

7. サーフェスの編み合わせで1つのサーフェスボディにします。
   🔧 編み合わせるサーフェスと面
   　　：手順4のロフトサーフェス、
   　　　手順6の平坦なサーフェス

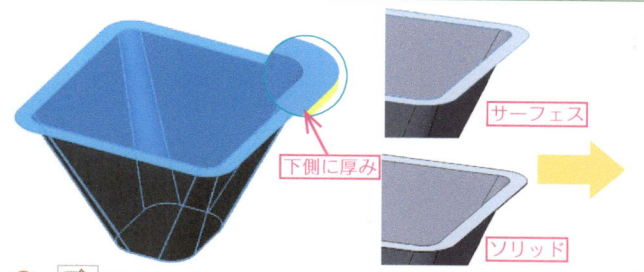

8. 厚みつけでサーフェスに厚みをつけます。
   設定：外側に厚みがつくように設定

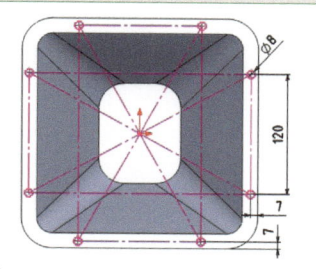

9. 図のスケッチを描きます。

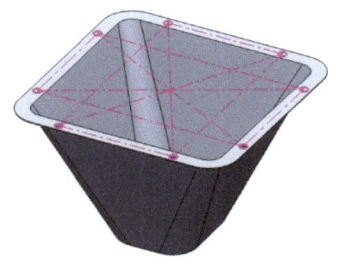

10. 押し出しで形状を追加します。
    全貫通

11. サーフェスカットでモデルの半分をカットします。
    設定：正面を選択
    ※矢印の向きがカット方向になります。

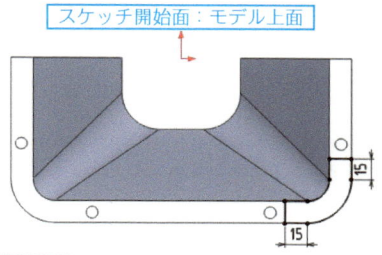

12. 図のスケッチを描きます。
    ※スケッチを終了します。
    分割するためのレイアウトスケッチです。

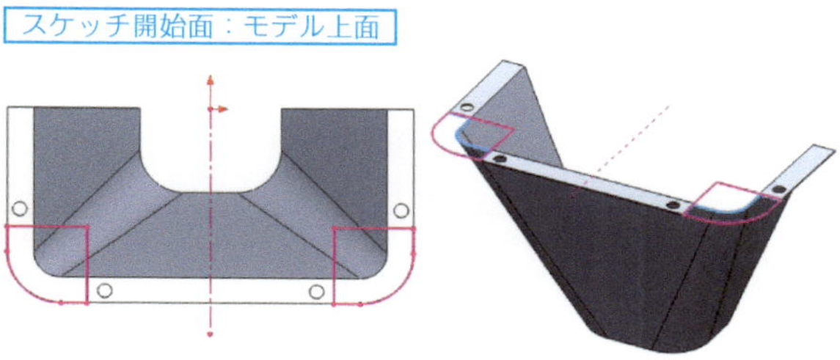

13. レイアウトスケッチを参照して図のスケッチを描きます。

14. 押し出しカットをします。
    端サーフェス指定

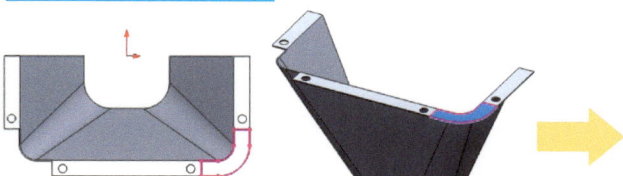

15. レイアウトスケッチを参照して図のスケッチを描きます。

16. 押し出しで形状を追加します。
    端サーフェス指定
    マージのチェックを外す
    ※手順12のレイアウトスケッチを非表示にします。

17. 各ソリッドボディを部品とアセンブリに保存します。メニュー→挿入→フィーチャー→ボディ保存
    名前自動指定のボタンを押す。
    アセンブリ作成：アセンブリのファイル名の指定
    ※板金モデルへの展開作業はP119を参照ください。

完成！

01 Exercise ティッシュケース

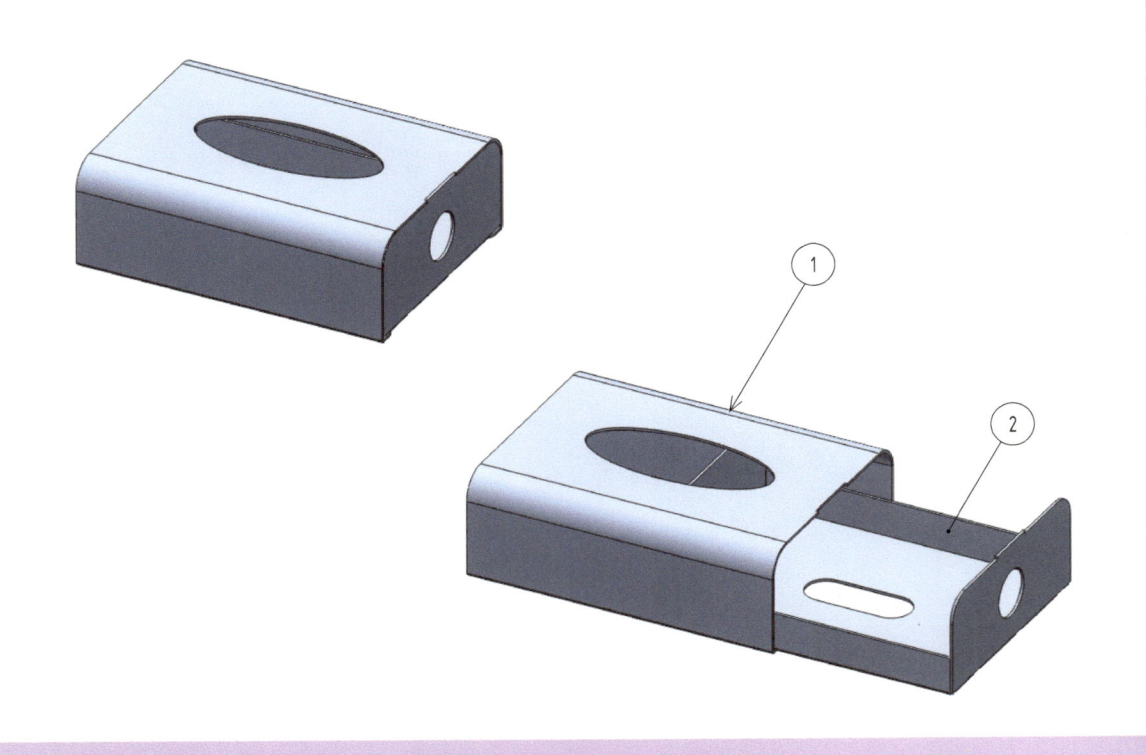

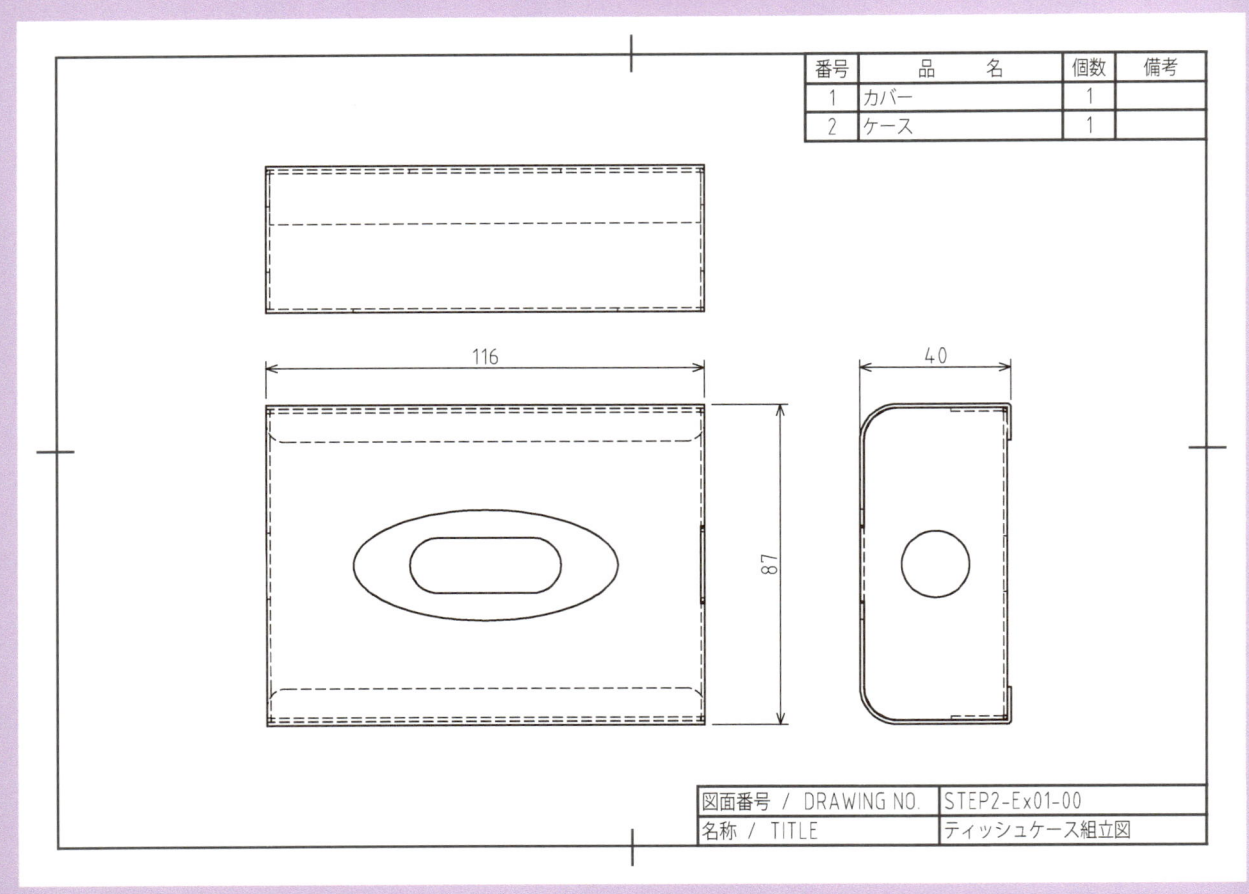

番号	品　名	個数	備考
1	カバー	1	
2	ケース	1	

寸法: 116, 87, 40

図面番号 / DRAWING NO.	STEP2-Ex01-00
名称 / TITLE	ティッシュケース組立図

①カバー

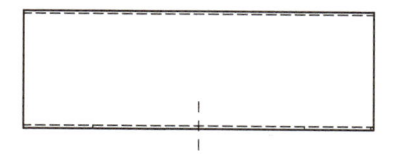

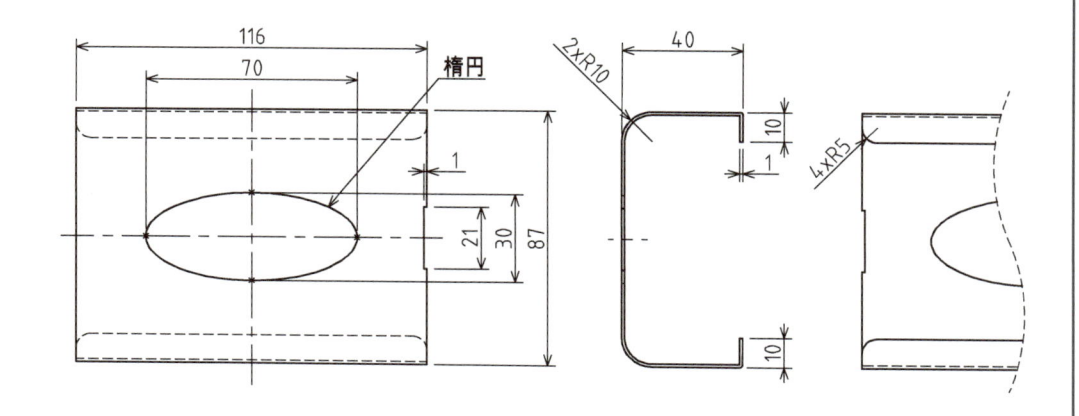

楕円

②ケース

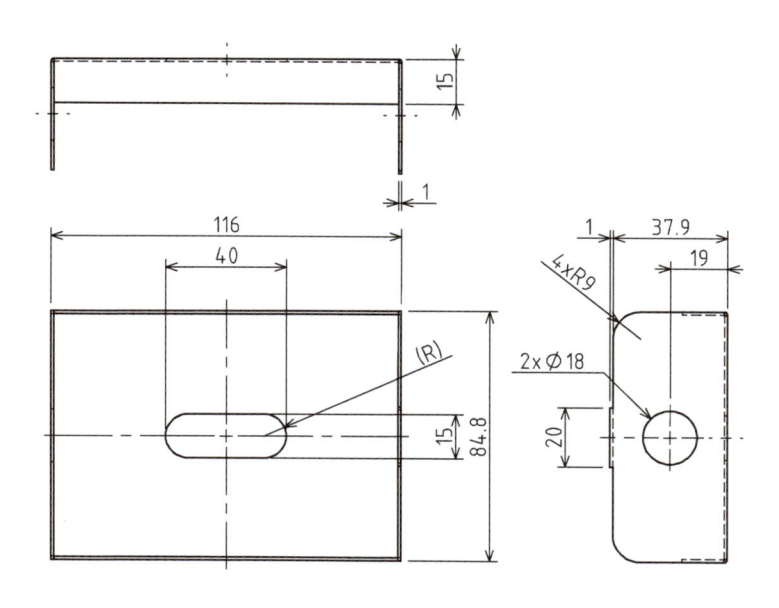

図面番号 / DRAWING NO.	STEP2-Ex01-01
名称 / TITLE	カバー, ケース
材質・板厚 / MATERIAL	SUS304 HL t1.0

02 Exercise カードスタンド

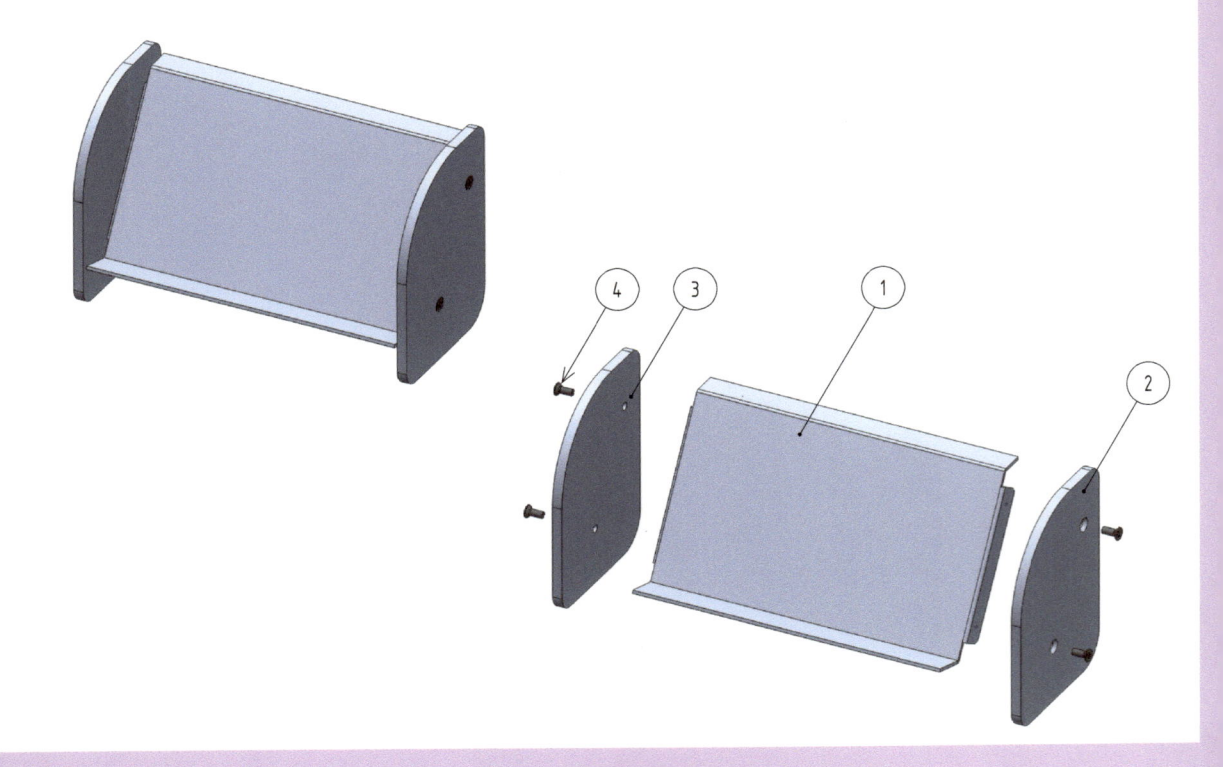

番号	品　名	個数	備考
1	ベース	1	
2	プレート右	1	
3	プレート左	1	
4	M2 皿小ねじ	4	標準品

※標準品はダウンロードできます。

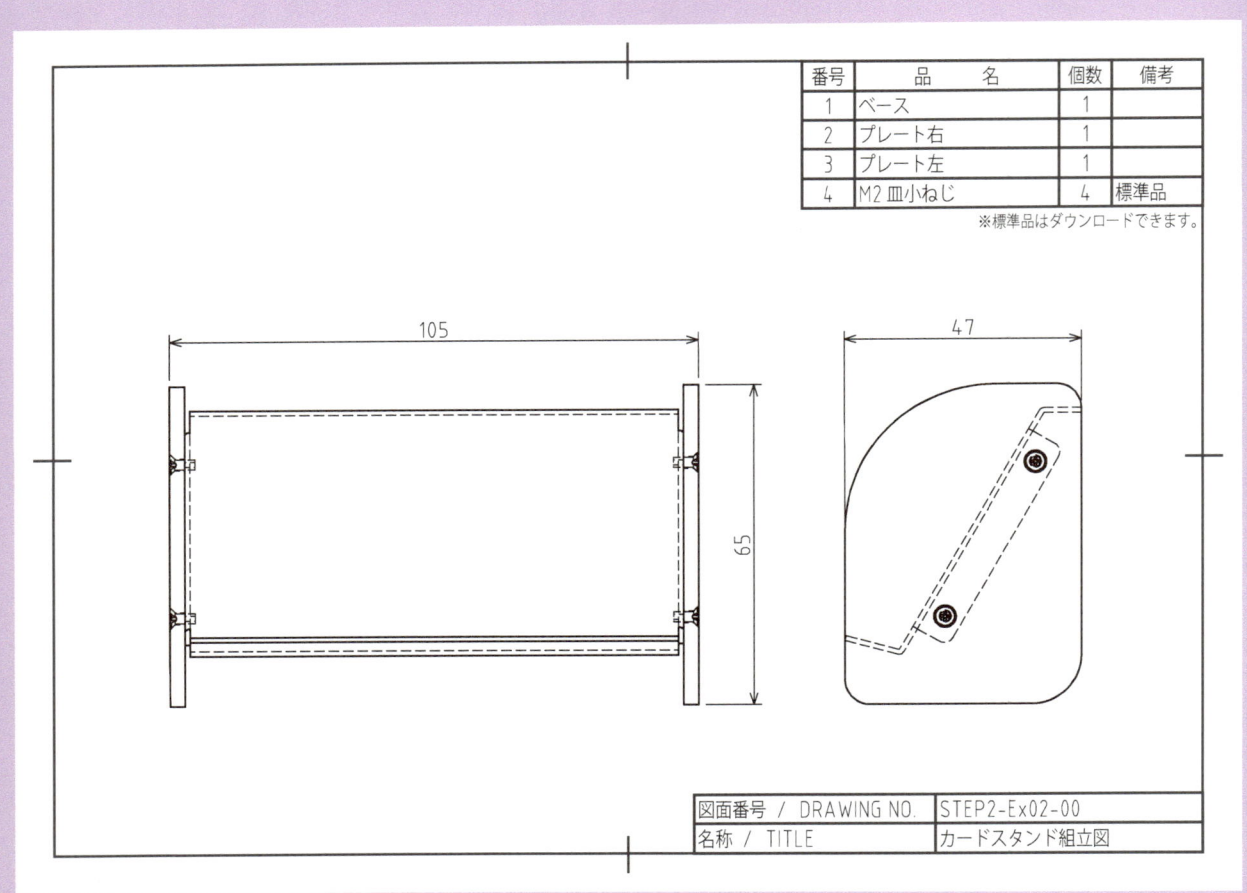

図面番号 / DRAWING NO.	STEP2-Ex02-00
名称 / TITLE	カードスタンド組立図

①ベース

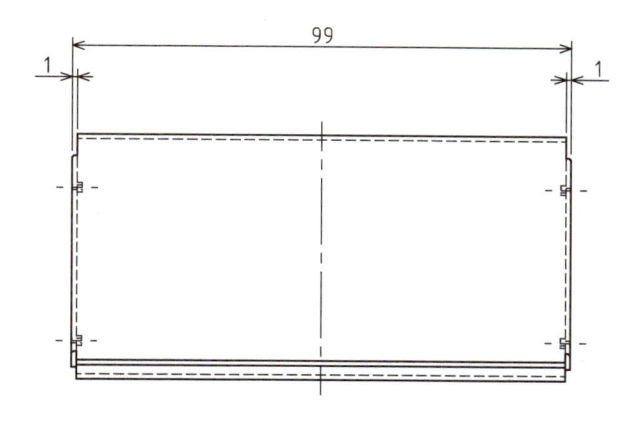

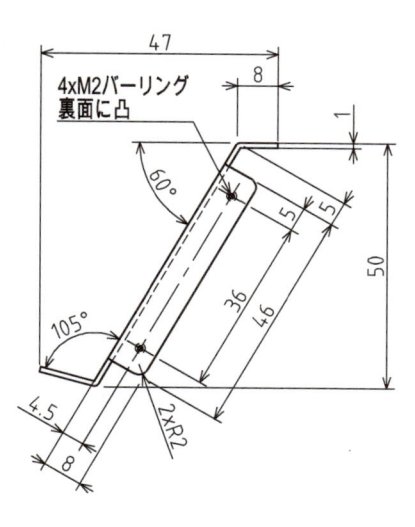

②プレート右（本図通り）
③プレート左（勝手違い）

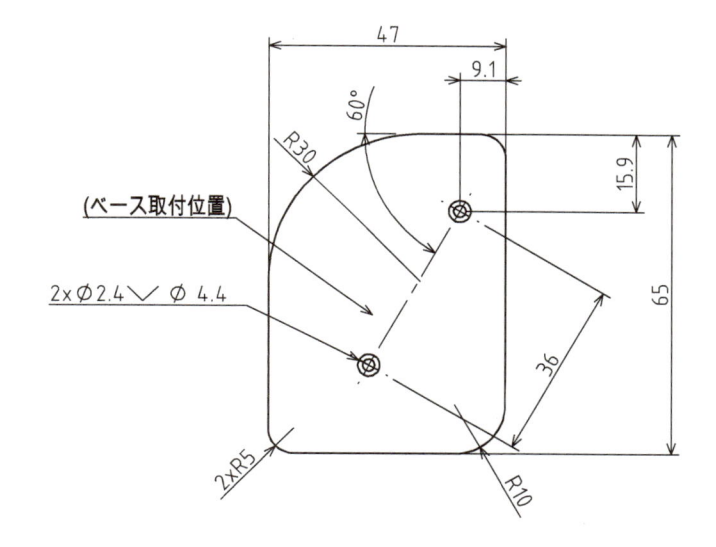

(ベース取付位置)

④ M2 皿小ねじ

標準品

注記
1.「プレート左」は「プレート右」の対称形状とする。

図面番号 / DRAWING NO.	STEP2-Ex02-01
名称 / TITLE	ベース, プレート右, プレート左
材質・板厚 / MATERIAL	SUS304 BA t1.0, t3.0

03 Exercise Y ホッパー

Y ホッパー分割例

図面番号 / DRAWING NO.	STEP2-Ex03-00
名称 / TITLE	Y ホッパー

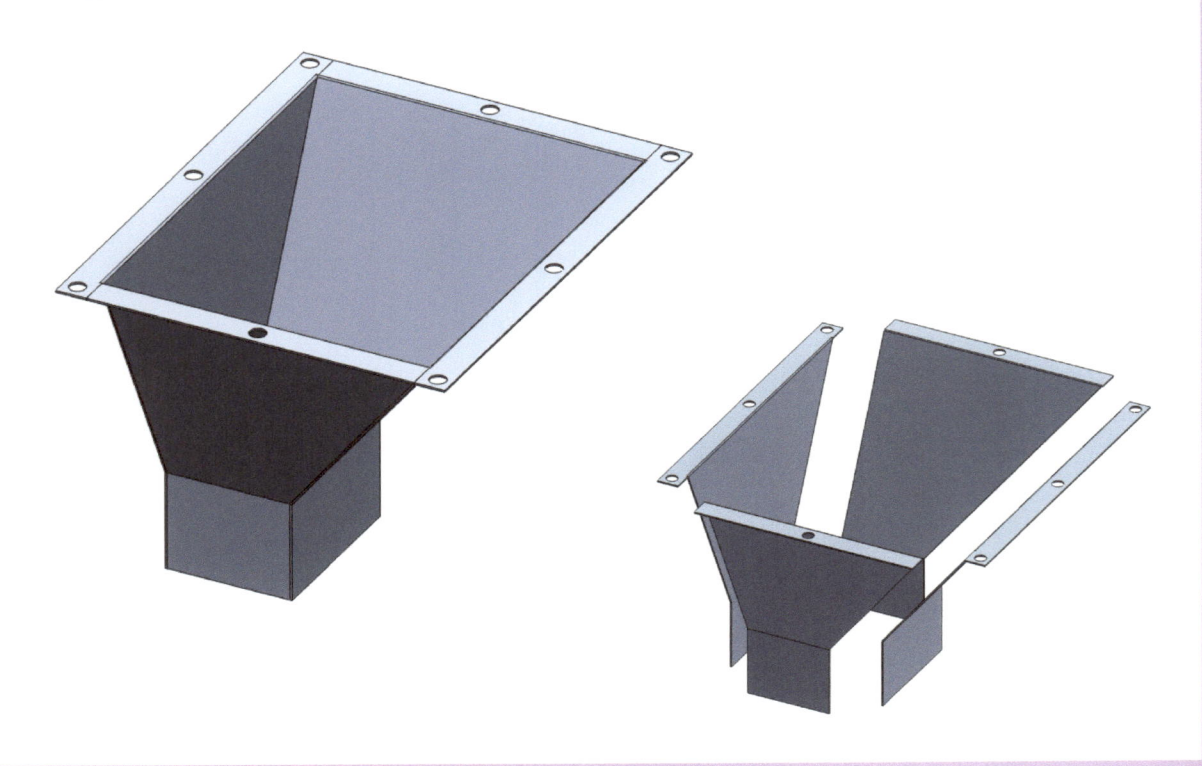

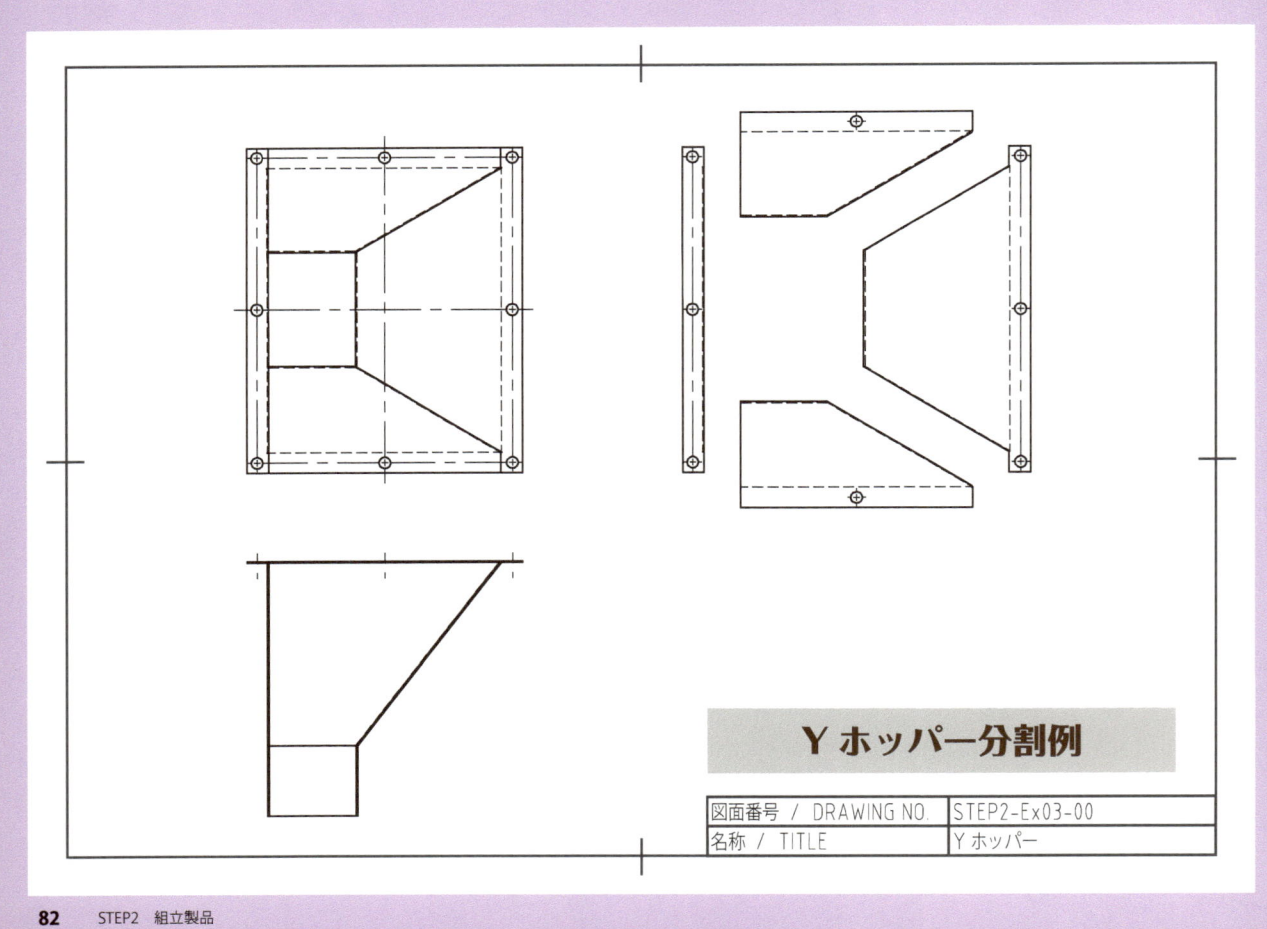

図面番号 / DRAWING NO.	STEP2-Ex03-01
名称 / TITLE	Y ホッパー
材質・板厚 / MATERIAL	SUS304 t1.0

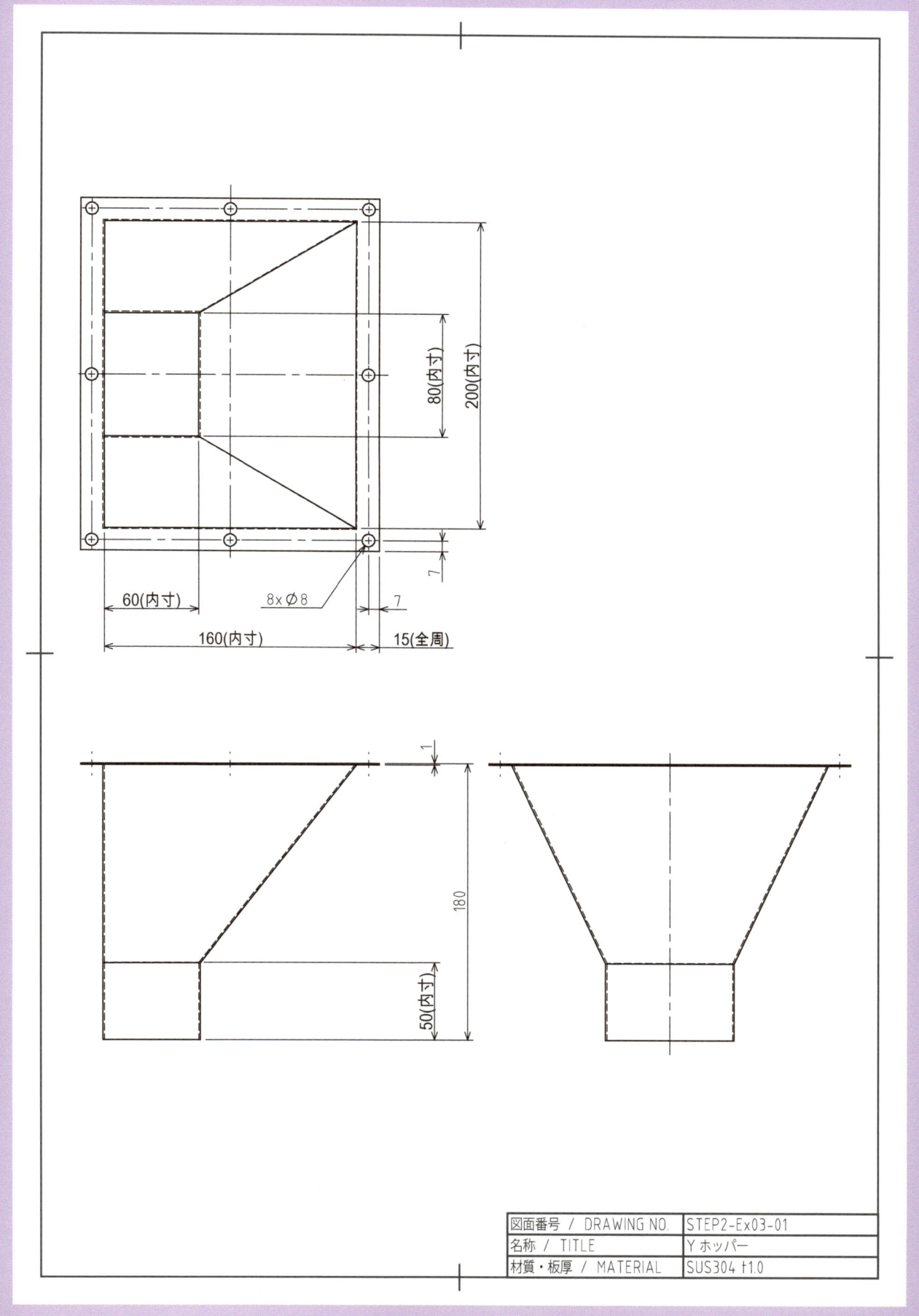

04 Exercise 電源ボックス

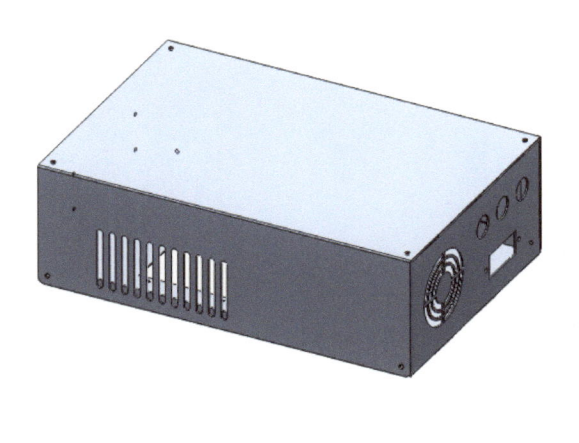

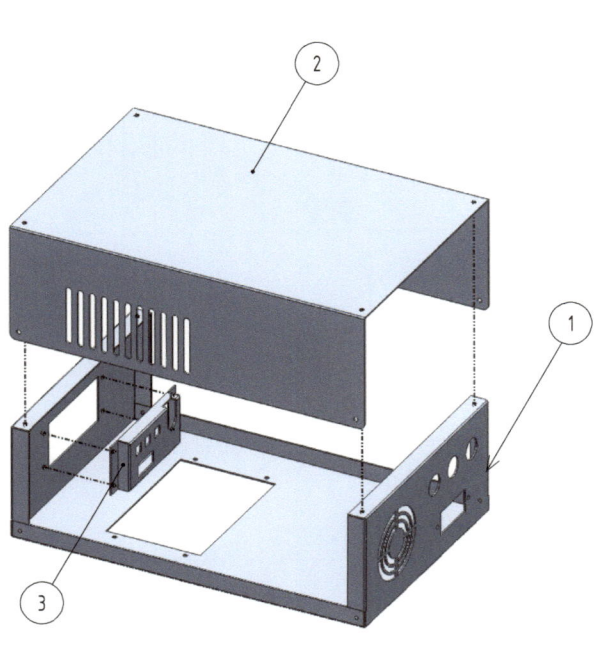

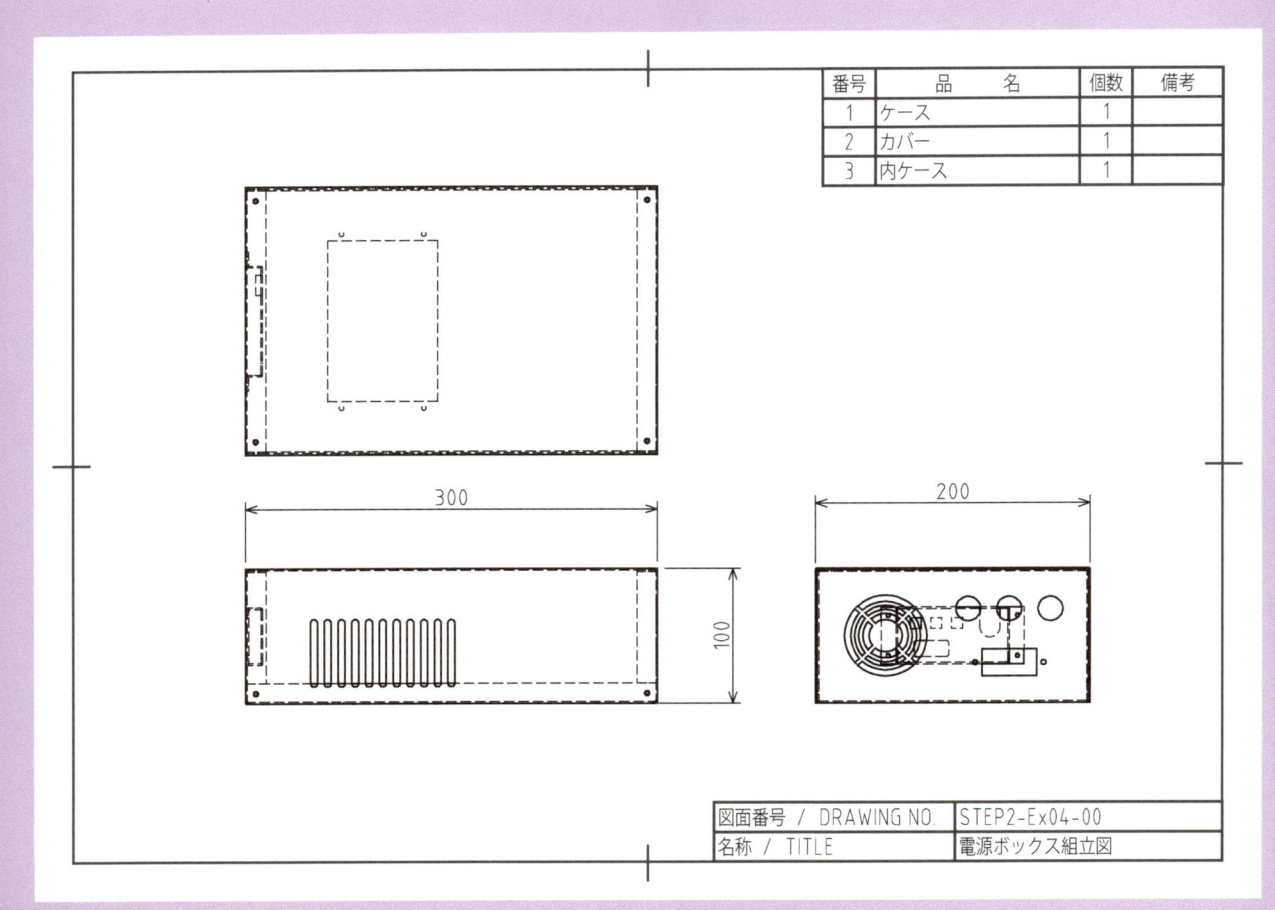

番号	品　名	個数	備考
1	ケース	1	
2	カバー	1	
3	内ケース	1	

300

100

200

図面番号 / DRAWING NO.	STEP2-Ex04-00
名称 / TITLE	電源ボックス組立図

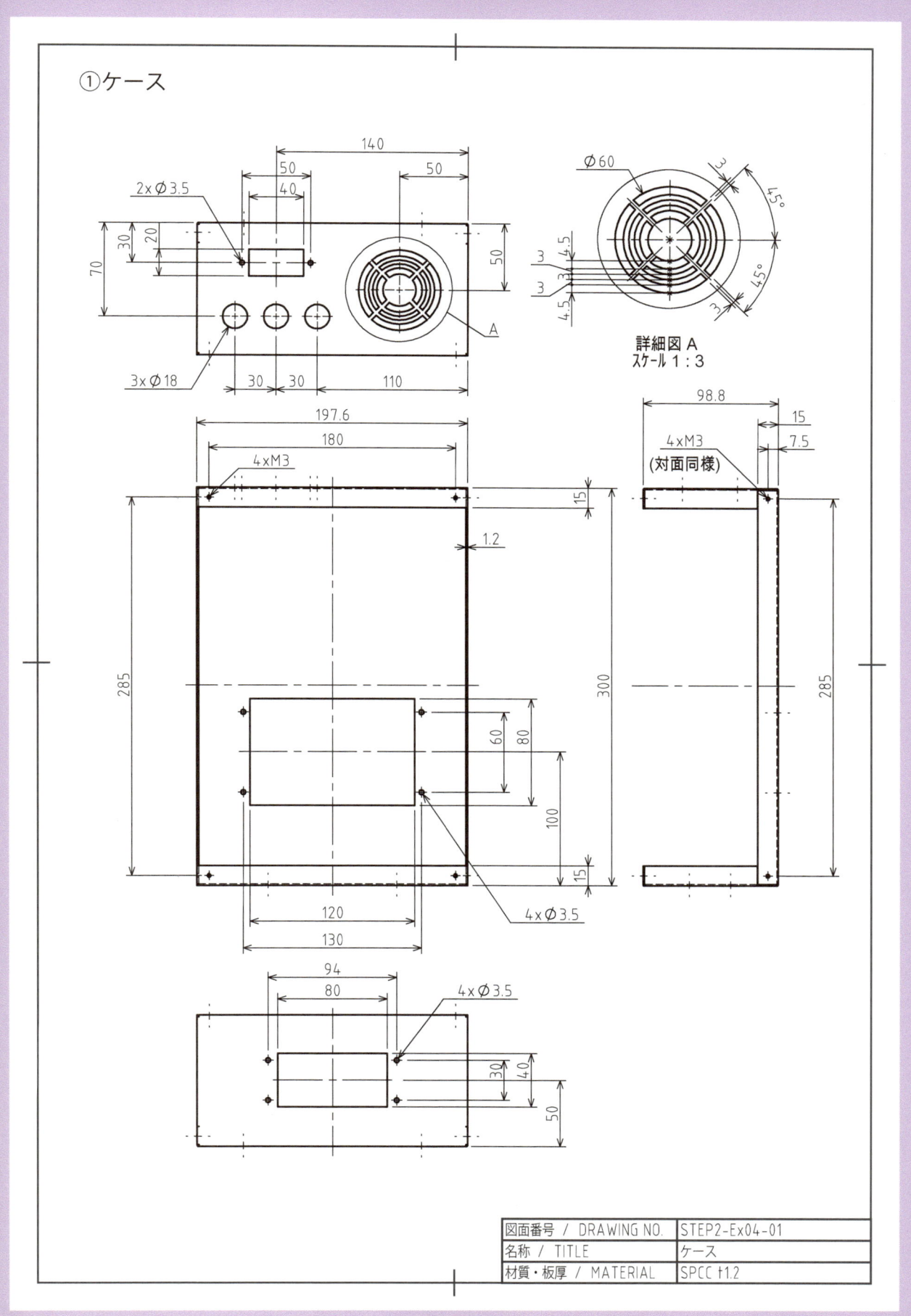

①ケース

詳細図 A
スケール 1 : 3

図面番号 / DRAWING NO.	STEP2-Ex04-01
名称 / TITLE	ケース
材質・板厚 / MATERIAL	SPCC t1.2

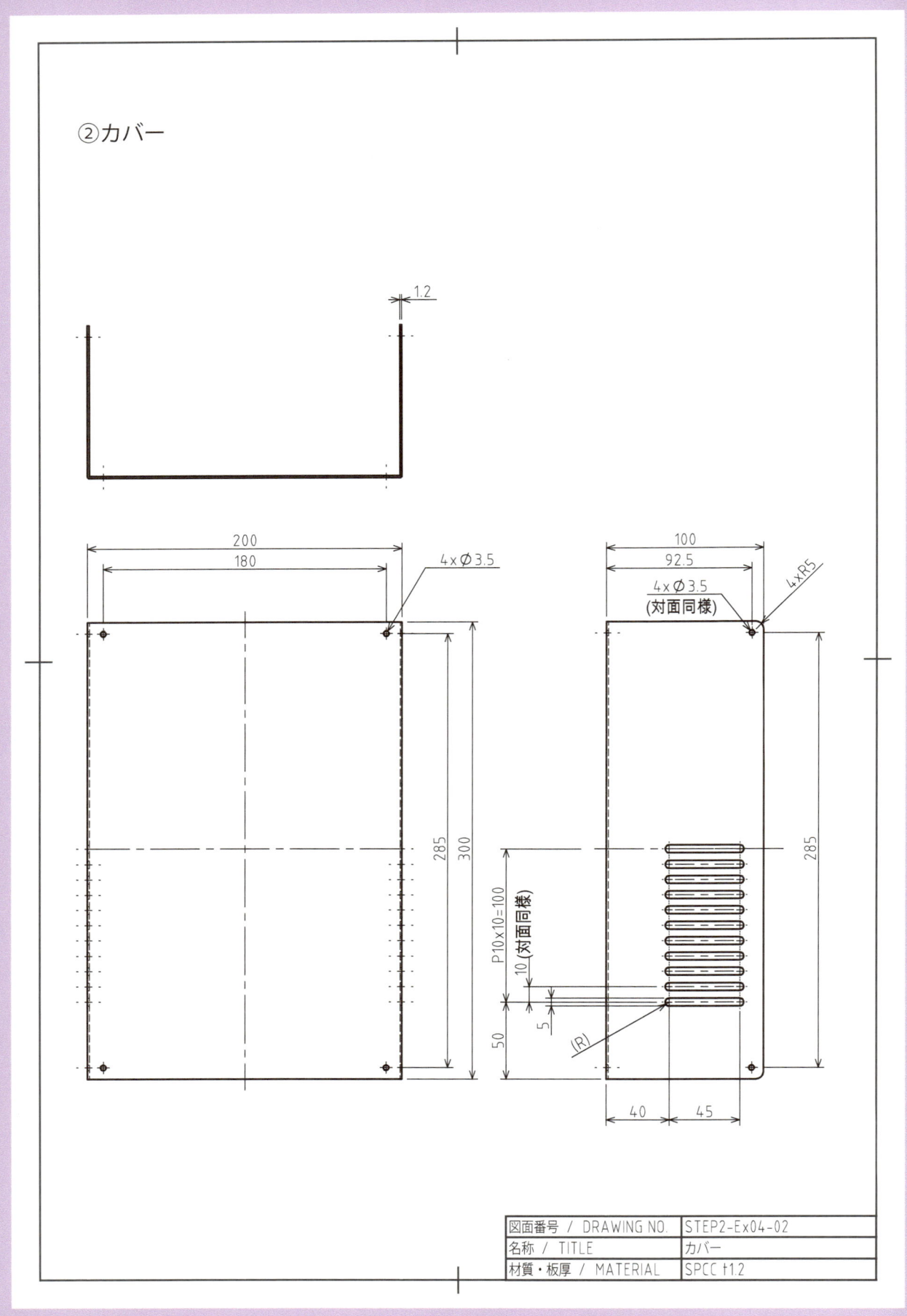

②カバー

図面番号 / DRAWING NO.	STEP2-Ex04-02
名称 / TITLE	カバー
材質・板厚 / MATERIAL	SPCC t1.2

③内ケース

図面番号 / DRAWING NO.	STEP2-Ex04-03
名称 / TITLE	内ケース
材質・板厚 / MATERIAL	SPCC t1.2

05 Exercise ミニカー

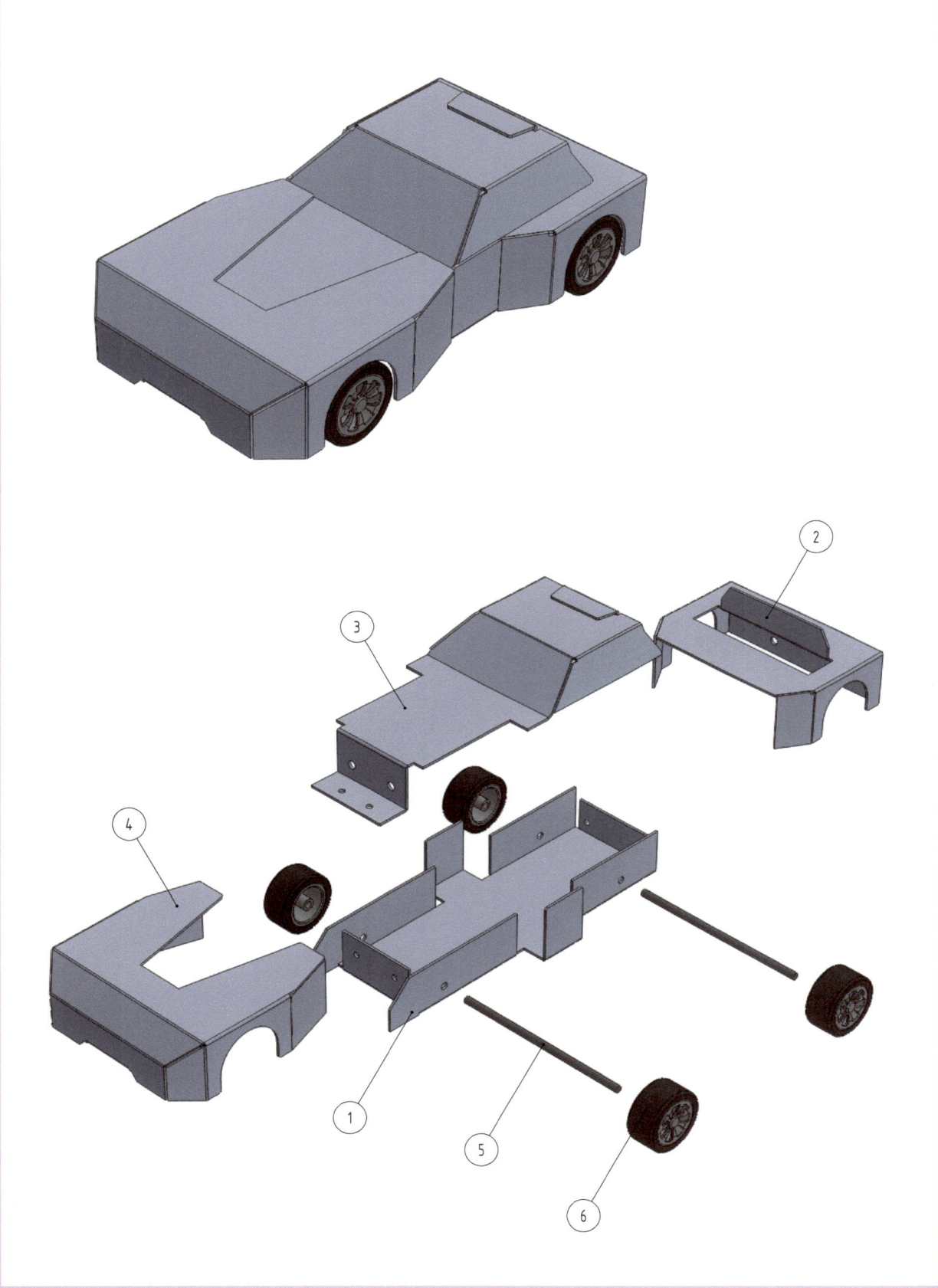

88　STEP2　組立製品

番号	品　　名	個数	備考
1	シャーシ	1	
2	リア	1	
3	トップ	1	
4	フロント	1	
5	シャフト	2	購入品
6	タイヤ	4	購入品

※購入品はダウンロードできます。

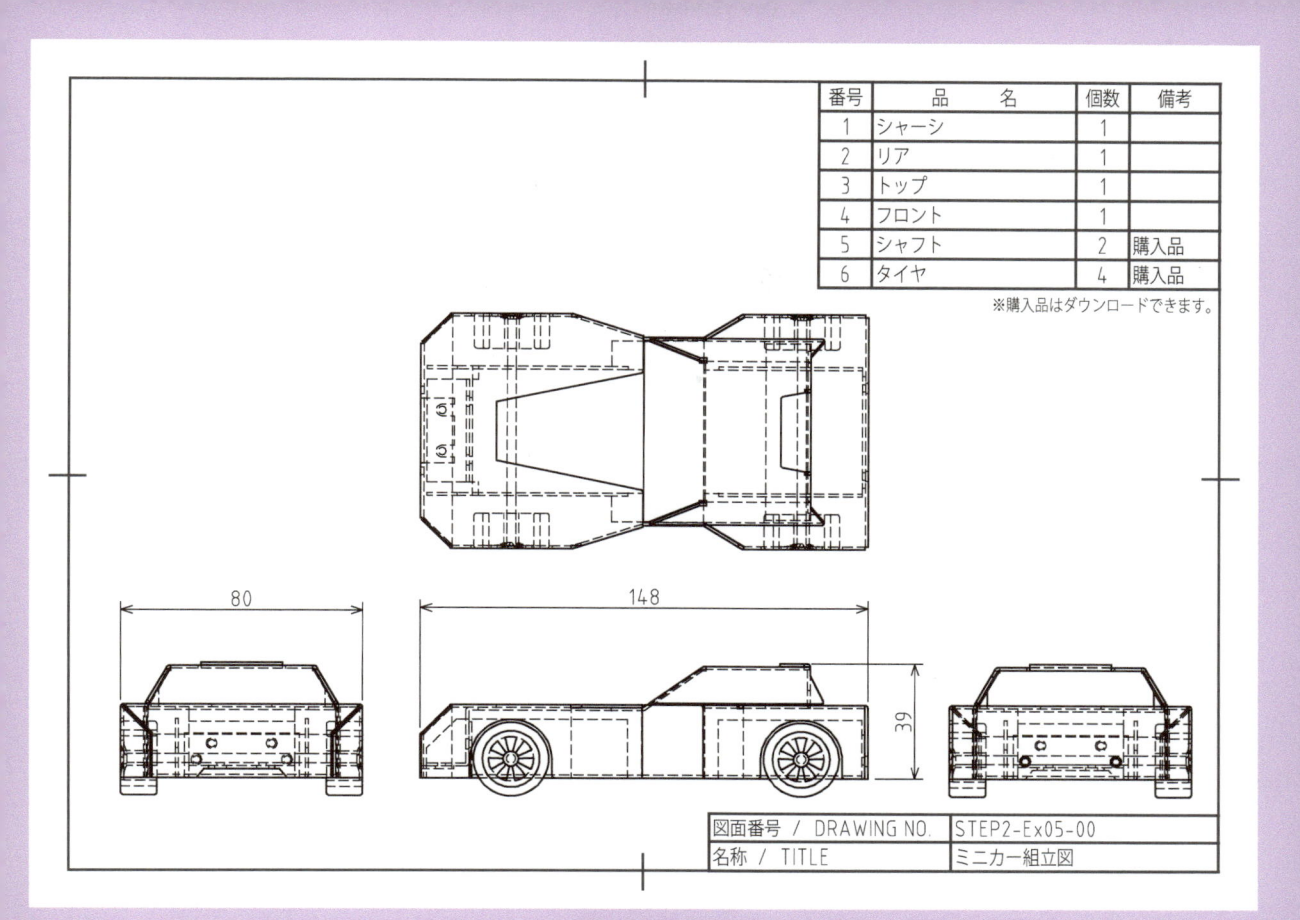

図面番号 / DRAWING NO.	STEP2-Ex05-00
名称 / TITLE	ミニカー組立図

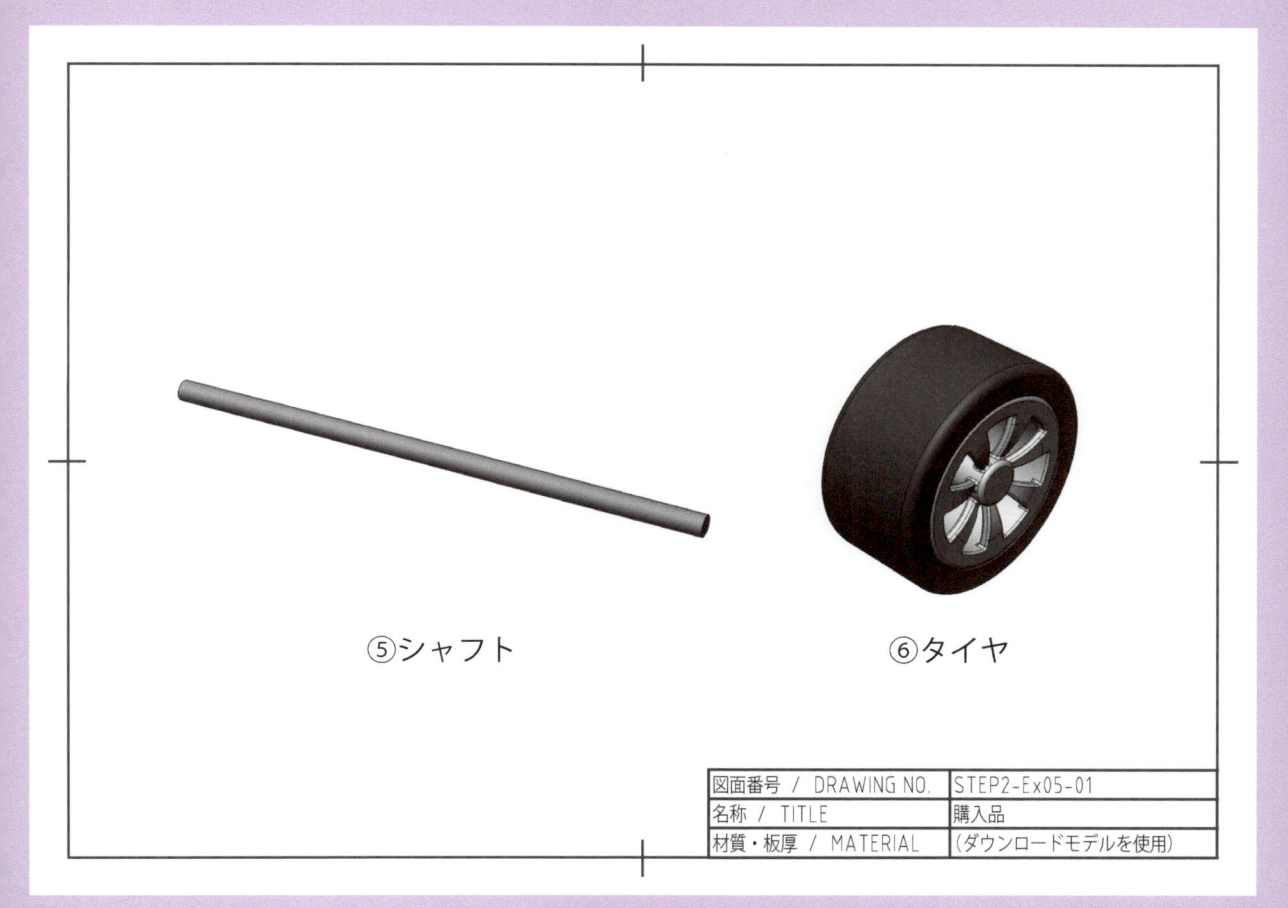

⑤シャフト　　　⑥タイヤ

図面番号 / DRAWING NO.	STEP2-Ex05-01
名称 / TITLE	購入品
材質・板厚 / MATERIAL	（ダウンロードモデルを使用）

STEP2　組立製品

①シャーシ

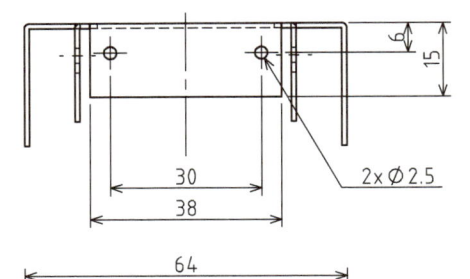

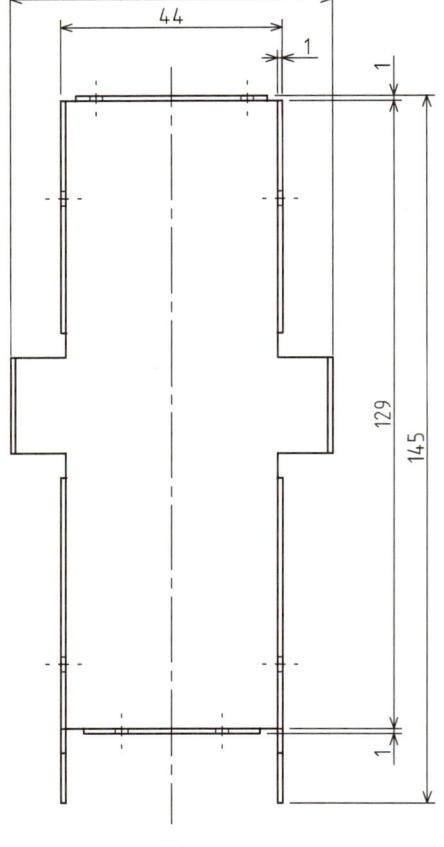

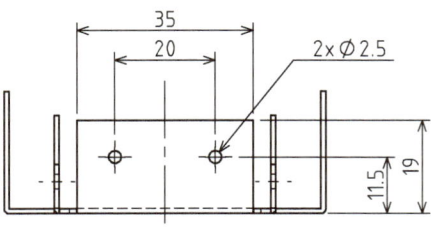

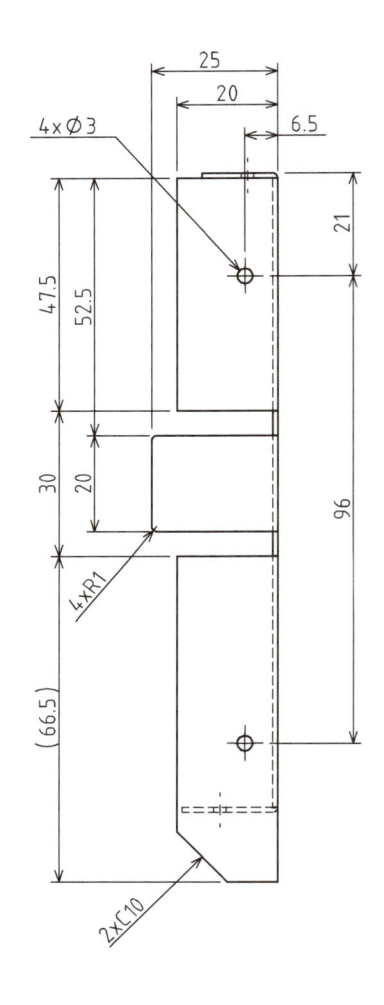

図面番号 / DRAWING NO.	STEP2-Ex05-02
名称 / TITLE	シャーシ
材質・板厚 / MATERIAL	SUS304 t1.0

②リア

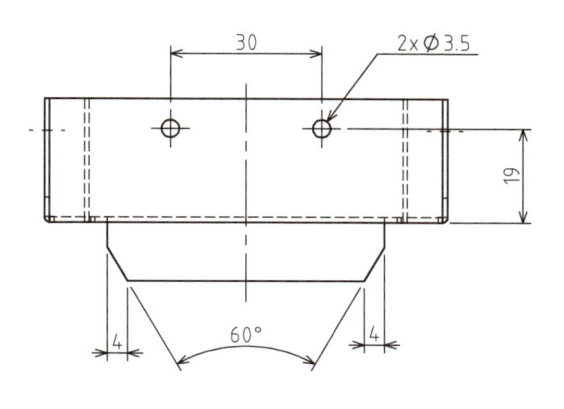

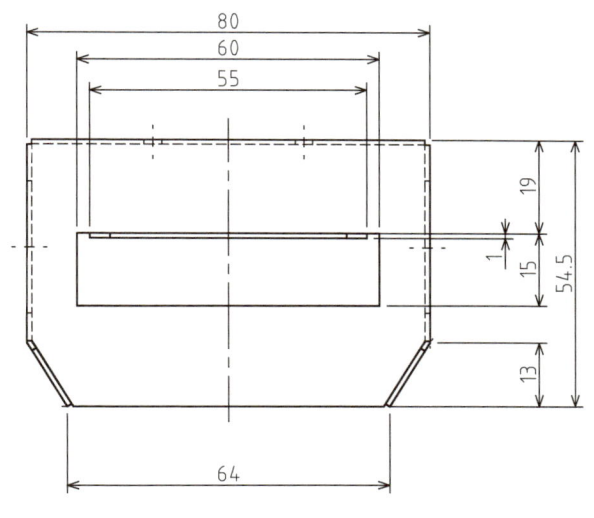

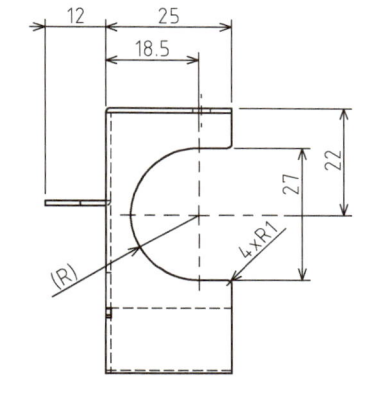

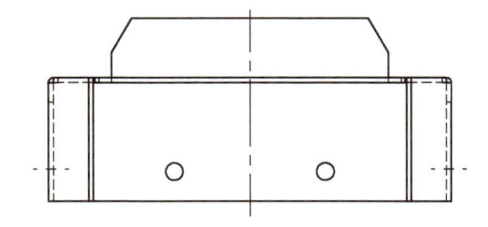

図面番号 / DRAWING NO.	STEP2-Ex05-03
名称 / TITLE	リア
材質・板厚 / MATERIAL	SUS304 t1.0

③トップ

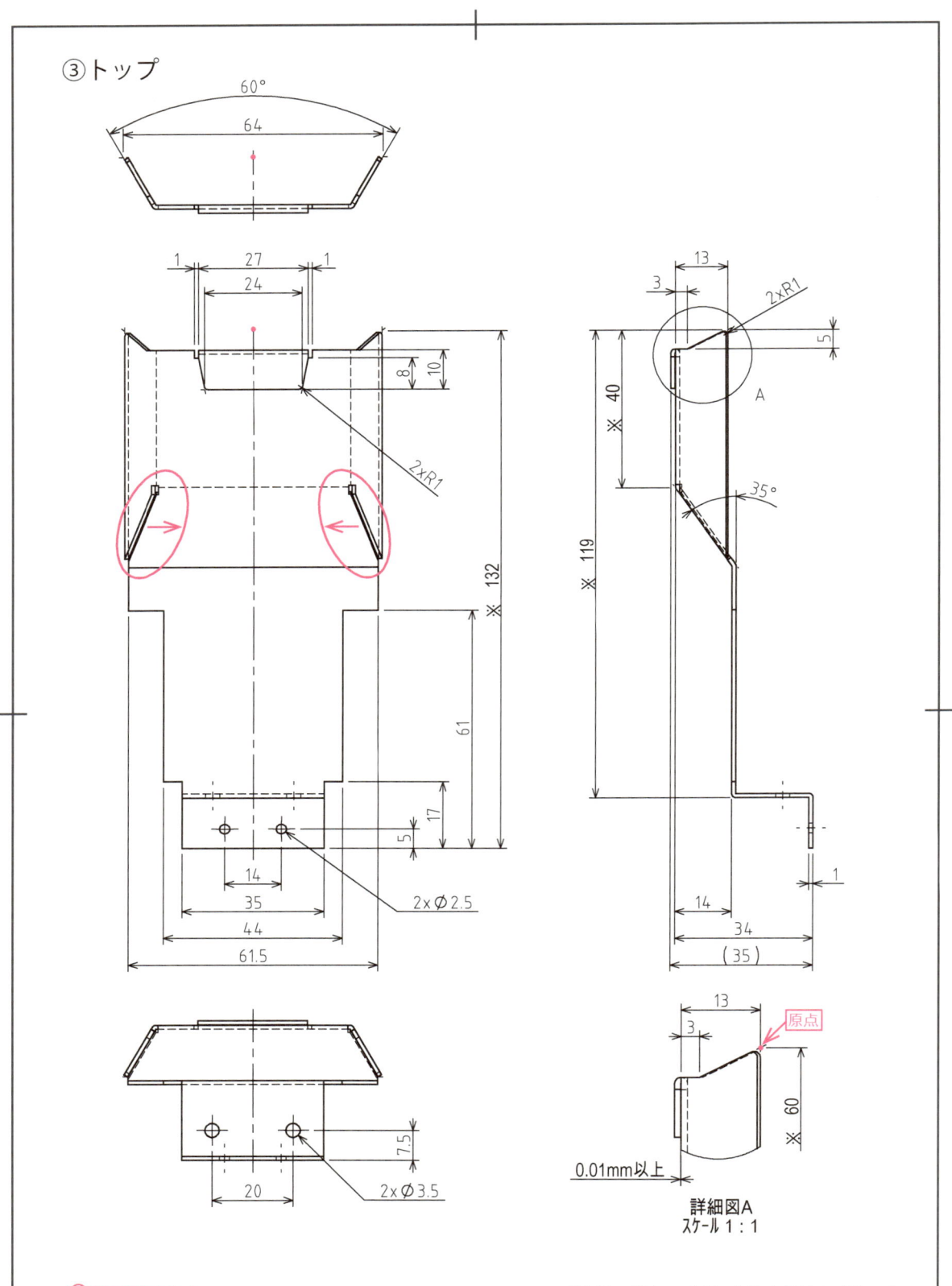

部の設定ヒント
・展開ライン
・内側に片引き
・板金コマンド
・自動リリーフ設定⇒矩形：0.5

※寸法は、板金モデルに変換する前の寸法です。

詳細図A
スケール 1：1

0.01mm以上

原点

図面番号 / DRAWING NO.	STEP2-Ex05-04
名称 / TITLE	トップ
材質・板厚 / MATERIAL	SUS304 t1.0

④フロント

A矢視図

図面番号 / DRAWING NO.	STEP2-Ex05-05
名称 / TITLE	フロント
材質・板厚 / MATERIAL	SUS304 t1.0

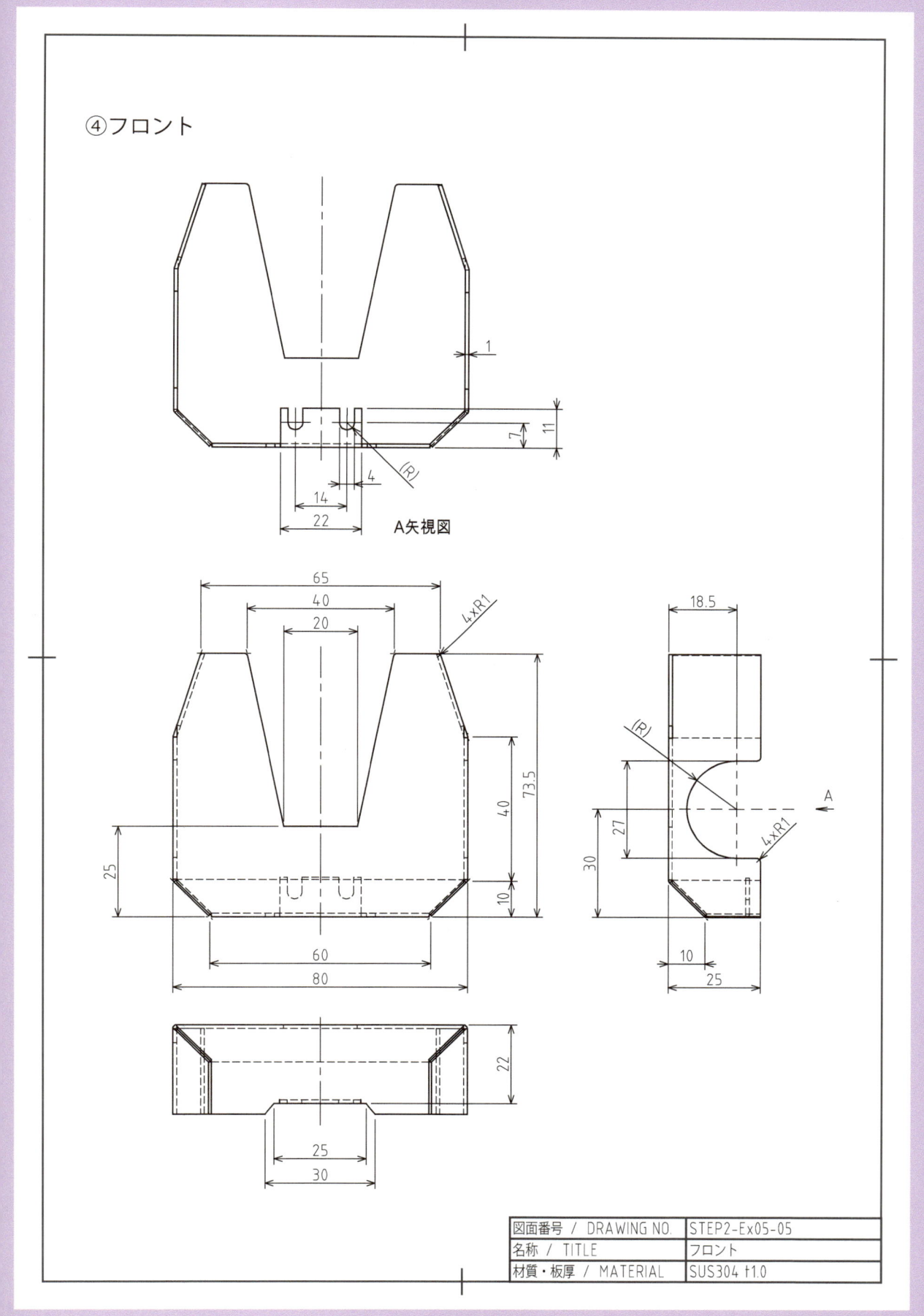

06 制御盤ボックス

Exercise

番号	品　名	個数	備考
1	本体_P1	1	
2	本体_P2	2	
3	屋根_P1	1	
4	屋根_P2	1	
5	扉	1	
6	ベース板	1	
7	パネルベース	2	
8	パネル	1	
9	セルスペーサ	4	標準品
10	ヒンジA	2	購入品
11	ヒンジB	2	購入品
12	取っ手	1	購入品

※標準品・購入品はダウンロードできます。

図面番号 / DRAWING NO.	STEP2-Ex06-00
名称 / TITLE	制御盤ボックス組立図

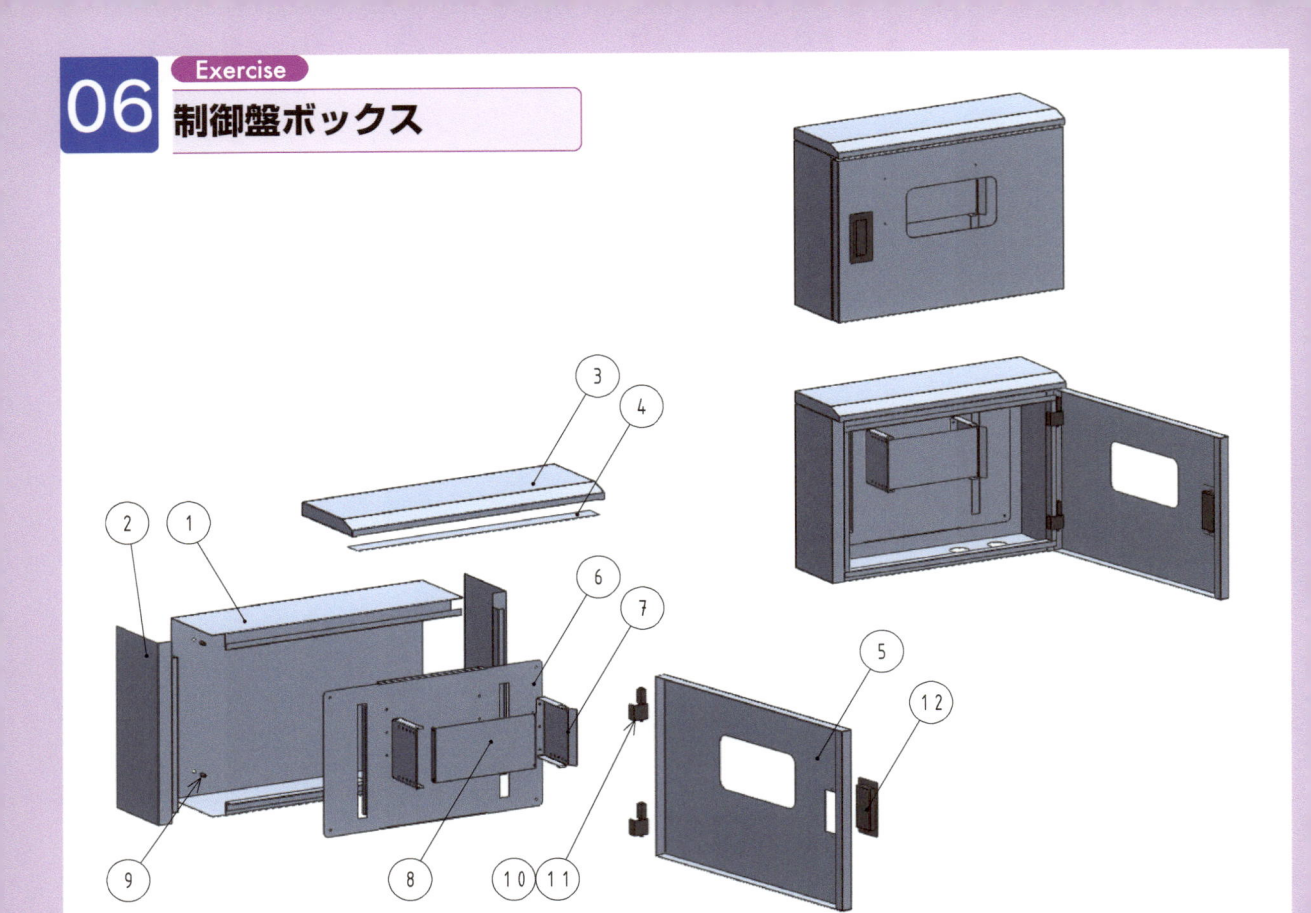

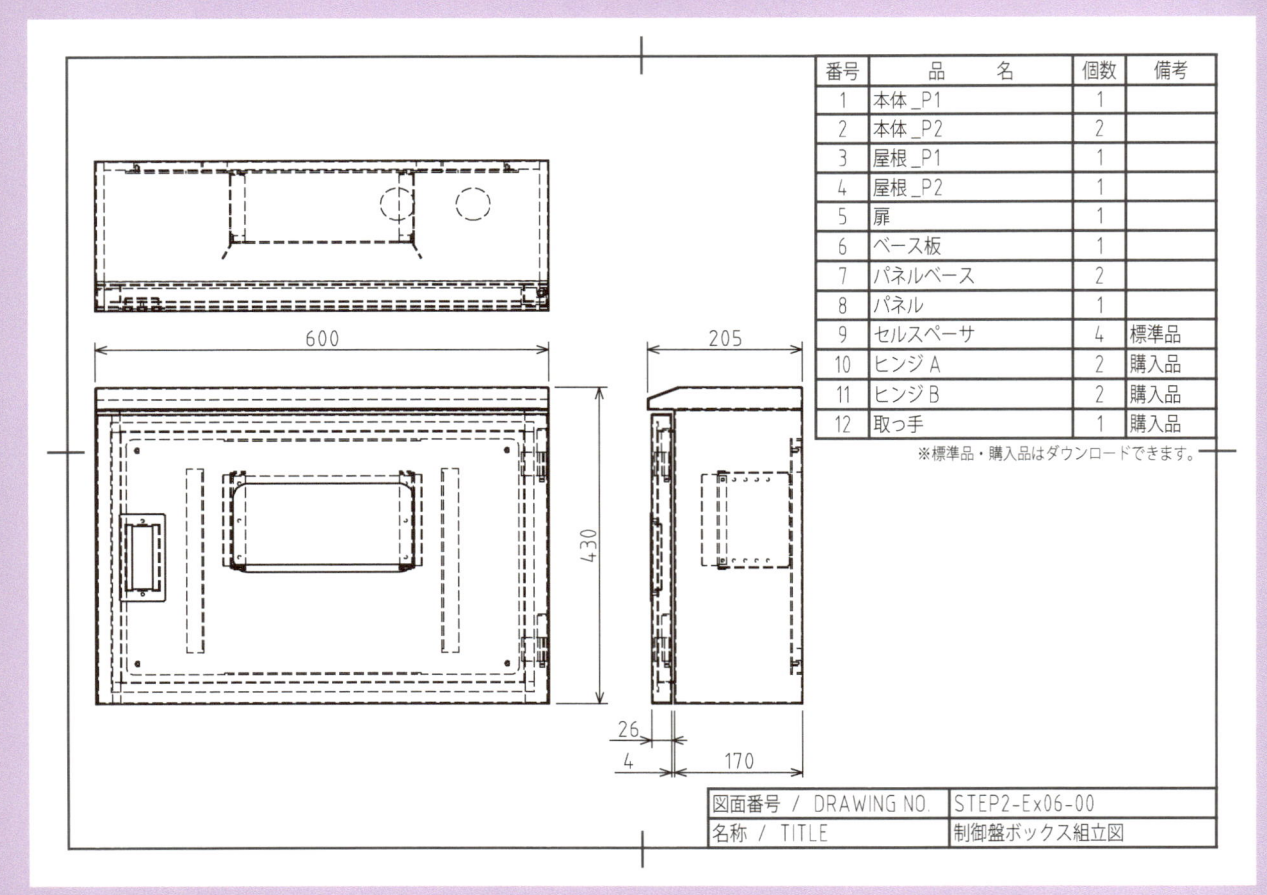

①本体_P1

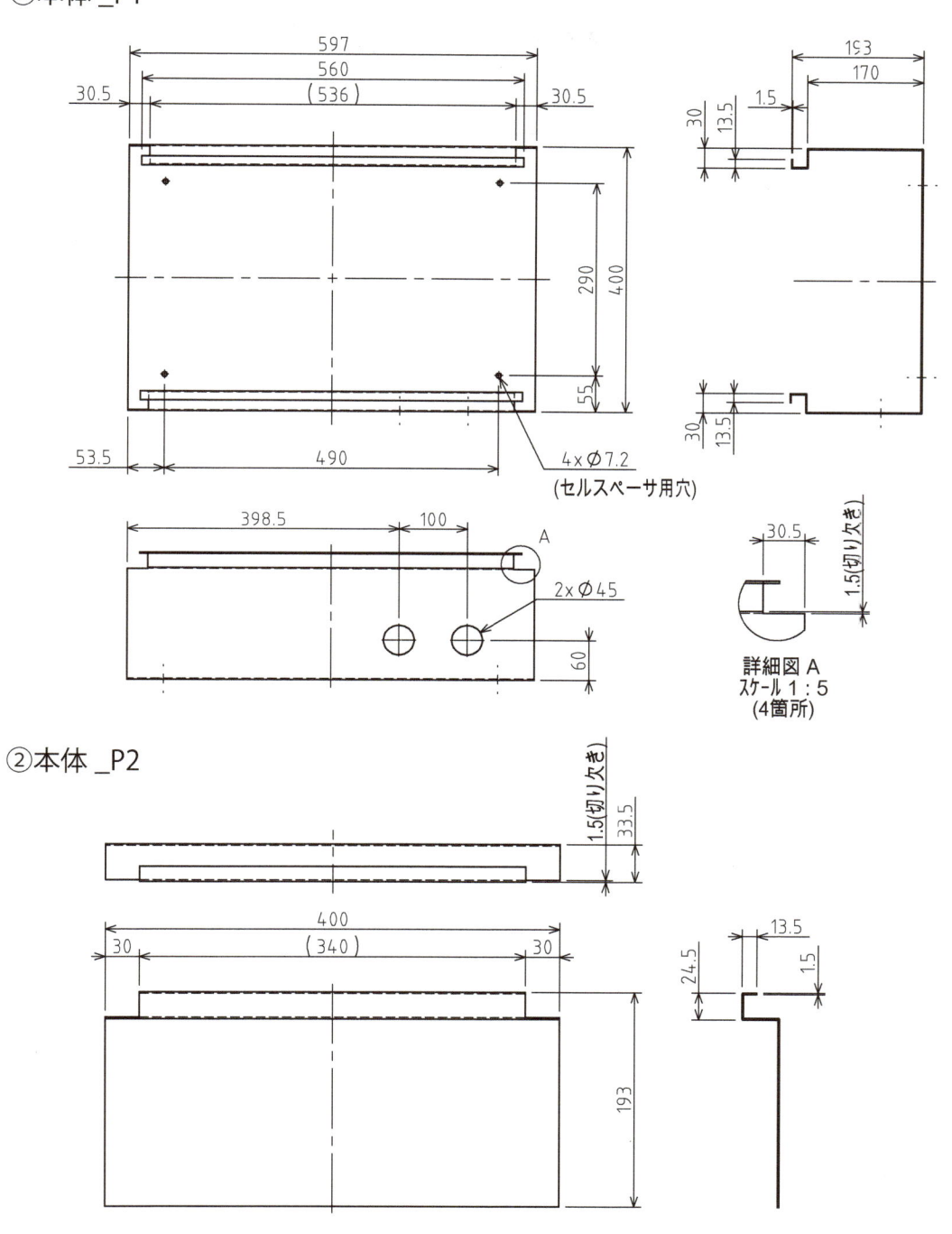

②本体_P2

詳細図 A
スケール 1:5
(4箇所)

4×⌀7.2
(セルスペーサ用穴)

2×⌀45

1.5(切り欠き)

図面番号 / DRAWING NO.	STEP2-Ex06-01
名称 / TITLE	本体_P1, 本体_P2
材質・板厚 / MATERIAL	SUS304 t1.5

③屋根_P1

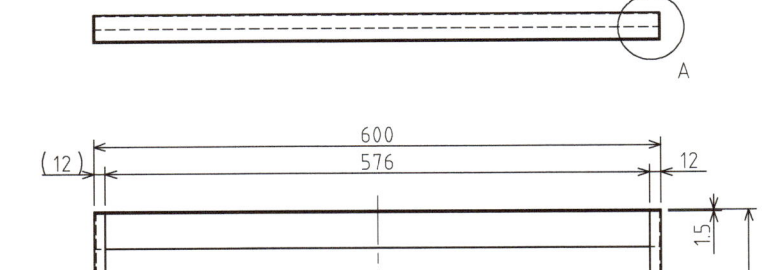

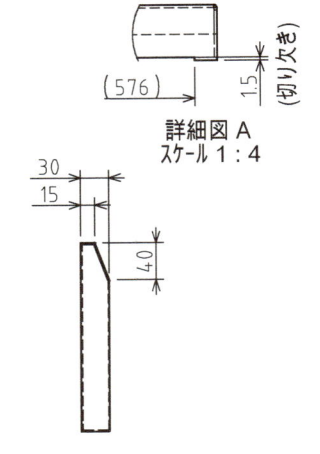

詳細図A
スケール1:4
(切り欠き)

④屋根_P2

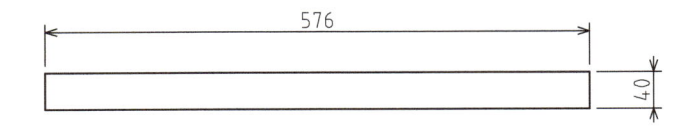

⑤扉

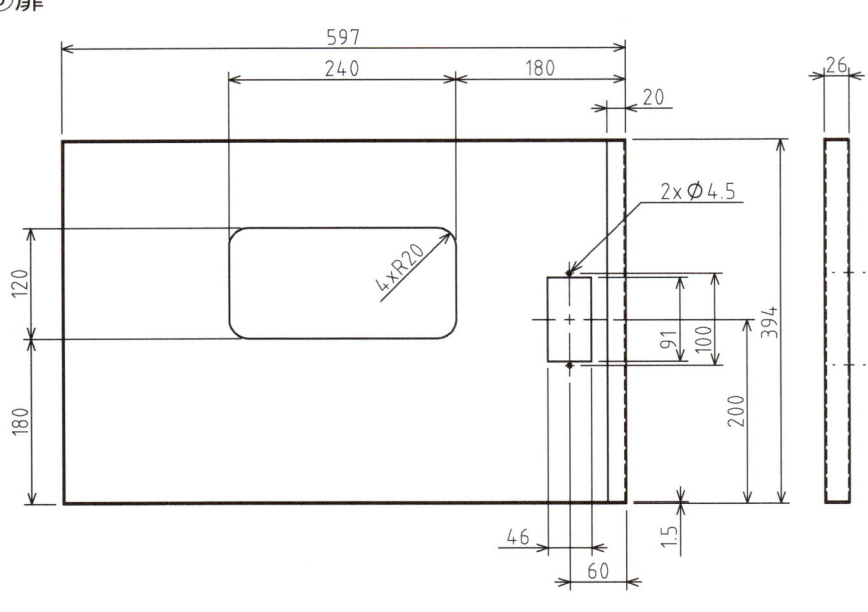

図面番号 / DRAWING NO.	STEP2-Ex06-02
名称 / TITLE	屋根_P1, 屋根_P2, 扉
材質・板厚 / MATERIAL	SUS304 t1.5

⑥ベース板

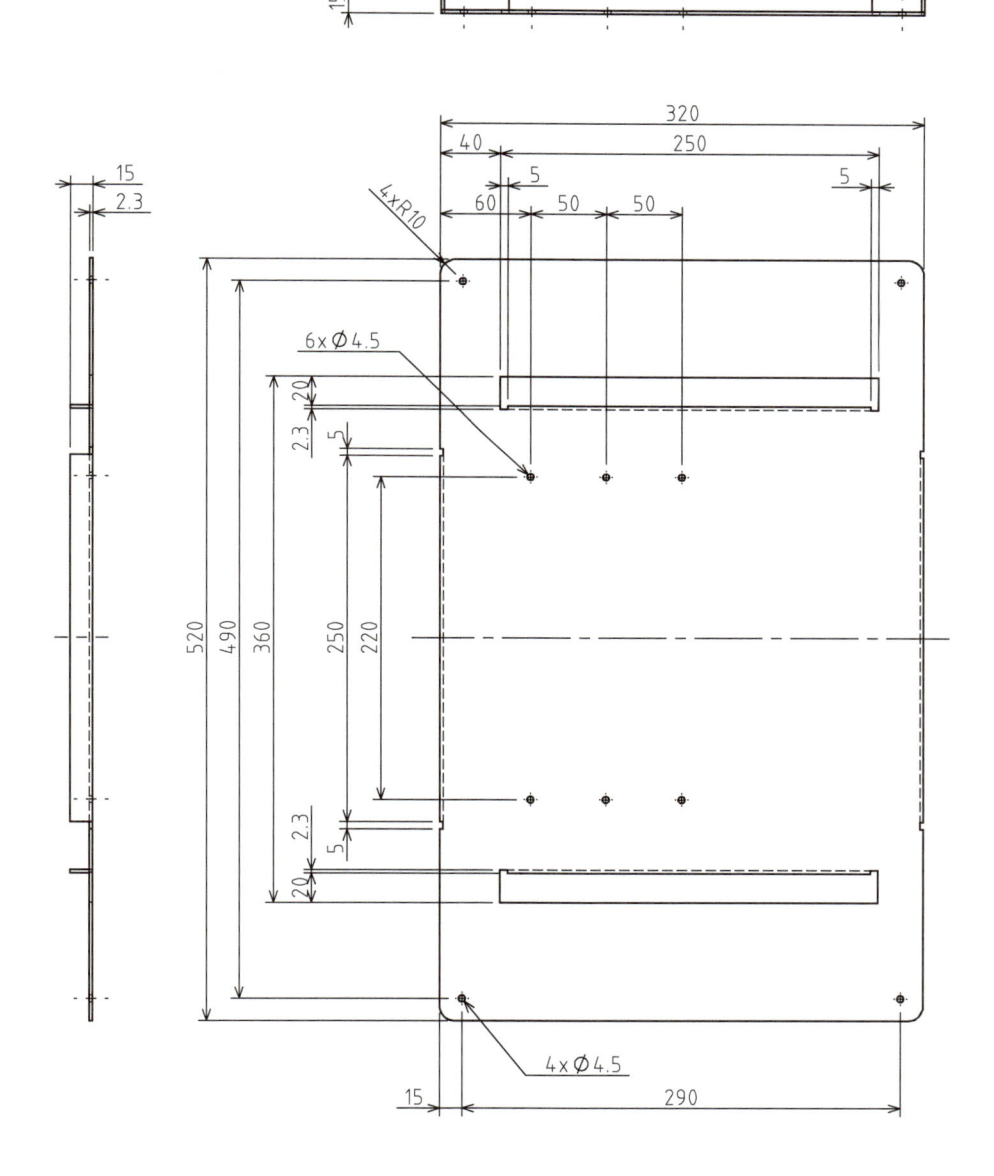

図面番号 / DRAWING NO.	STEP2-Ex06-03
名称 / TITLE	ベース板
材質・板厚 / MATERIAL	SPCC t2.3

⑦パネルベース

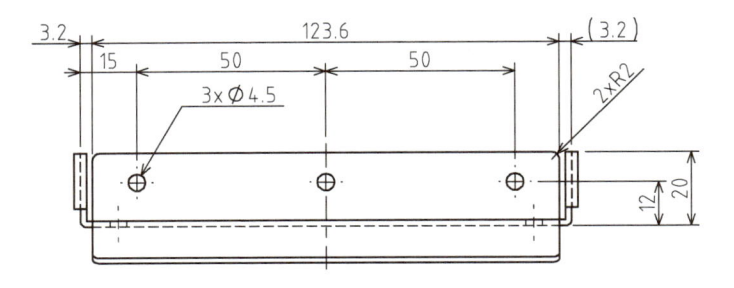

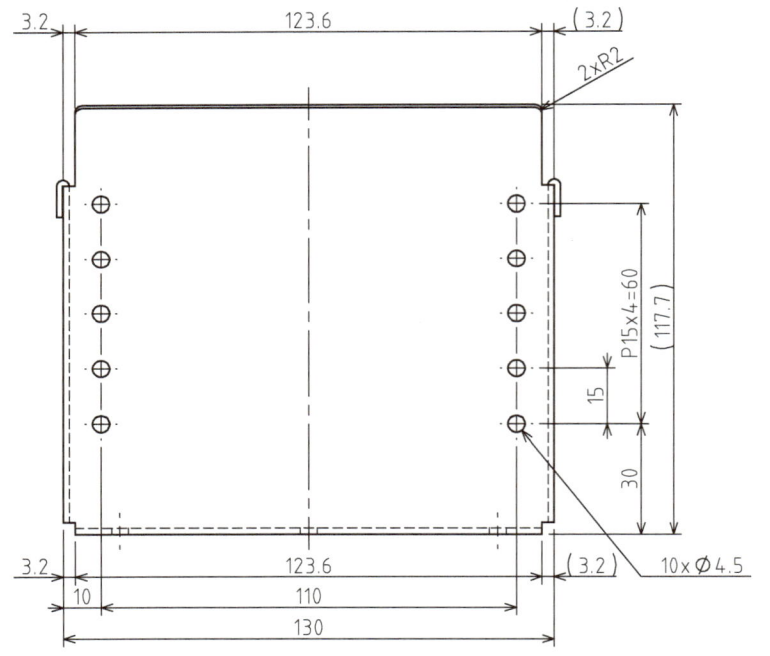

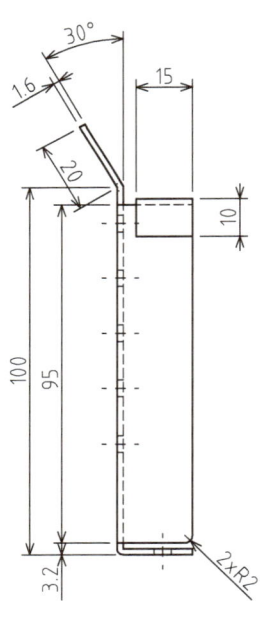

図面番号 / DRAWING NO.	STEP2-Ex06-04
名称 / TITLE	パネルベース
材質・板厚 / MATERIAL	SPCC t1.6

⑧ パネル

2.3

240.8

120

12
7
4×M4
5
110

図面番号 / DRAWING NO.	STEP2-Ex06-05
名称 / TITLE	パネル
材質・板厚 / MATERIAL	SPCC t2.3

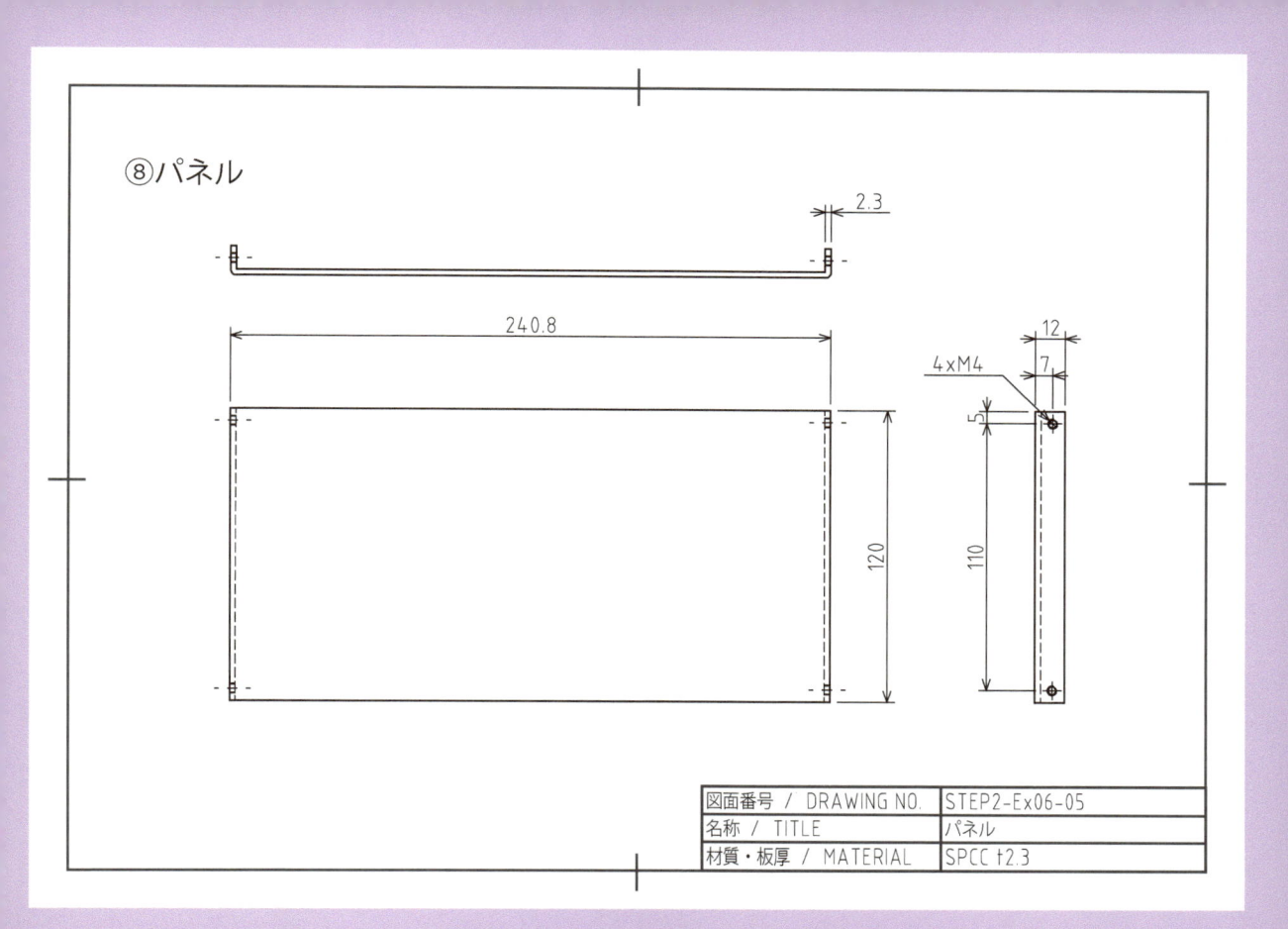

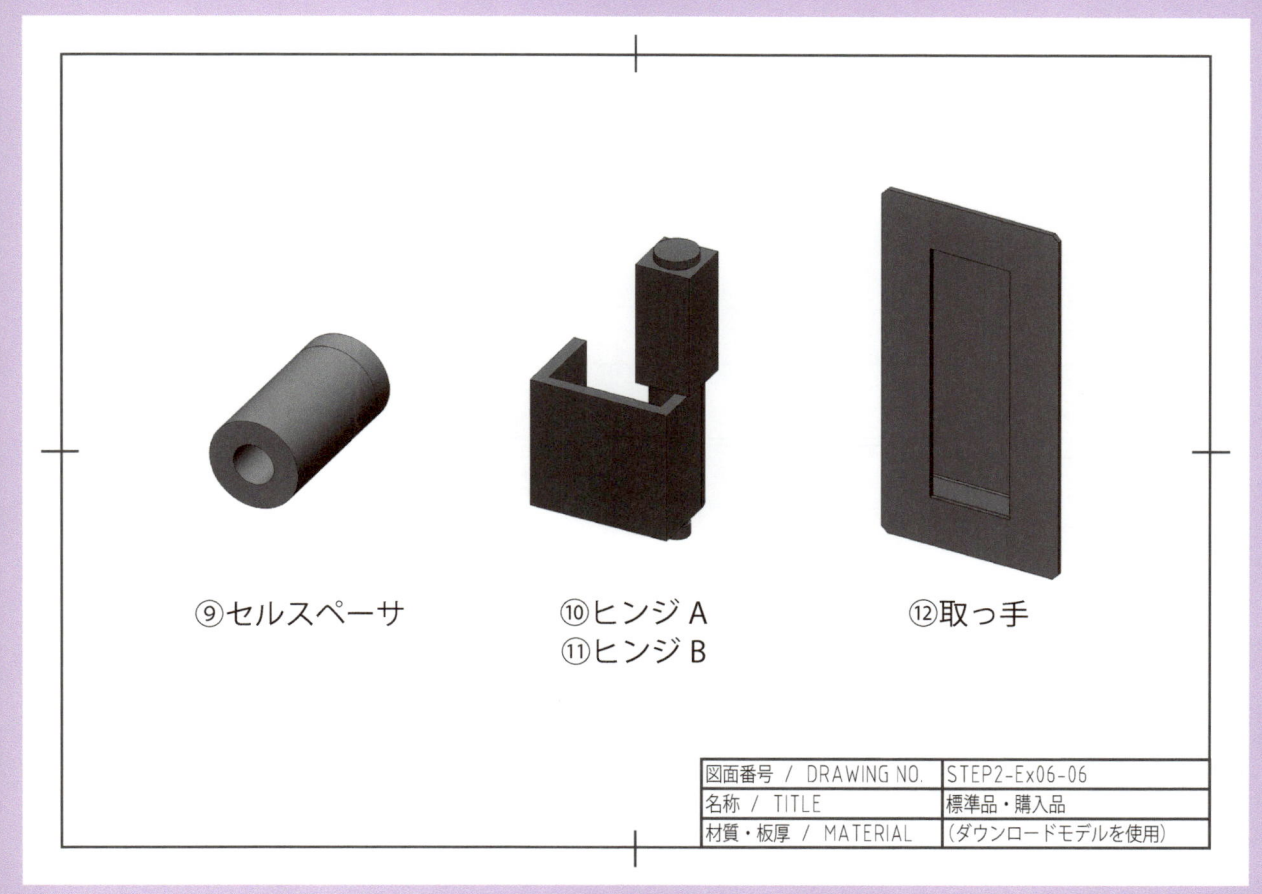

⑨ セルスペーサ　　⑩ ヒンジ A　　⑫ 取っ手
　　　　　　　　　⑪ ヒンジ B

図面番号 / DRAWING NO.	STEP2-Ex06-06
名称 / TITLE	標準品・購入品
材質・板厚 / MATERIAL	（ダウンロードモデルを使用）

07 Exercise PC ケース

番号	品　名	個数	備考
1	前カバー	1	
2	フレーム前	1	
3	フレーム後	1	
4	底面カバー	1	
5	内部ブラケット	1	
6	ステーA	1	
7	ステーB	1	
8	拡張口	1	
9	カバー	1	
10	開閉カバー	1	
11	PCファン	1	購入品

※購入品はダウンロードできます。

170　460　438

図面番号 / DRAWING NO.	STEP2-Ex07-00
名称 / TITLE	PCケース組立図

STEP2　組立製品

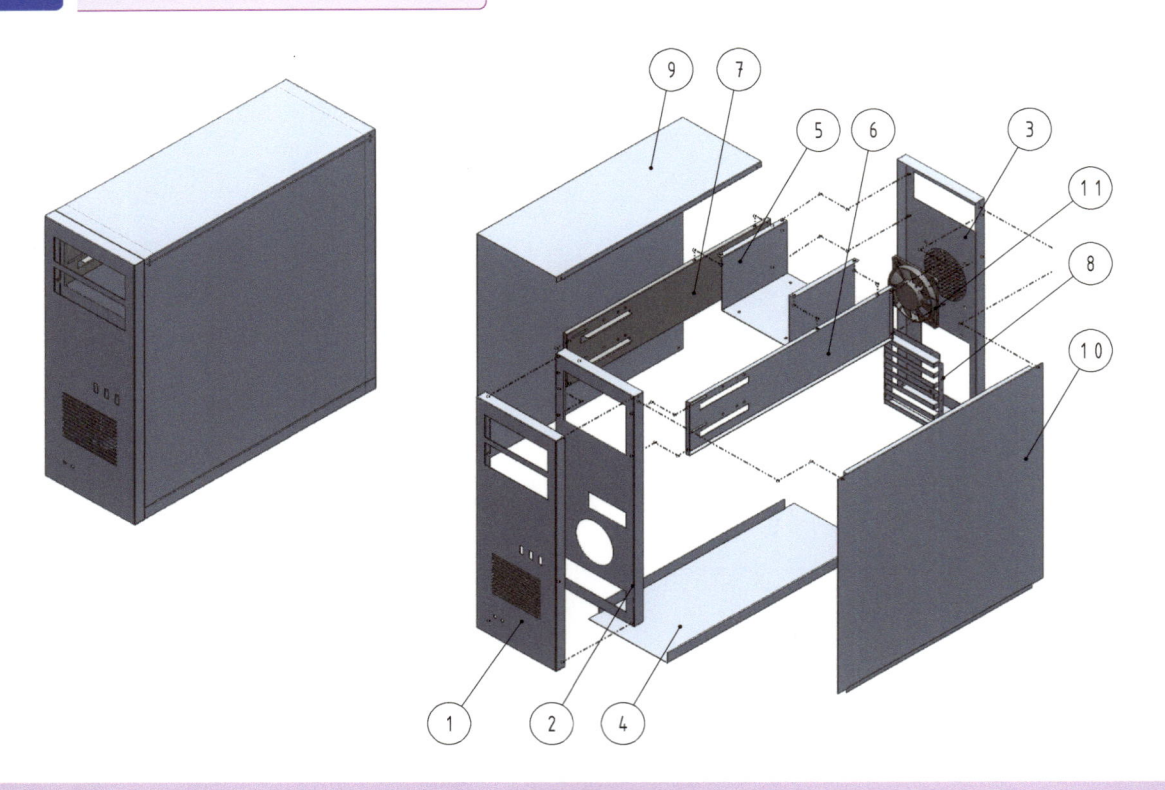

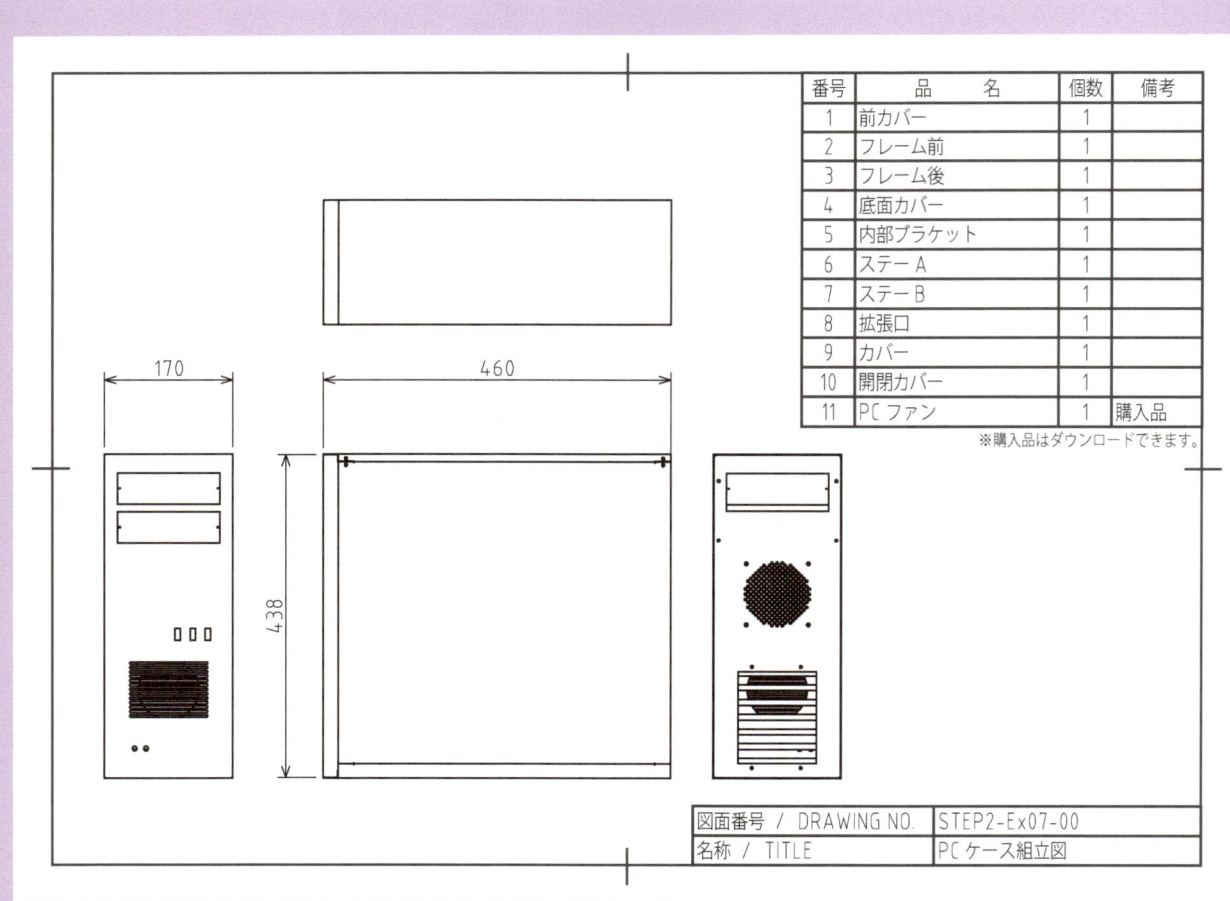

①前カバー

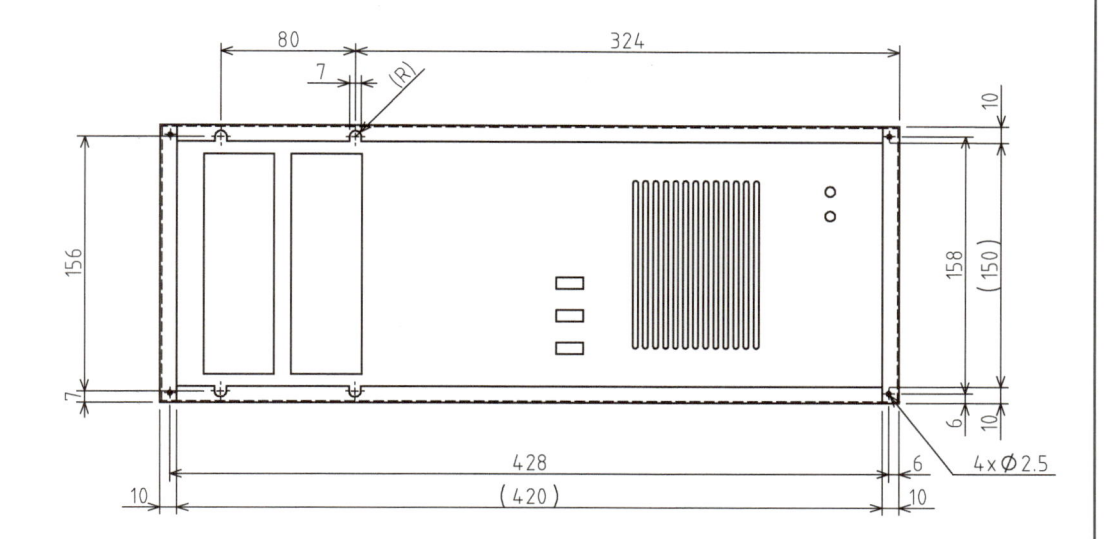

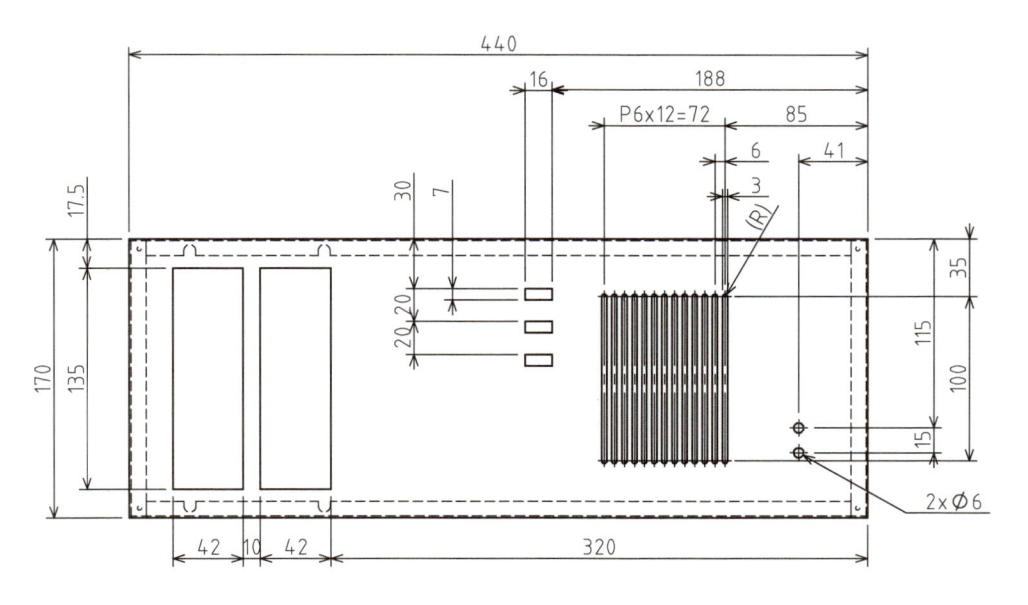

図面番号 / DRAWING NO.	STEP2-Ex07-01
名称 / TITLE	前カバー
材質・板厚 / MATERIAL	SPCC t1.0

②フレーム前

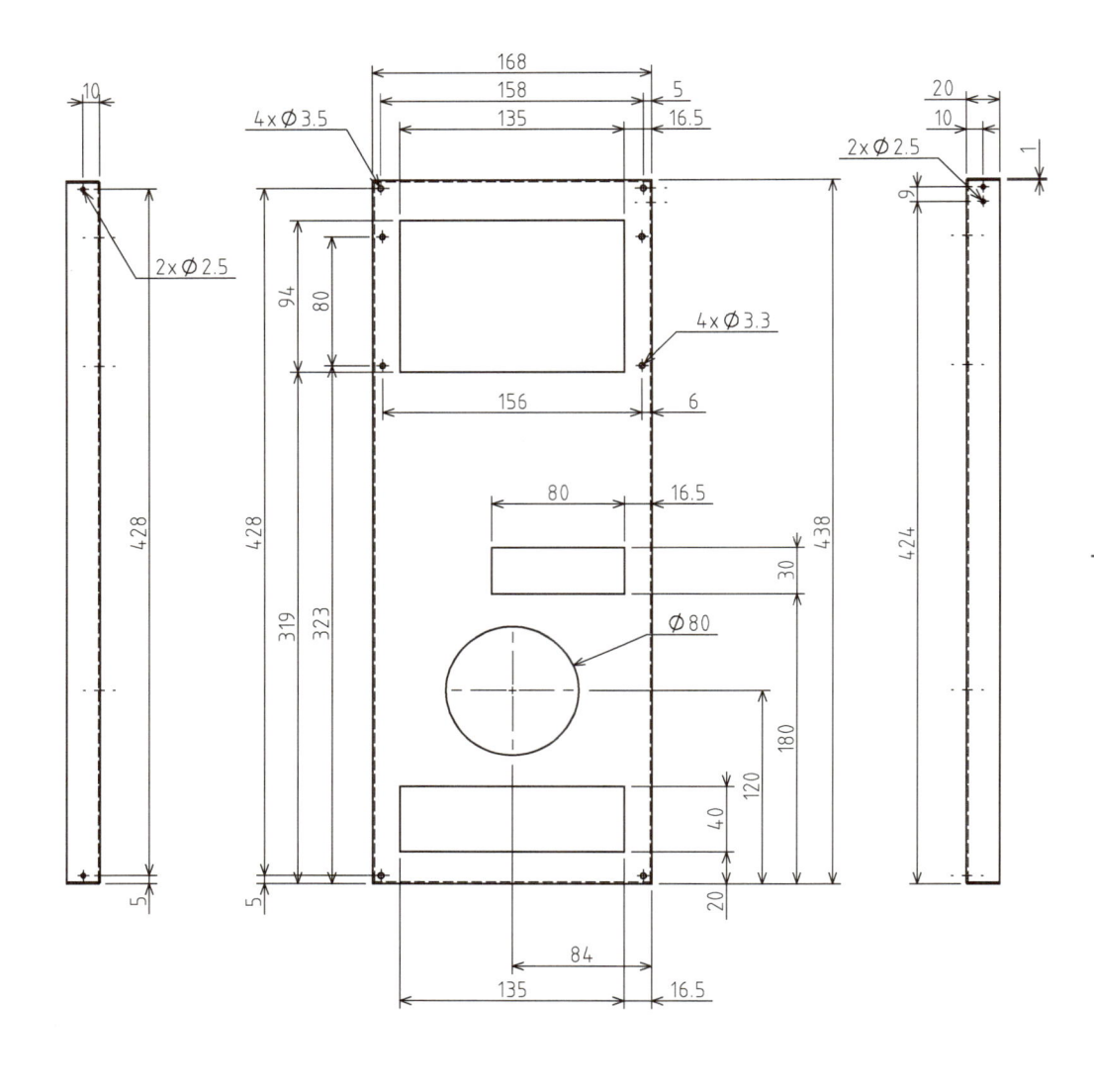

図面番号 / DRAWING NO.	STEP2-Ex07-02
名称 / TITLE	フレーム前
材質・板厚 / MATERIAL	SPCC t1.0

③フレーム後

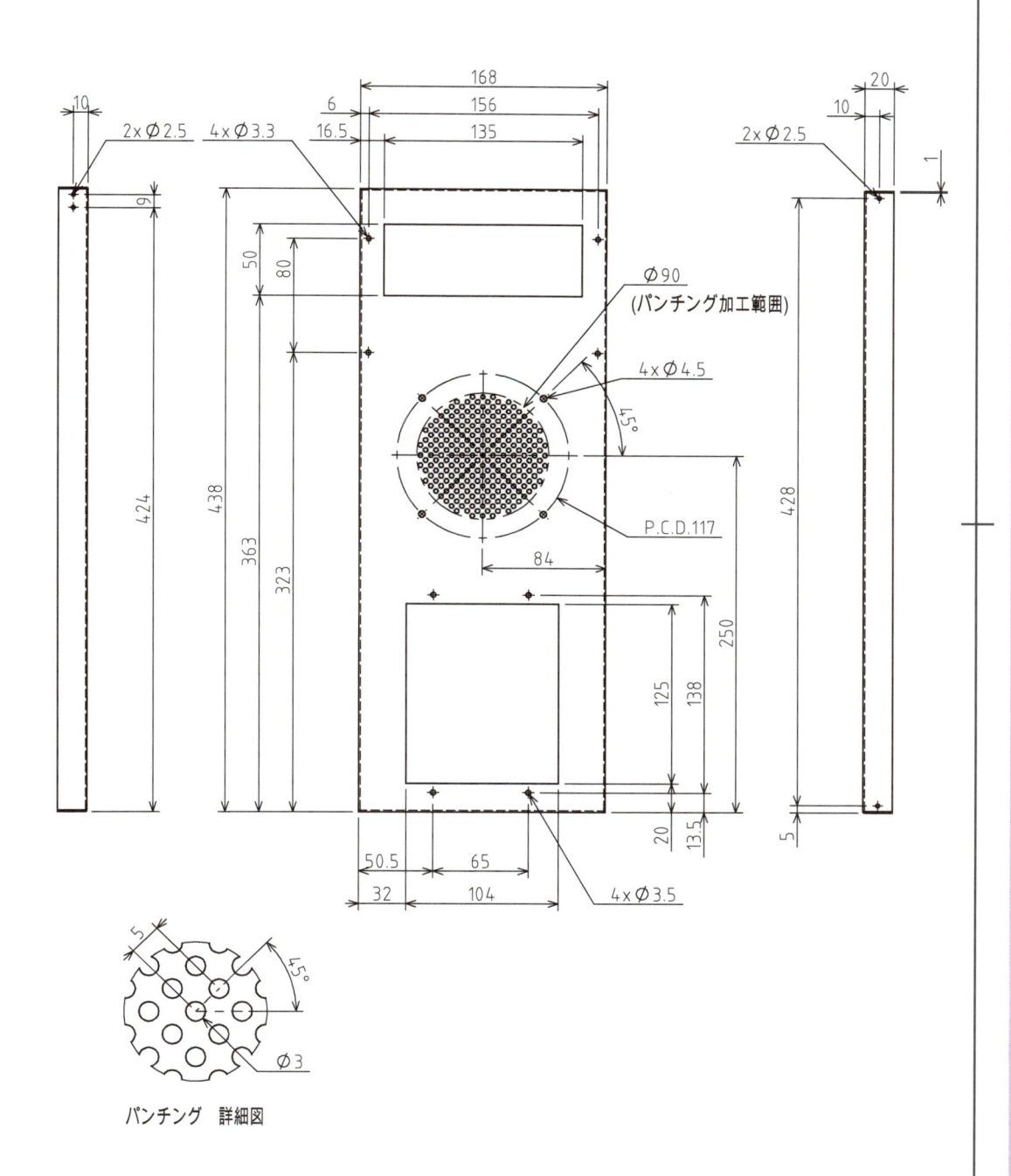

パンチング 詳細図

図面番号 / DRAWING NO.	STEP2-Ex07-03
名称 / TITLE	フレーム後
材質・板厚 / MATERIAL	SPCC t1.0

④底面カバー

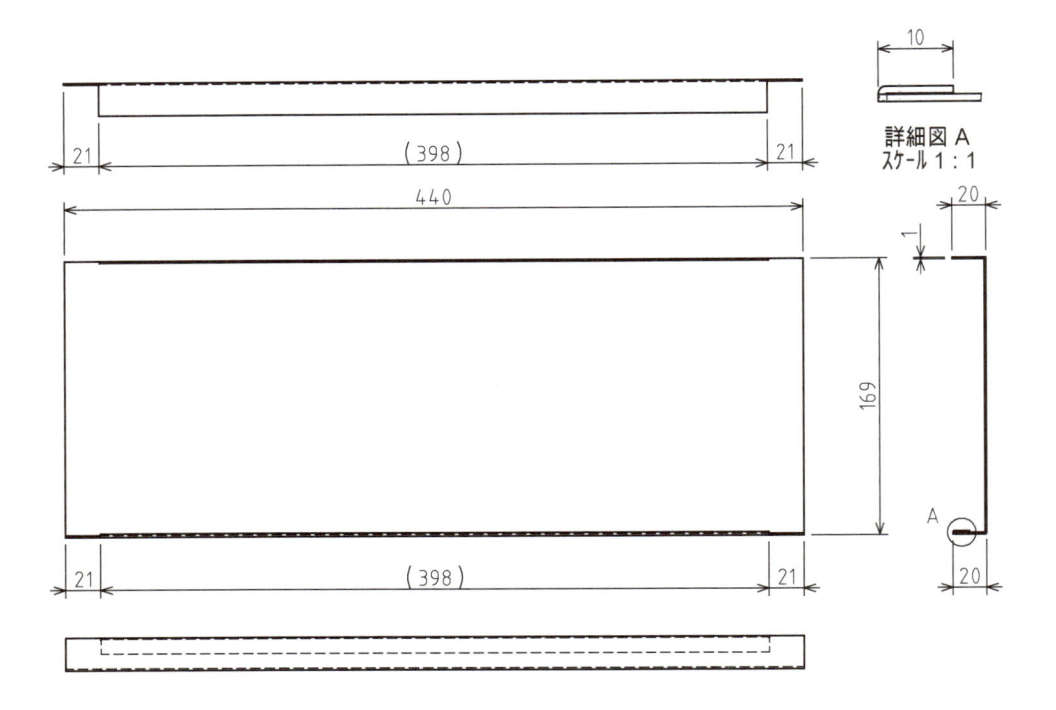

詳細図 A
スケール 1 : 1

⑤内部ブラケット

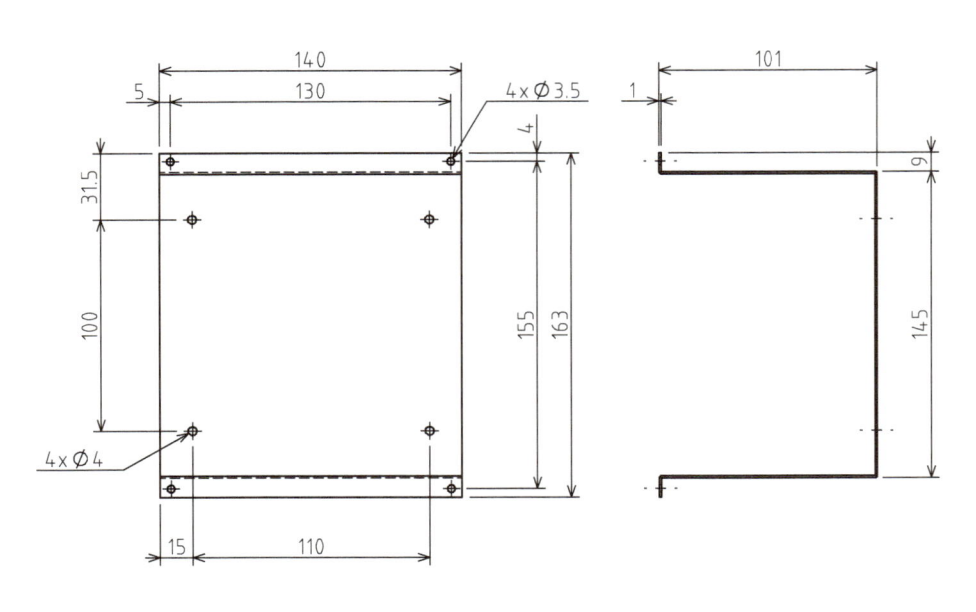

図面番号 / DRAWING NO.	STEP2-Ex07-04
名称 / TITLE	底面カバー、内部ブラケット
材質・板厚 / MATERIAL	SPCC t1.0

⑥ステーA(本図通り)
⑦ステーB(勝手違い)

注記
1.「ステーB」は「ステーA」の対称形状とする。

図面番号 / DRAWING NO.	STEP2-Ex07-05
名称 / TITLE	ステーA、ステーB
材質・板厚 / MATERIAL	SPCC t1.0

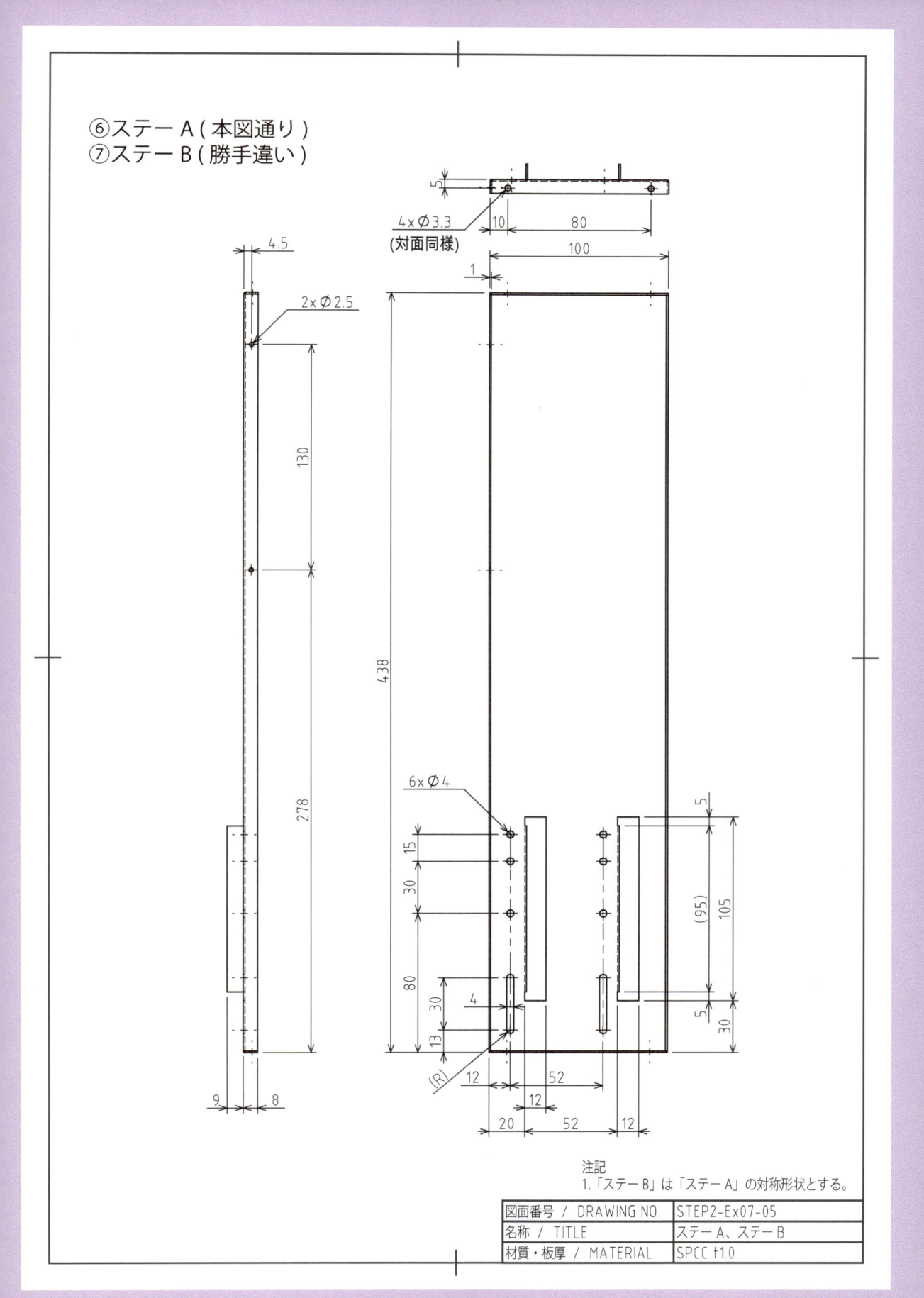

⑧拡張口

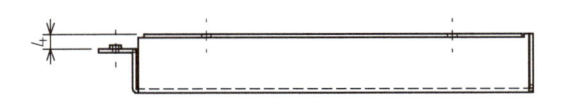

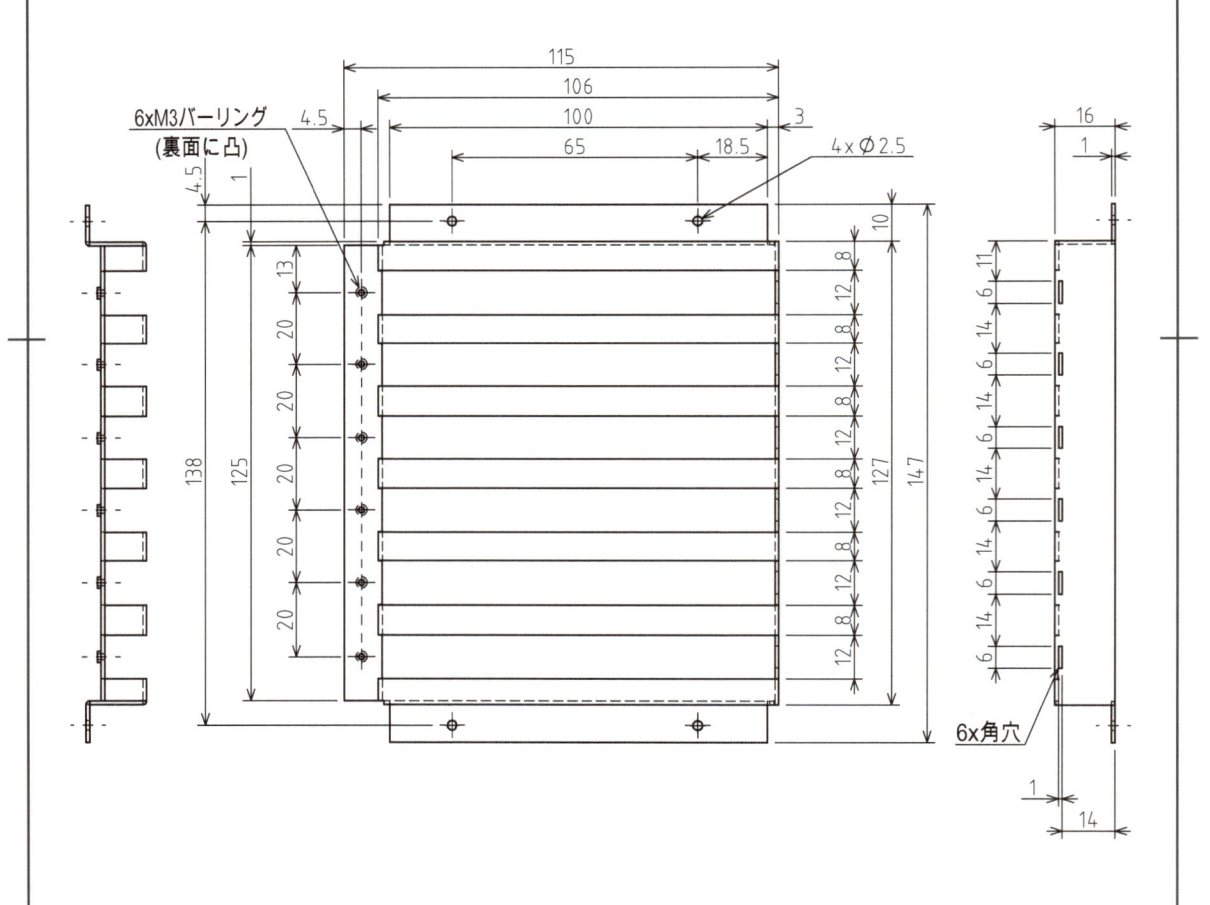

図面番号 / DRAWING NO.	STEP2-Ex07-06
名称 / TITLE	拡張口
材質・板厚 / MATERIAL	SPCC t1.0

⑨カバー

詳細図 A
スケール 1:2

図面番号 / DRAWING NO.	STEP2-Ex07-07
名称 / TITLE	カバー
材質・板厚 / MATERIAL	SPCC t1.0

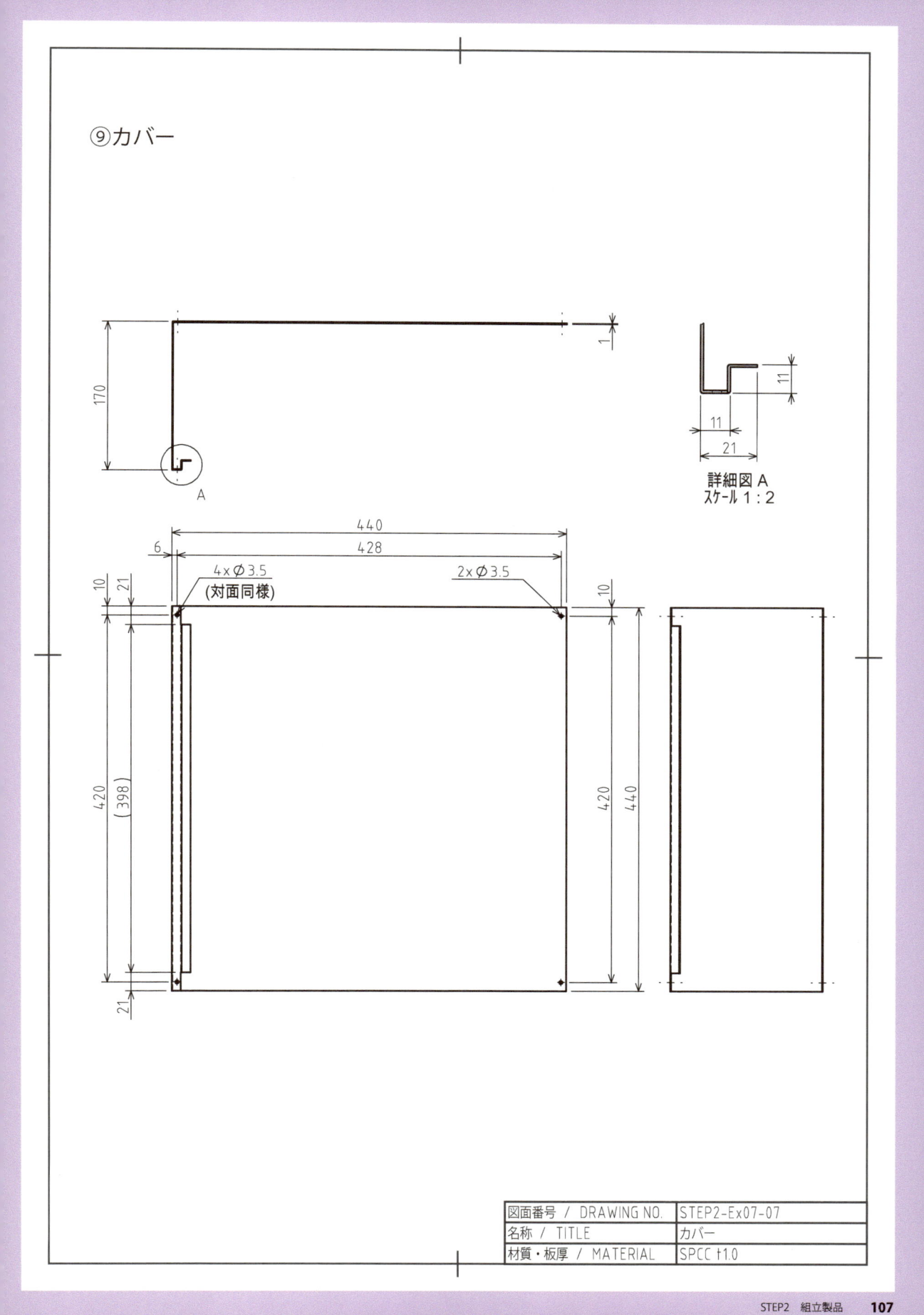

⑩ 開閉カバー

詳細図 A
スケール 1:2

詳細図 B
スケール 1:2

図面番号 / DRAWING NO.	STEP2-Ex07-08
名称 / TITLE	開閉カバー
材質・板厚 / MATERIAL	SPCC t1.0

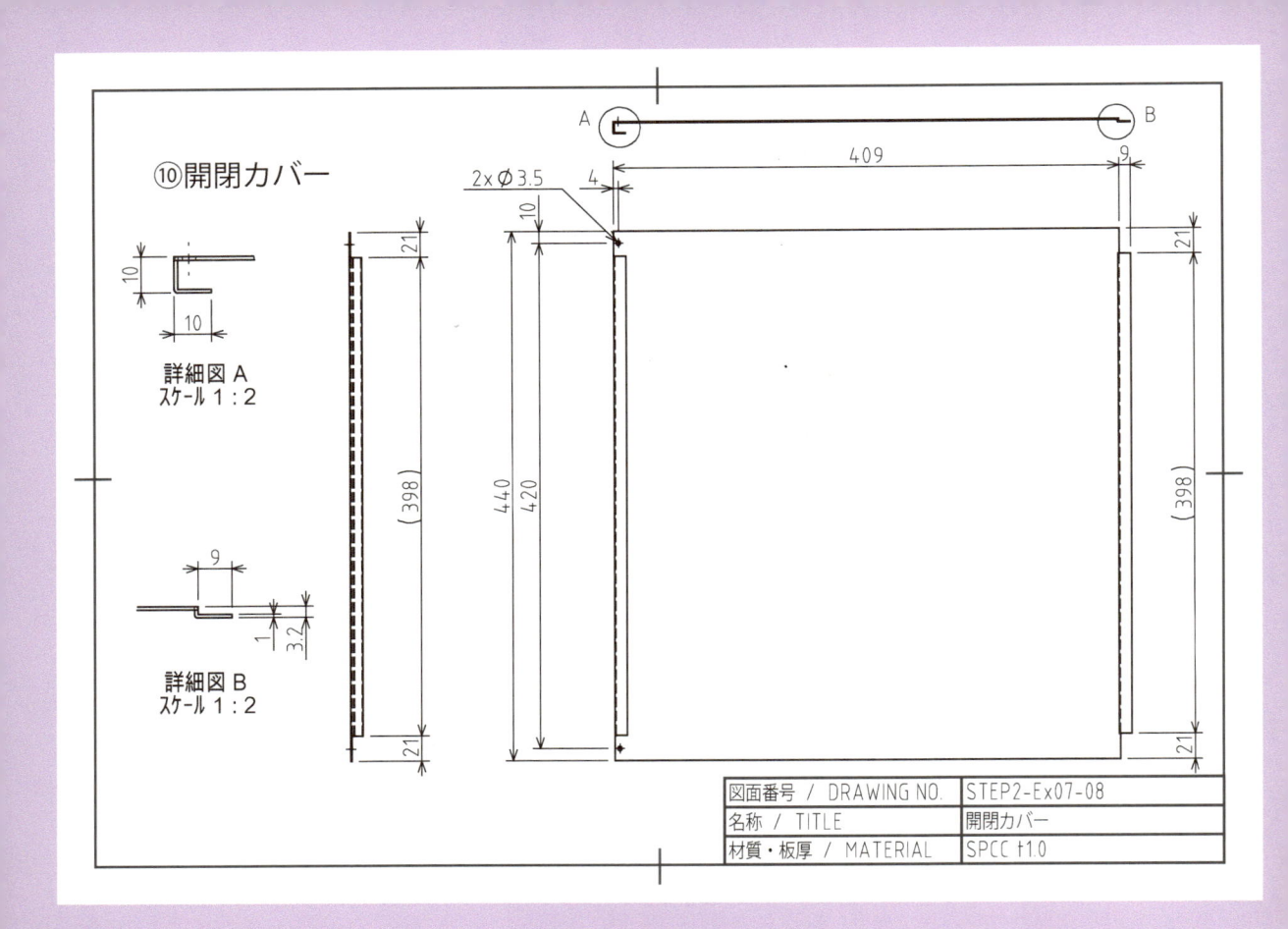

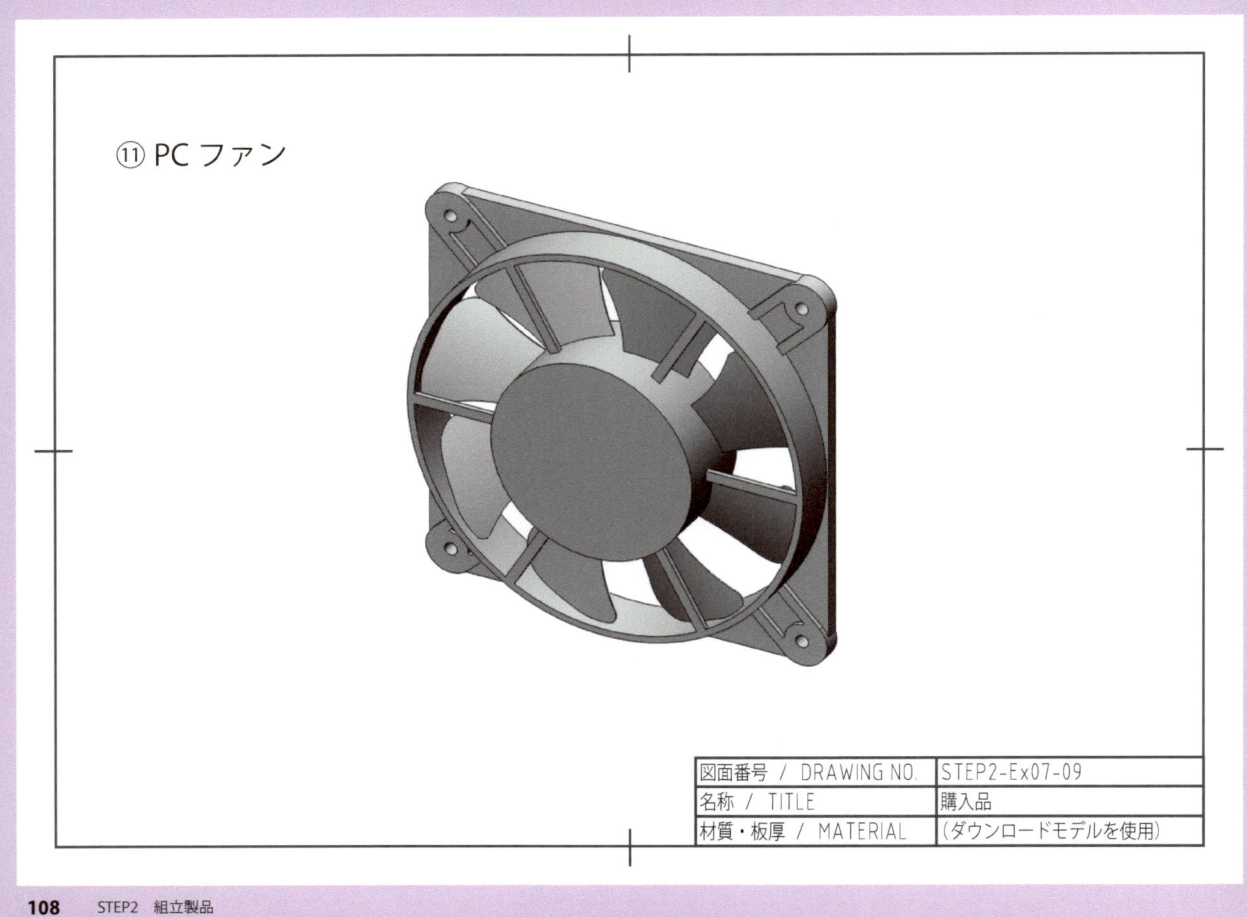

⑪ PCファン

図面番号 / DRAWING NO.	STEP2-Ex07-09
名称 / TITLE	購入品
材質・板厚 / MATERIAL	(ダウンロードモデルを使用)

APPENDIX
SheetWorks 基本操作ガイド

- 一般的な板金の加工工程や加工機を紹介します。
- 3次元ソリッド板金 CAD システム「SheetWorks for Unfold」の基本操作を紹介します。
- 実務的な板金製品向けに便利なコマンドを解説します。
- 解説の中で使用しているモデルは Web サイトよりダウンロードできます。
  （使用モデルのダウンロード方法は P126 を参照）

> 「SheetWorks for Unfold」とは、SolidWorks をベースに板金製造業向けに特化したコマンドを多数搭載した、㈱アマダの3次元ソリッド板金 CAD システムです。
> 「SolidWorks ＋実用板金コマンド」という構成のため、SolidWorks でのモデリング操作をそのまま活用することができます。

解説 板金製品の工程

板金製品を作成するまでにはいくつかの工程をたどります。一般的な工程の流れを見てみましょう。

受注・手配

CAD/CAM　プログラム作成
受注した製品データや図面をマシンのプログラムデータとして作成します。そのデータを社内 LAN でマシンへ送信します。

➡ **SheetWorks は、ここで活躍します。**

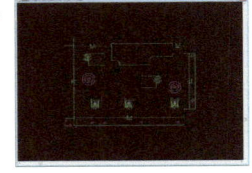

段取り
同素材・同板厚の製品は、1枚の板に何種類かの部品をまとめるネスティング作業を行います。

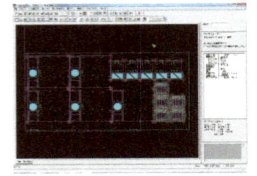

ブランク加工
図面通り、材料を部品の形に切り出す工程です。

2次加工
切断加工やブランク工程でできた バリを取ったり、ねじ切りを行う工程です。

曲げ加工
図面通りに、部品の形に曲げます。
材料の特性が影響するなど、正確な加工が一番難しい工程です。

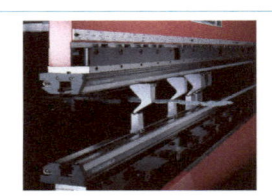

溶接加工
できあがった部品を溶接し組み立て、製品にします。

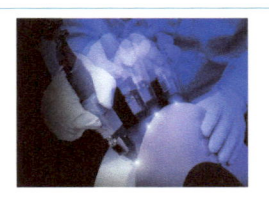

検査・出荷

解説 加工機の種類

加工に合わせてさまざまな加工機械があります。

パンチングマシン
金属の板（板金）に丸・四角等、いろいろな形状に穴をあけたり、切断等を行うマシンです。穴をあけたり切断したりする刃の部分を金型といいます。

レーザマシン
レーザ光線で金属の板（板金）に穴をあけ、切断し、溶接をするマシンです。

パンチ・レーザ複合マシン
パンチングとレーザ、2つの機能を持ったマシンです。金属の板を切断したり穴をあけたりするだけでなく、バーリングやねじ切りなど、他のマシンで行っていた加工も行うことができます。

ベンディングマシン
プレスブレーキともいい、上下2箇所の金型で金属の板（板金）を折り曲げるマシンです。

溶接機
金属を接合させるマシンです。融接・圧接・ろう接の3つに大別されます。

解説 「SheetWorks for Unfold」とは

「SheetWorks for Unfold」とは、SolidWorks の機能をそのままに、板金製造業向けに特化したコマンドを多数搭載した、3 次元ソリッド板金 CAD システムです。より実務的な板金製品のモデリングや展開業務・CAM への連携がよりスムーズになります。

● SheetWorks の主な特徴

特徴①実務的な板金製品の展開作業
- 正確な曲げ伸び値や成形金型の情報を持たせた展開図が作成できます。
- まとめて一度に、複数部品の展開図を作成することができます。

特徴②アセンブリでの一括編集
- アセンブリから一度に、部品同士の接合部に位置決め用フィーチャーを追加することができます。

特徴③さなざまな板金モデリング機能
- SolidWorks だけでは展開が難しい板金製品でも展開図を作成できます。
- DXF/DWG の 2 次元 CAD データから 3 次元モデルを自動作成できます。

チェック SheetWorks コマンド一覧

SheetWorks では、CommandManager に SheetWorks タブが追加されます。上記の特徴以外にも実務的なコマンドが多数用意されています。

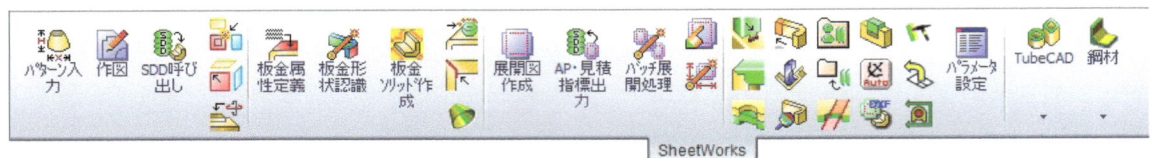

主なコマンド	内容
板金形状認識	モデルが板金モデルとして正しく作成されているかを解析します。
モデルチェック	最小フランジや曲げ近傍の穴など、板金モデルの加工困難な箇所を検出します。
板金ソリッド作成	モデルに対して、曲げ、突き合わせなどの板金化定義を設定し、正確な板金モデルを作成します。
位置決めコマンド	部品同士の接合部に、位置決め用のダボ・タブ・ノッチを簡単に挿入できます。
多面体作成	円錐形状を多面体化し、展開時に曲げ線もしくは曲げ補助線を作成します。
展開図作成	板金加工属性（金型・曲げ）情報を含んだ展開図を作成します。
展開図チェック	開放端や微小線分など、CAM 工程で問題となりそうな展開図形の不具合をチェックできます。
AP・見積指標出力	展開図を AP データとして出力します。また展開図に含まれる板金加工属性情報を見積り用の指標として出力します。
バッチ処理	複数の部品モデルに対し、板金属性定義→展開図出力・見積指標までの一連の操作を自動実行します。
パラメトリック	Microsoft Excel と連動して、モデルをパラメトリックに変形します。
作図	板金加工特有の切り欠きや穴を簡単に作図できます。
三面図立体化	三面図から 3 次元モデルを作成します。
断面入力	交差する 2 つの断面形状から立体モデルを作成します。
SDD 呼び出し	SDD（PCL/AP サーバー）から展開図を呼び出し、立体化します。
展開図 DXF	DXF 展開図を呼び出し、立体化します。
モデル伸縮	指定した平面を基準に 3 次元モデルを伸縮することができます。
エンティティー分析	モデル上のエンティティー（面・エッジ）を分析・分類します。
板金加工ライブラリー	成形・特型形状をライブラリー化し、板金モデルに配置します。
3D リターンベンドグラフ	モデルに曲げ金型を挿入して、干渉チェックを行います。
パターン入力	ダクトやパイプ形状などのパターンを選択し、パラメーターを入力するだけで、3 次元モデルを作成できます。

※色がついている枠のコマンドは本章で紹介しています。

解説 SheetWorksによる展開作業

ここでは、SheetWorksの展開作業の流れを解説します。SheetWorksは、作成した3Dモデルや他CADで作成した中間ファイルから、2Dの展開図作成を効率的に行うことができます。作成される展開図は、曲げ伸び値や成形金型の情報を含んでいるので、そのままCAMへ流せる正確な展開図になります。

● 3Dモデルから2Dの展開図作成までの流れ

展開図作成の手順は、部品を1点ずつ展開する方法と、複数のモデルを一度に展開するバッチ展開処理の2種類の方法があります。

1. 板金属性定義

モデルに材料と板厚、基準表面を設定します。

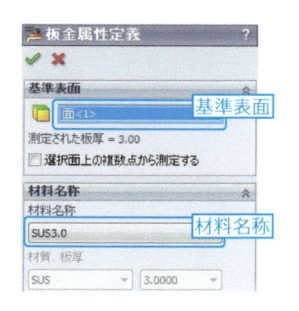

（ダイアログ：基準表面、材料名称 SUS3.0、材質 SUS、板厚 3.0000）

1点ずつ展開する場合

2. 板金形状認識

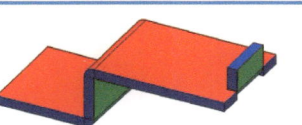

モデルを表面・裏面・板厚面に分類し、板金形状として成り立っているかをチェックします。あらかじめ、パラメータを登録しておくことにより、成形金型の自動認識が可能です。

3. 展開図作成

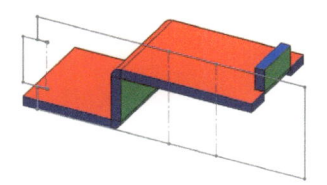

モデルから2D展開図を作成します。

4. 展開図・見積指標出力

作成した展開図のデータや見積もり用指標を出力します。

複数のモデルを一度に展開する場合

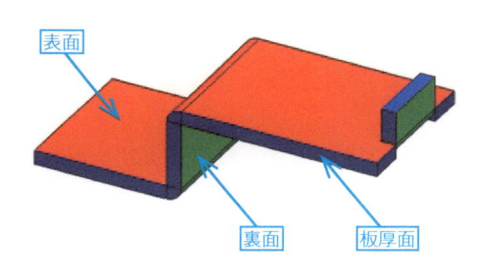

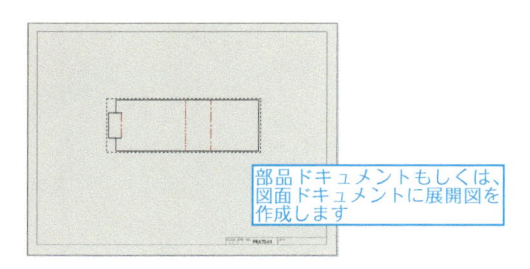

（表面・裏面・板厚面）

部品ドキュメントもしくは、図面ドキュメントに展開図を作成します

2. バッチ展開処理

複数のモデルに対し、一度に板金形状認識を行い、2D展開図を作成し、展開図出力までを一気に行います。未定義成形がある場合は穴として認識されます。

APPENDIX SheetWorks基本操作ガイド　113

特徴① SheetWorks による展開作業

展開図作成

Point
・部品を1点ずつ展開する方法で解説します

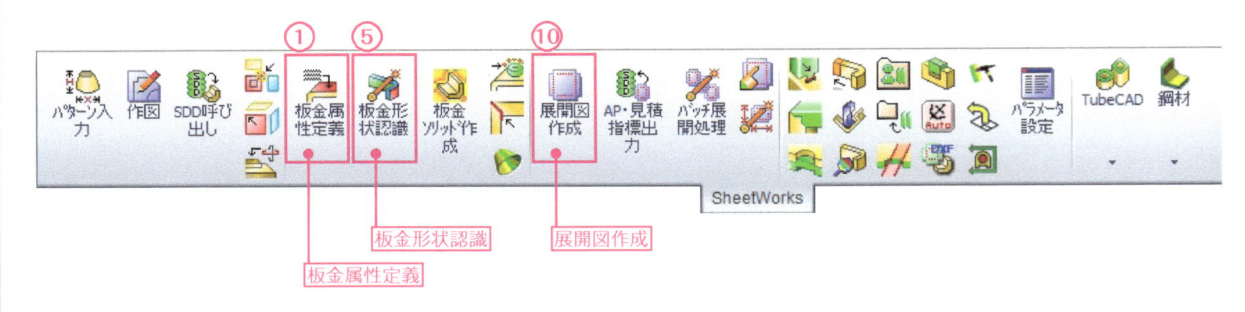

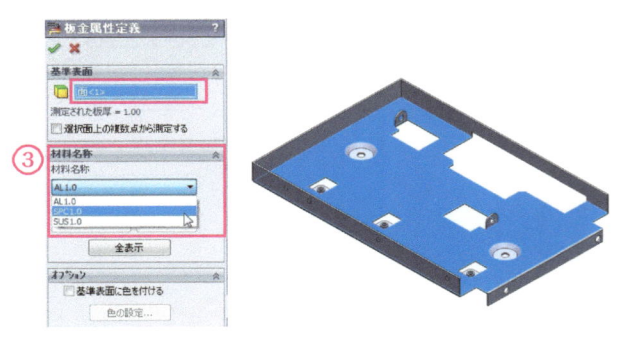

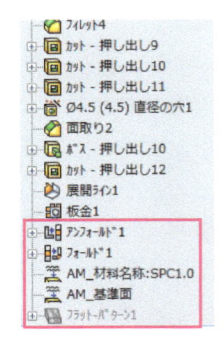

① 板金属性定義
⑤ 板金形状認識
⑩ 展開図作成

1. 板金属性定義を実行します。
2. 基準表面に表面側を指定します。板厚は自動測定されます。
3. 材料名称を設定します。
   プルダウンメニューから材料を選択します。
   OK をクリックします。
4. 履歴に材料名称と基準面フィーチャーが追加されます。
   ※基準表面に色をつけるオプションにチェックを入れると、表面側に色をつけることができます。
5. 板金形状認識を実行します。 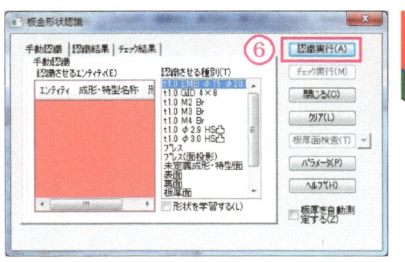 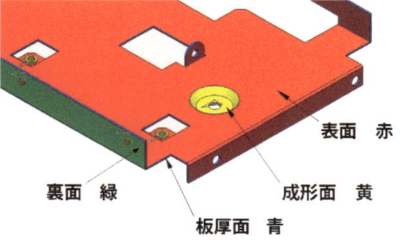 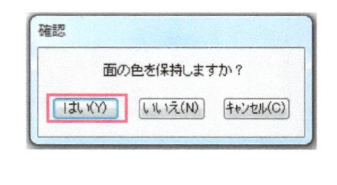
6. 認識実行(A) をクリックします。
7. モデルの色が変化します。
   表面：赤
   裏面：緑
   板厚面：青
   成形面：黄

※成形・特型情報のパラメータが未設定の場合は、成形面はオレンジに変化します。

8. 閉じるをクリックします。
9. 確認ダイアログが現れます。
   はいをクリックすると色が保持されます。

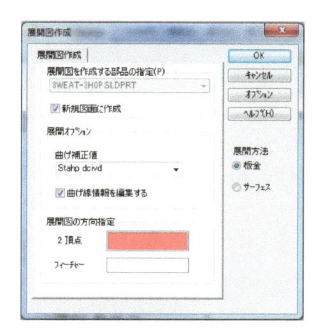

10. 🔲 展開図作成を実行します。
※新規図面に作成オプションにチェックを入れます。

11. 曲げ補正値はパラメータ内に各社特有の値を設定することができます。
※曲げ線情報を編集するオプションにチェックを入れます。
OK をクリックします。

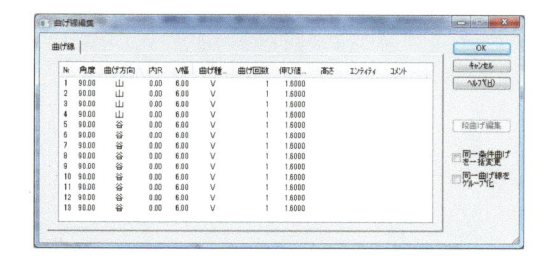

12. 曲げ線編集ダイアログが現れます。
OK をクリックします。
※曲げ線情報を編集するオプションにチェックを入れないと、曲げ線編集ダイアログは現れません。

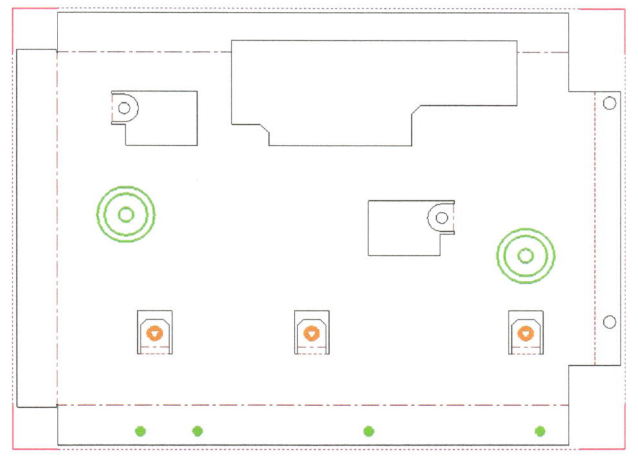

13. 成形情報を含んだ展開図が作成されます。
※パラメータを設定することにより、図のように各成形型を色や形で区別する表示が可能です。

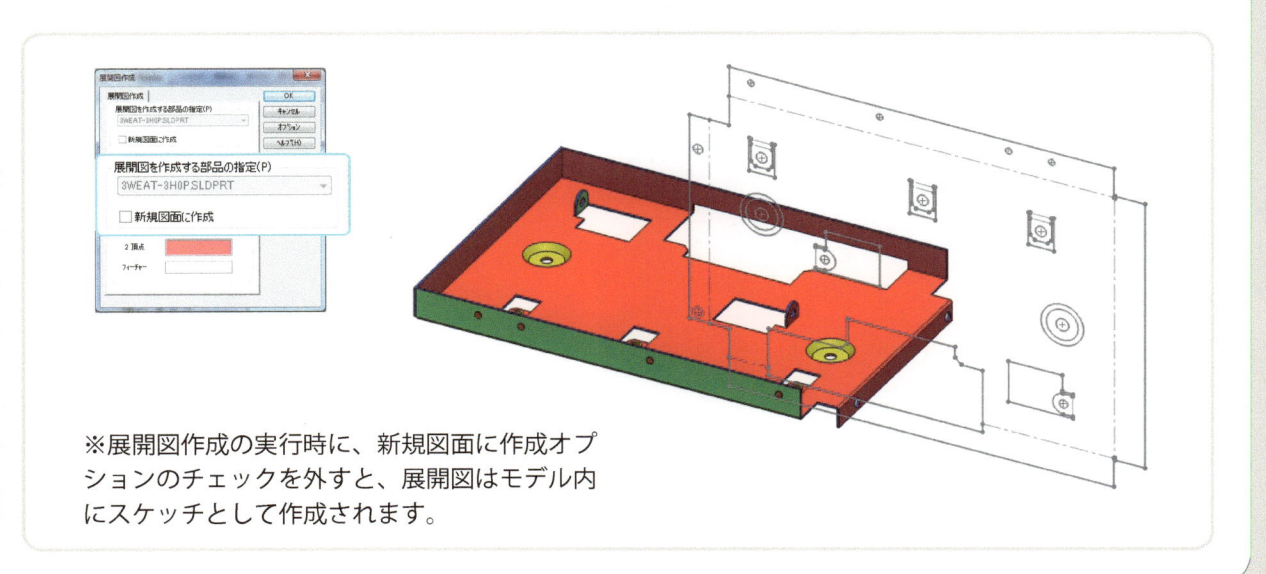

※展開図作成の実行時に、新規図面に作成オプションのチェックを外すと、展開図はモデル内にスケッチとして作成されます。

特徴① SheetWorks による展開作業
バッチ展開処理

Point
・バッチ展開処理によって、一度に複数の部品から展開図を作成する方法を解説します

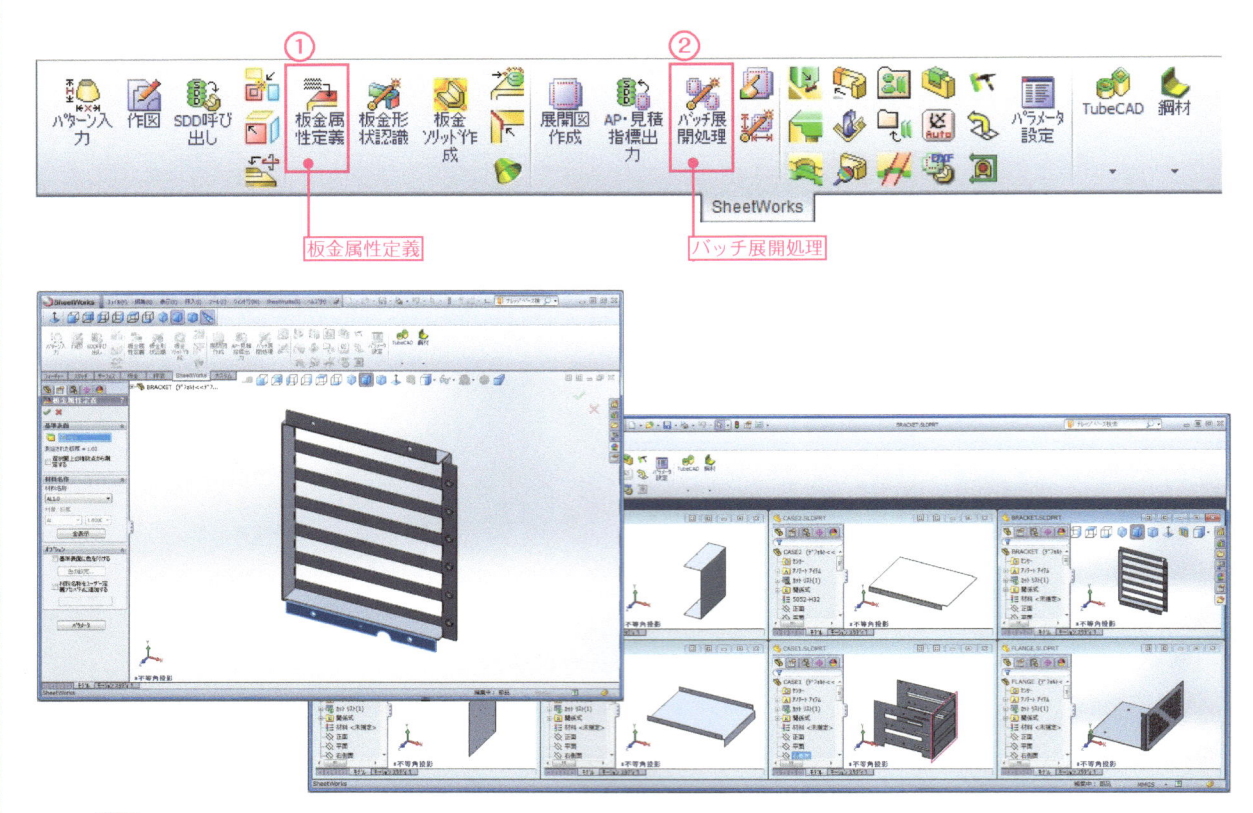

① 板金属性定義
② バッチ展開処理

1. 展開図を作成する対象の部品をすべて開き、それぞれ板金属性定義を行います。
2. バッチ展開処理を実行します。 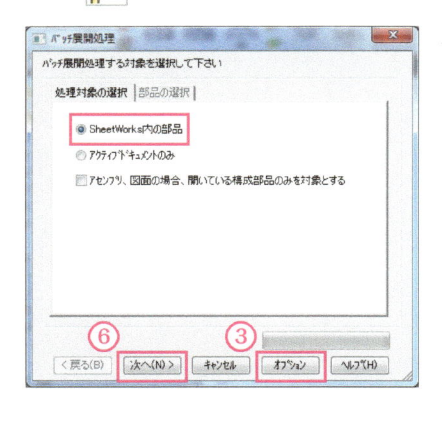 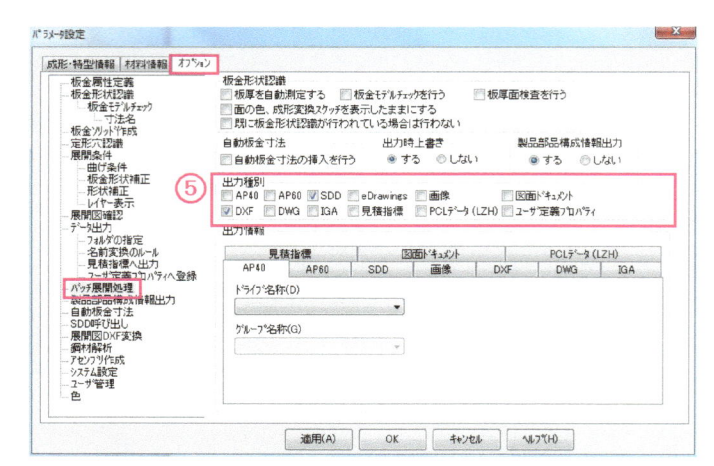
3. オプション をクリックします。
4. パラメータ設定ダイアログが現れます。
5. オプションタブ＞バッチ展開処理＞出力種別を設定します。
   ※出力形式にチェックを入れ、OKをクリックします。
6. 「SheetWorks 内の部品」オプションにチェックを入れ、 次へ(N)＞ をクリックします。

7. 曲げ補正値を設定し、処理対象となる部品にチェックを入れます。
8. 次へ(N)> をクリックします。
9. バッチ展開処理が開始されます。
10. バッチ展開処理が終了すると htm ファイルが表示されます。

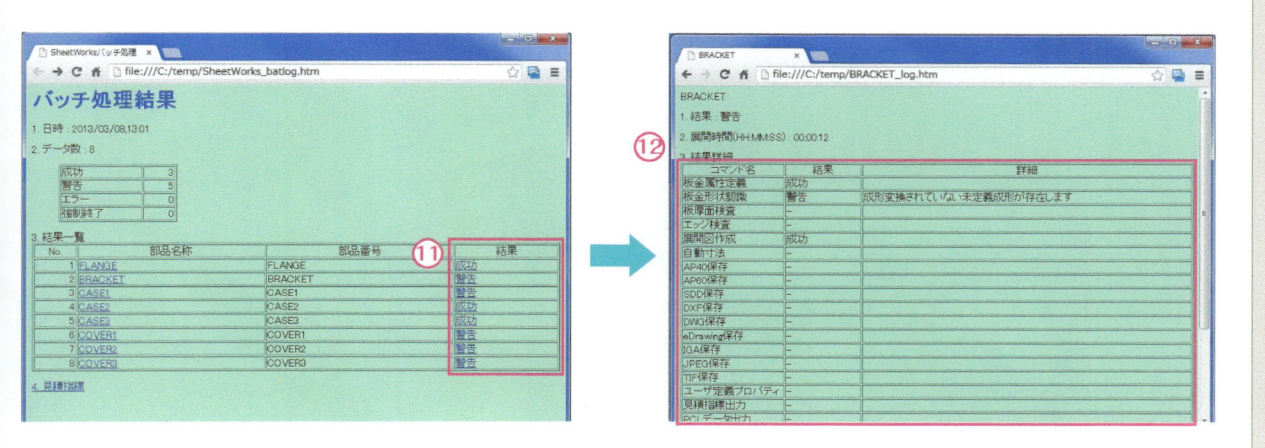

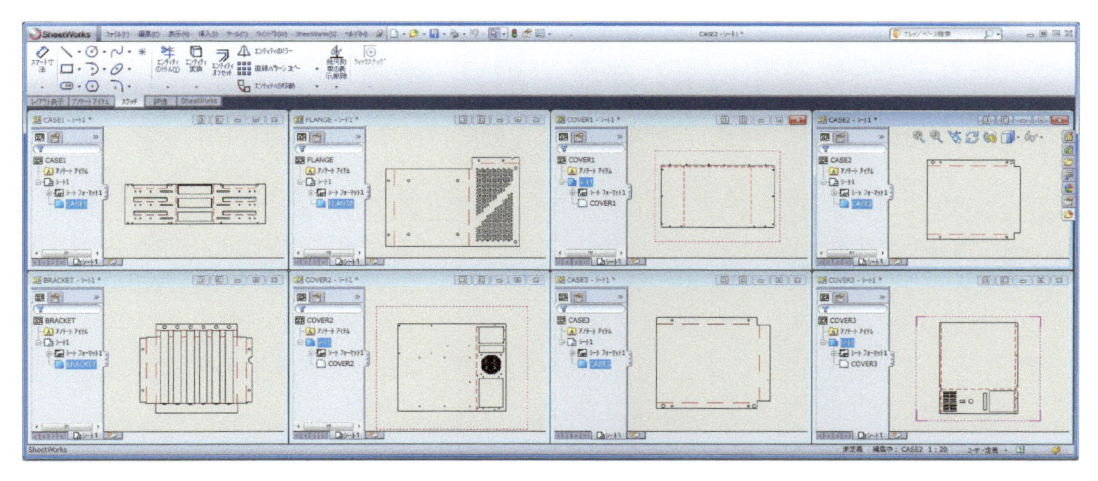

11. 結果を確認します。
12. うまく展開できなかった箇所がある場合には、「警告」と表示されます。
    ※クリックすると、実行したコマンドごとの結果を確認することができます。
    ※パラメータに成形・特型情報が登録されていない形状は、警告が出ますが穴として認識されています。
13. SheetWorks では指定したすべての展開図が新規図面で作成されていることが確認できます。
    ※この先は、出力先の CAM 側での作業へ移行します。

特徴② SheetWorks によるアセンブリ編集

位置決めコマンド

Point
・アセンブリ上で、部品同士の接合部に位置決め用のハーフシャー・タブ・ノッチが簡単に挿入できます
・位置決めコマンドには次の3種類があります

　アセンブリ上で部品同士の勘合確認しながらコマンドを実行することができます。
　実行すると、各構成部品に位置決め用のフィーチャーが自動的に追加されます。

●位置決めタブコマンド
1. 位置決めタブを実行します。
2. タブを挿入するエッジを選択します。
3. 幅、ピッチ、クリアランス等のパラメータを設定し、OK をクリックします。

位置決めタブ
位置決めノッチ
位置決めダボ

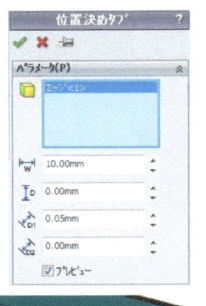

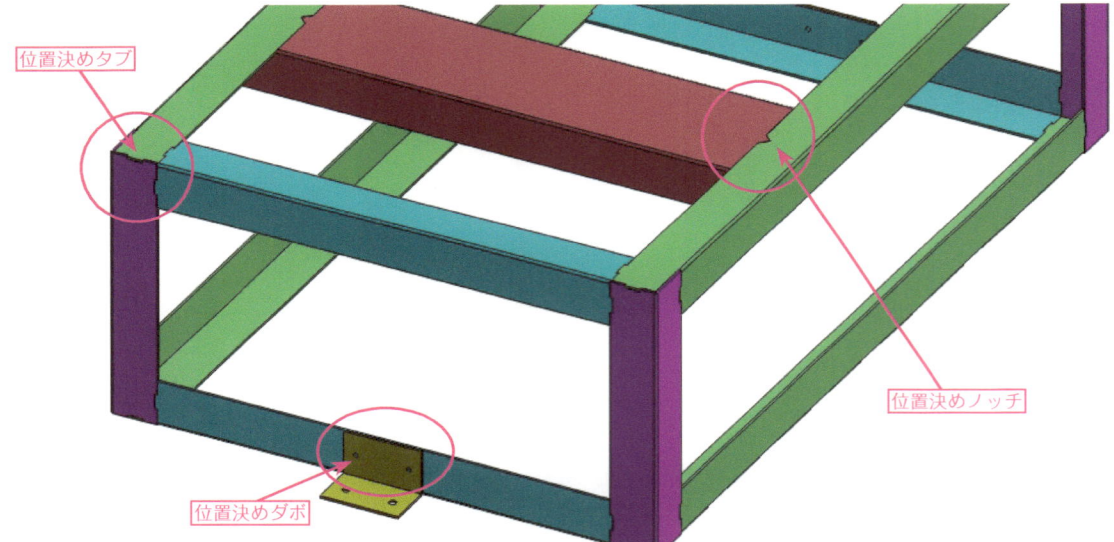

●位置決めダボコマンド
1. 位置決めダボを実行します。
2. サイズとクリアランスを決めます。
3. 位置のタブをクリックしてダボを挿入する面を選択します。
4. 寸法と拘束でスケッチを完全定義にし、OK をクリックします

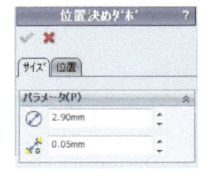

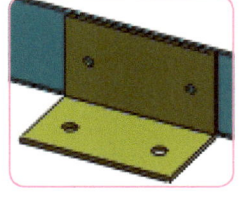

●位置決めノッチコマンド
1. 位置決めノッチを実行します。
2. ノッチを作成する接合付近の面を選択します。
3. 幅とクリアランスを設定し、OK をクリックします。

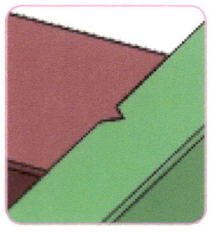

特徴③ SheetWorks によるモデリング機能

多面体作成

Point
・円すい形状を多面体化し、展開時に曲げ線または曲げ補助線を作成するコマンドです
・ここでは、STEP2 で作成した R ホッパーの展開を解説します

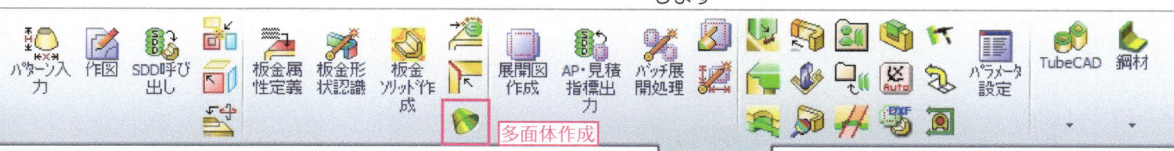

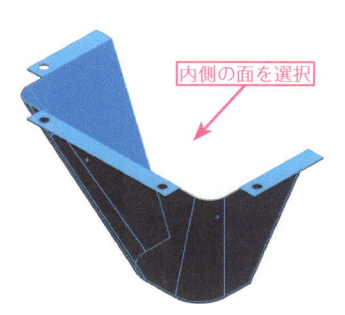

1. 多面体作成を実行します。
   ダレ面側の面をすべて選択します。
   分割数を指定します。

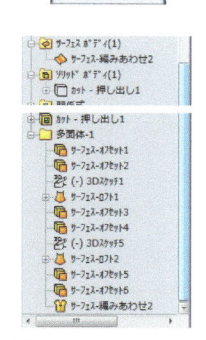

2. R 部分が複数の面に置き換わったサーフェスモデルが生成されます。
   ※履歴に「多面体 -1」フォルダが作成され、多面体に使用されたフィーチャーが追加されています。

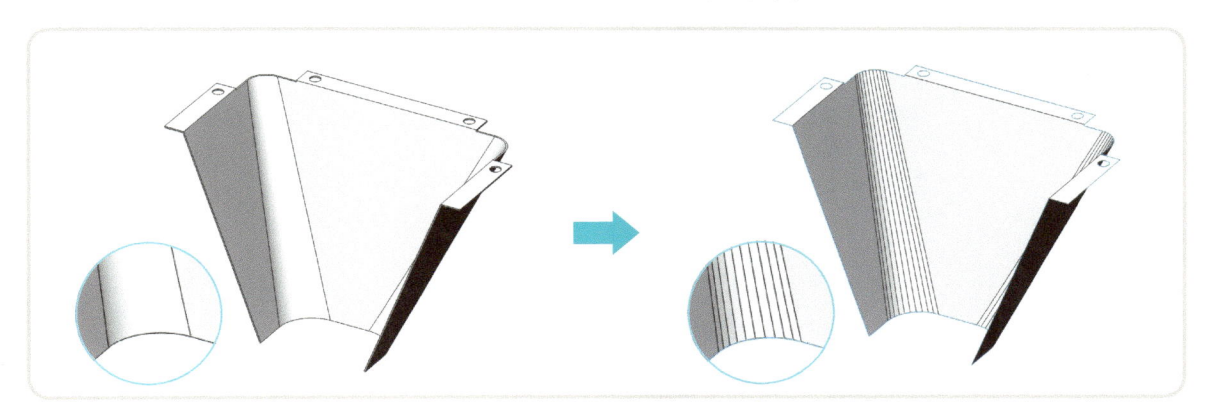

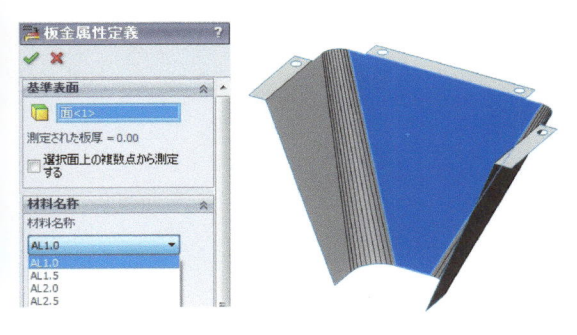

3. 板金属性定義を実行します。
   ※サーフェスモデルのため、板厚は自動測定されません。

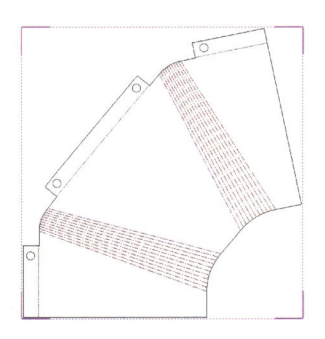

※多面体作成を実行したことにより、このような形状のモデルでも展開図を作成することができます。

APPENDIX SheetWorks 基本操作ガイド 119

特徴③ SheetWorks によるモデリング機能
三面図立体化

Point
・DXF/DWG の 2 次元 CAD データから 3 次元モデルを自動作成します

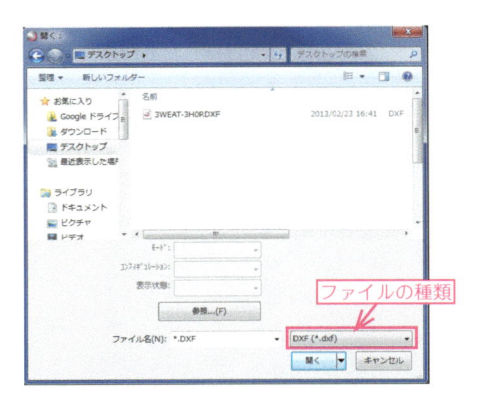

1. 開くコマンドから、ファイルの種類を DXF にして、DXF ファイルを開きます。

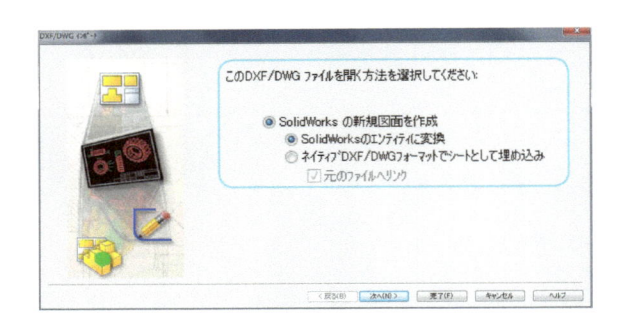

2. DXF/DWG インポートダイアログが現れます。
3. 図のように設定し、次へをクリックします。

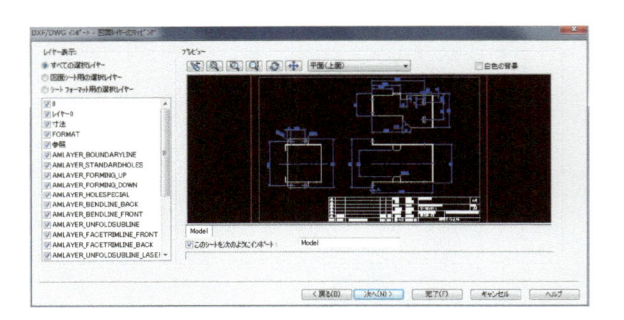

4. すべてのレイヤーにチェックが入っています。
5. 次へをクリックします。

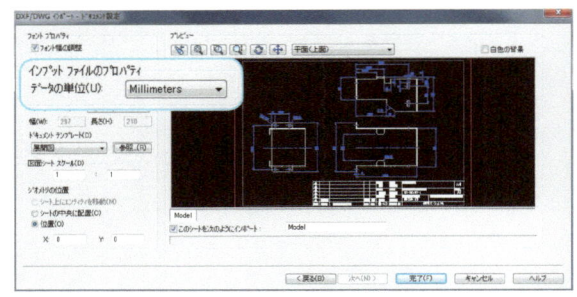

6. データの単位を確認します。
7. 次へをクリックします。

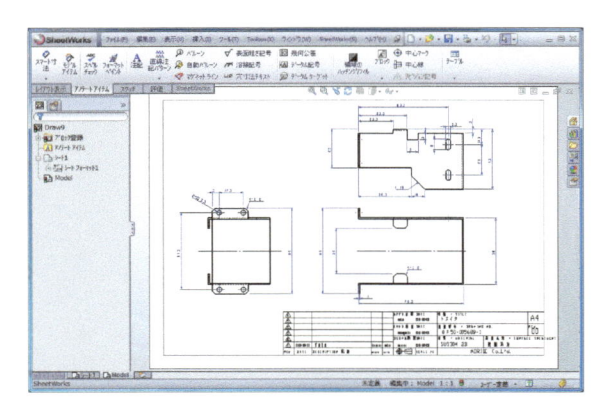

8. 図面ファイルとして開きます。

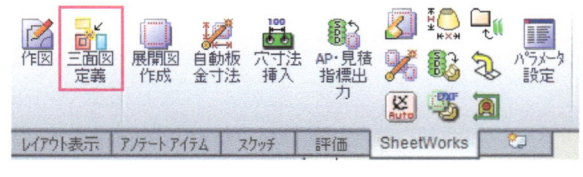

9.  三面図定義を実行します。

120　APPENDIX　SheetWorks 基本操作ガイド

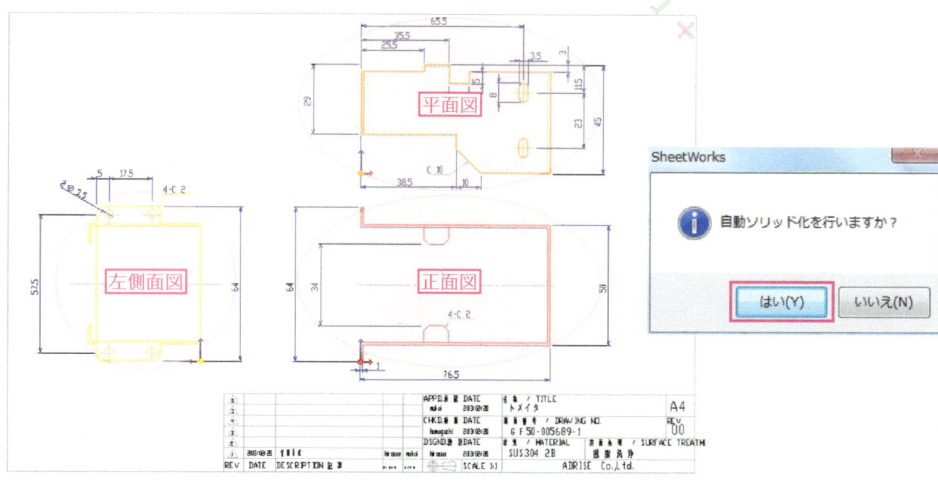

10. ![三面図自動定義] をクリックすると、DXF 内のビューが自動で三面図へと定義されます。

11. OK をクリックします。

12. 自動ソリッド化ダイアログが現れます。

13. はいをクリックします。

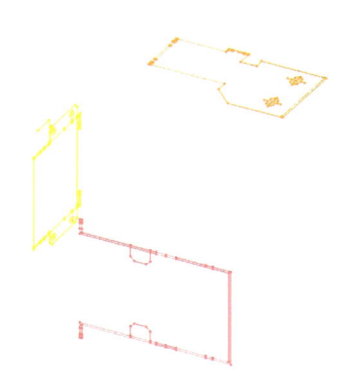

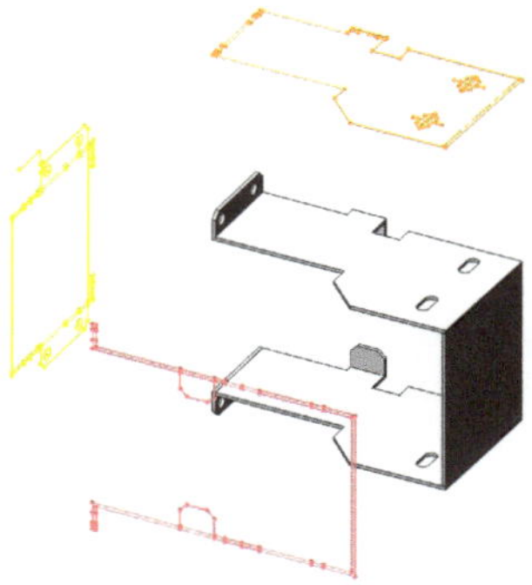

14. 新規部品ドキュメントに、正面図 1、左側面図 1、平面図 1 のスケッチが作成されます。

15. 続いて、配置されたスケッチをもとに、自動でソリッドボディが複数作成されていきます。

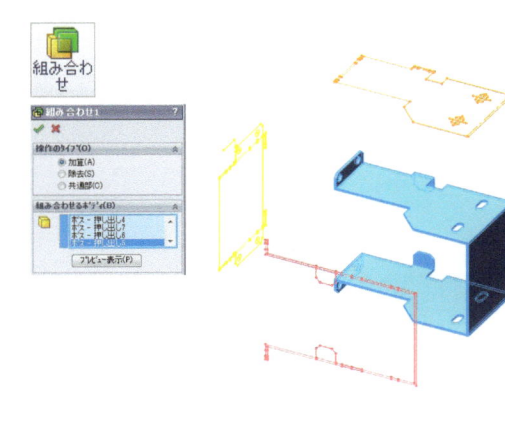

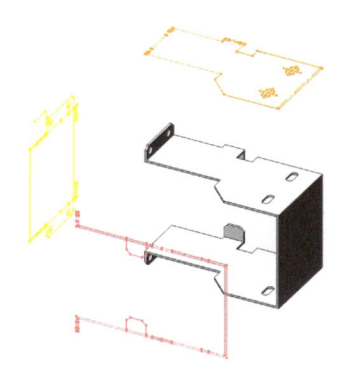

16. 最後に組み合わせで 1 つのソリッドボディにします。

※ここからは通常の手順になります。

APPENDIX　SheetWorks 基本操作ガイド　**121**

特徴③ SheetWorks によるモデリング機能
板金ソリッド作成

Point
・ソリッドモデルやサーフェスモデルに、削除面、曲げ、突き合わせなどの定義を行って板金モデルを作成します
・ここではモデルを3つのパーツに分けて板金モデルを作成します

板金属性定義　板金ソリッド作成

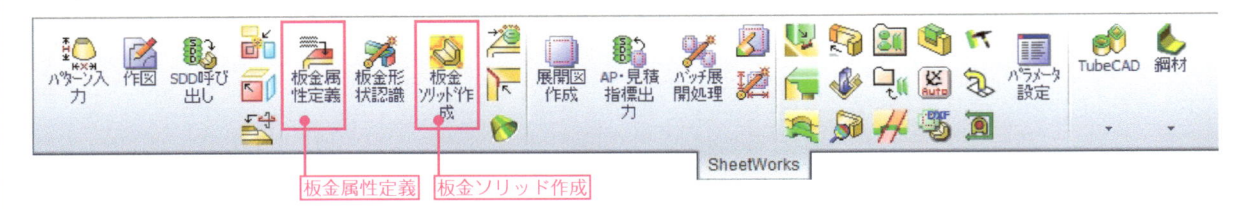

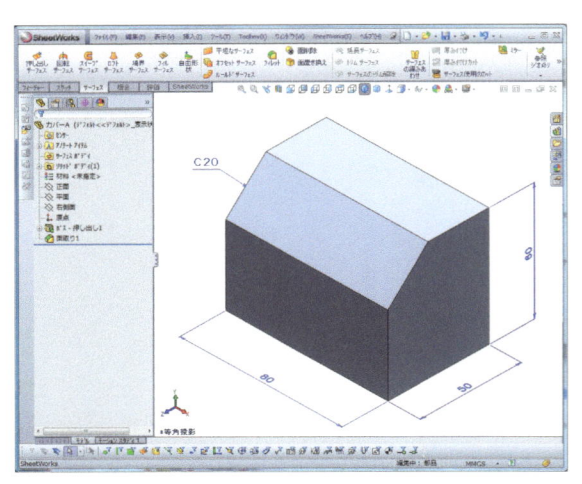

1. 図のモデルはブロックの状態です。薄板化はされていません。

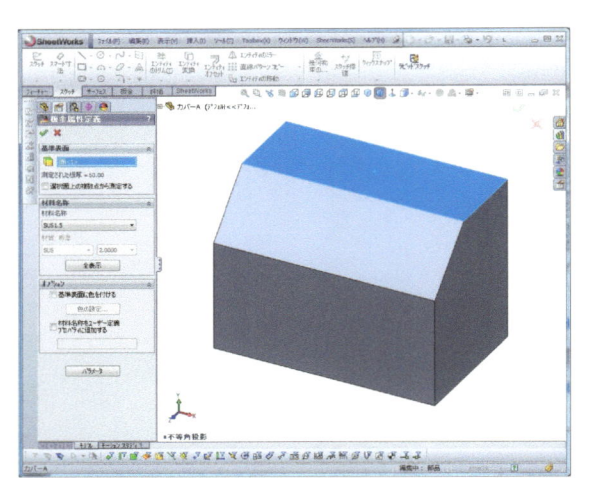

2. モデル上面を表面に指定し、板金属性定義を行い、OKをクリックします。

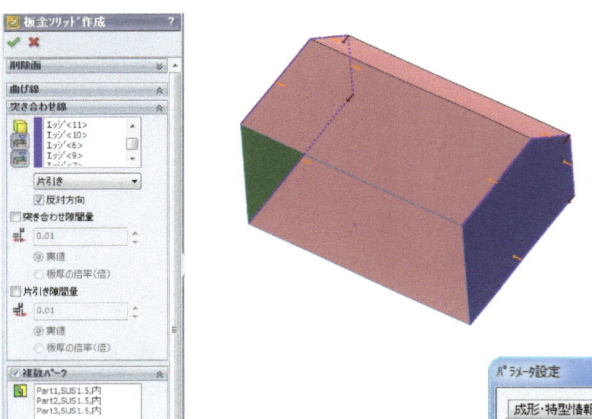

ソリッドボディの面やサーフェスボディに直接板金の情報（削除面、曲げ、突き合わせの定義と材料）を与えて、元となるモデルから新しく板金モデルを作成するコマンドです。
　分割を定義し、新しく構成部品とアセンブリを作成することができます。

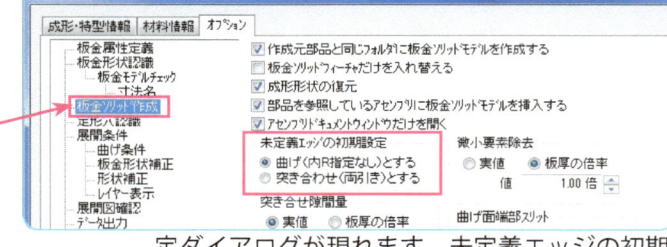

3. 板金ソリッド作成を実行します。
4. 突き合わせ線を選択します。
　　※オプションをクリックすると、パラメータ設定ダイアログが現れます。未定義エッジの初期設定を図のように設定します。
　　（未選択のエッジが曲げ線になります）

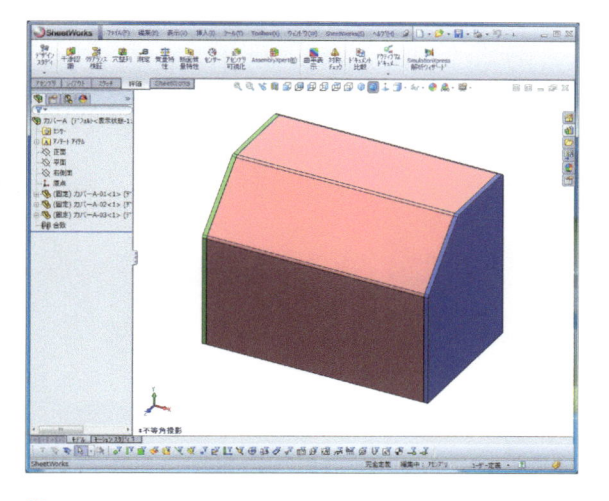

5. 元のモデルから、新しく3つの部品で構成されるアセンブリが作成されます。

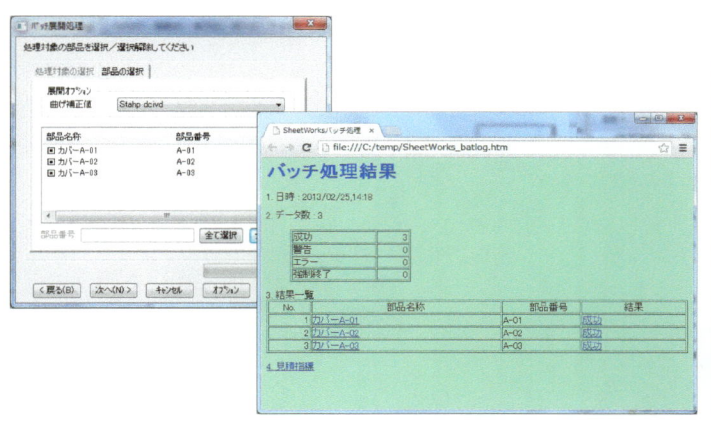

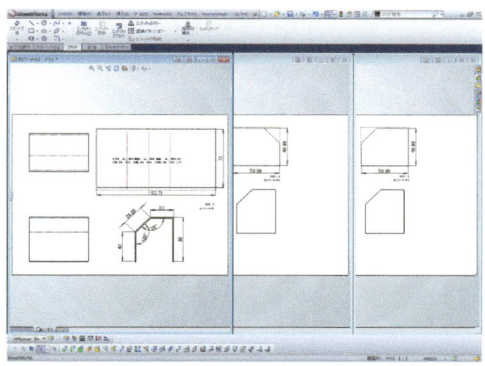

6. 板金ソリッド作成で作成された部品は、そのままバッチ展開処理が実行できます。

複雑な板金製品を展開する場合に、板金ソリッド作成は大きく威力を発揮します。
　シェルモデルの状態からでも、板金ソリッド作成を実行することにより、分割・展開作業の負担が大幅に軽減されます。
　また中間ファイルから展開する場合にも、部品をインポート後に、板金ソリッド作成を実行し、各エッジに「曲げ」「突き合わせ」の定義を行うだけで、正確で隙間のない、板金モデルで構築されたアセンブリが自動生成されます。

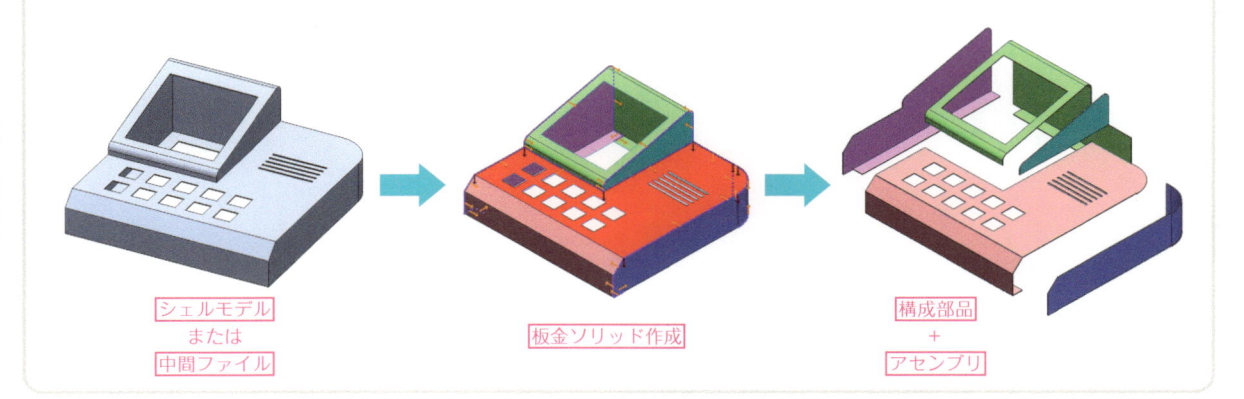

シェルモデル
または
中間ファイル

板金ソリッド作成

構成部品
＋
アセンブリ

APPENDIX　SheetWorks 基本操作ガイド　**123**

特徴③ SheetWorks によるモデリング機能
板金加工ライブラリ

Point
・バーリング・ハーフシャー・エンボス・ガイドレールなどの成形形状をあらかじめ登録しておくことにより、ドラッグ＆ドロップで簡単にモデルへ配置することができます

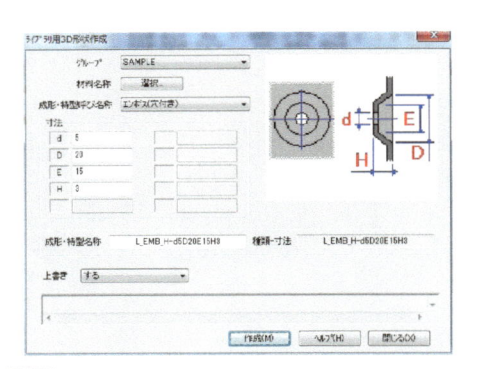

1. ライブラリ用３D形状作成で、成形形状の型となるライブラリ用データを作成します。
   ※さまざまな種類の成形形状が寸法値を入力するだけで自動で作成されます。

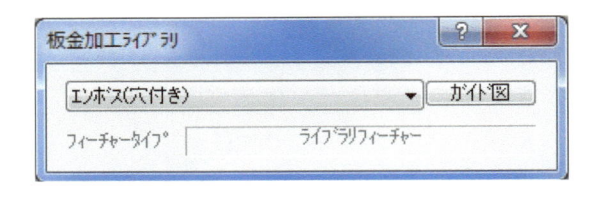

2. 板金属性定義したモデルを開きます。

3. 板金加工ライブラリでダイアログを開き追加する成形形状の種類を選択します。

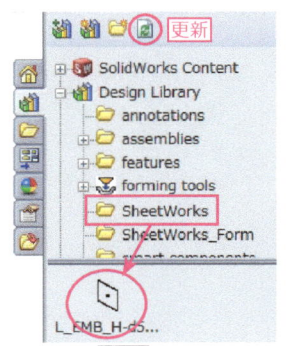

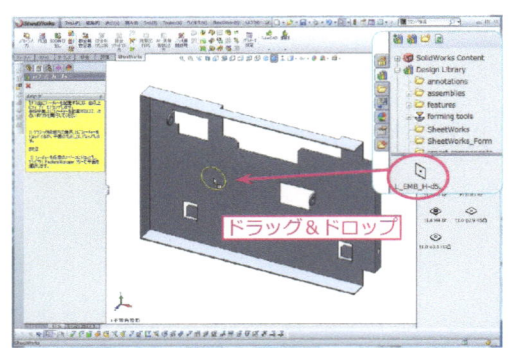

4. タスクパネルの デザインライブラリを開き、更新をします。

5. SheetWorks フォルダを選択します。

6. 選択した種類の成形形状が表示されます。

7. ライブラリから成形形状を選択し、モデル内にドラッグアンドドロップして配置します。

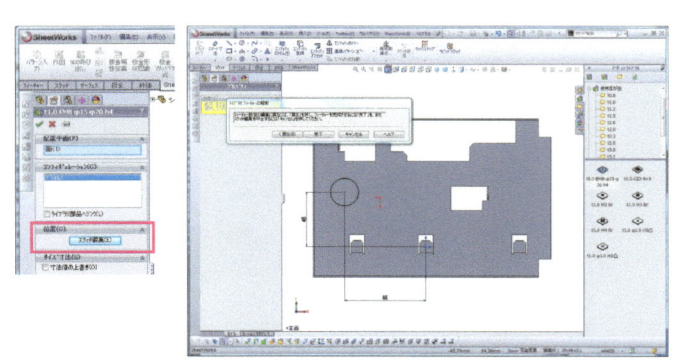

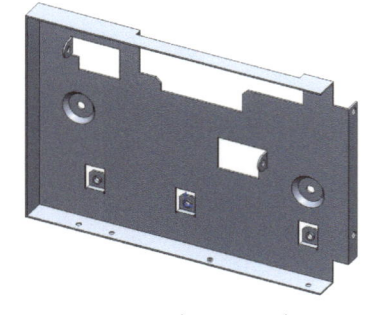

8. スケッチ編集(E) をクリックし、拘束や寸法で配置位置を決定します。
   ※バーリング・ハーフシャー・エンボスなどよく使用する成形形状をあらかじめ登録しておくと簡単に追加することができます。

※１で作成したライブラリ用データにパラメータで成形・特型情報を設定することにより、展開時に成形金型として認識させることができます。

その他の機能紹介

Point
・解説してきた以外にも、設計時に役立つ便利なコマンドが多数あります

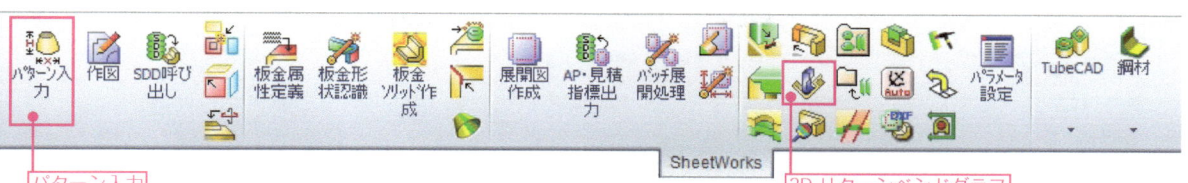

パターン入力

3D リターンベンドグラフ

Microsoft Excel と連動したパラメトリック ※メニューバーからコマンドに入ります

製品の雛形モデルを準備し、Microsoft Excel の入力フォームに寸法値や条件などを入力します。入力した条件から、バリエーションモデルが自動構築されます（別途 Microsoft Excel が必要になります）。

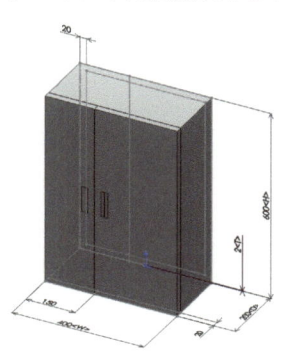

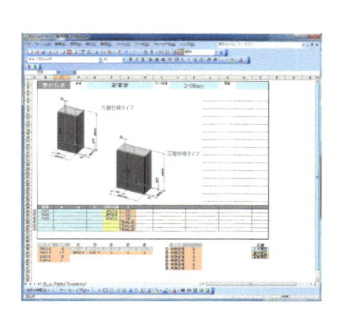

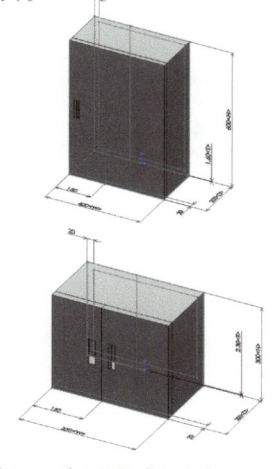

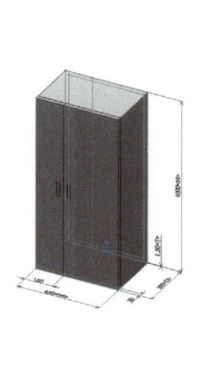

パターン入力

ダクトやパイプ形状などのパターンを選択し、パラメータを入力して3次元モデルを作成します。

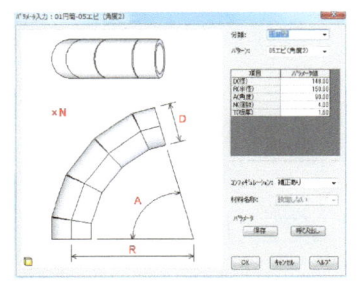

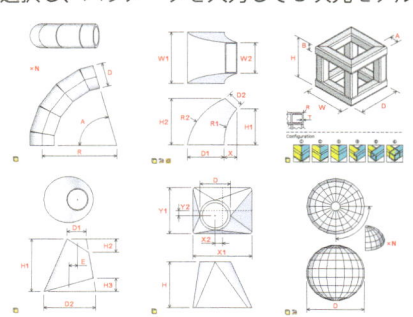

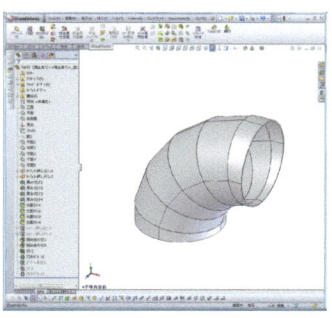

3D リターンベンドグラフ

モデル上に曲げ金型を挿入し、干渉チェックを行うことで、加工可否を判断することができます。

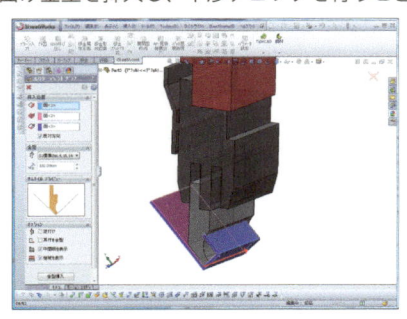

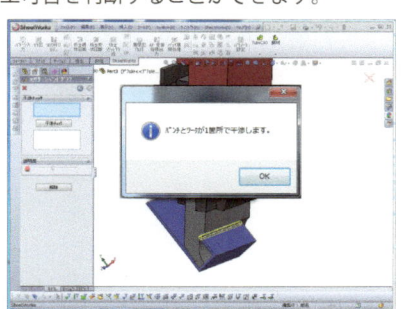

読者限定の特典ページ

特典1

作成方法が読み取れる
3次元モデルデータのダウンロード

本書に掲載の3次元モデルデータを無料でダウンロードできます。データの履歴から作成方法が読み取れます。ぜひ学習に活用してください。

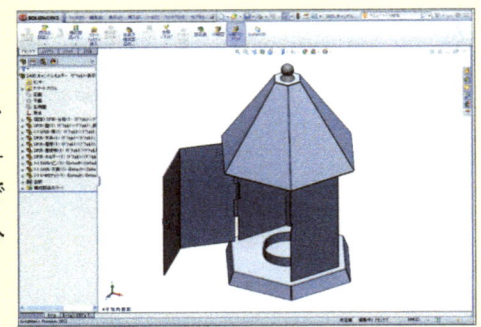

特典2

手元にあると便利な操作早見表
板金クリックリファレンス

板金モデルの作成アプローチや展開の手順など、板金モデリングの基本操作をまとめたクリックリファレンスです。

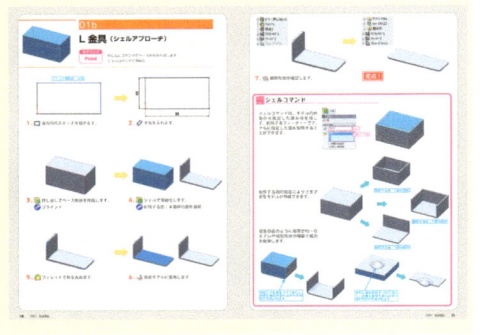

CADRISE　無料メールセミナーとは

SOLIDWORKS習得メールセミナー

CADRISEが配信する『SOLIDWORKS習得メールセミナー』の全4タイトルを無料で受講できます。
SOLIDWORKS習得のステップアップに適した、知って役立つ「便利な機能」や「操作のコツ」を習得用課題のモデル作成を通してお伝えします。

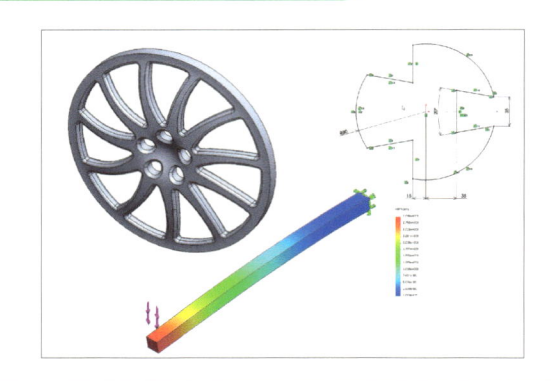

▶▶ ご利用方法

読者限定特典、SOLIDWORKS習得メールセミナーを利用するためにはCADRISEのサイトにアクセスし、トップページより「無料メールセミナー」に登録ください。
登録されたメールアドレスにパスワード、ダウンロードページのURL、SOLIDWORKSの便利な機能や操作のコツをお届けいたします。

※掲載した特典、無料メールセミナーは予告なく変更、あるいは中止になる場合があります。

CADRiSE　https://adrise.jp/cadrise/　　CADRISE　検索

【CADRISE websiteとは】
SOLIDWORKSを利用する製造業を支援する設計デザイン会社アドライズのCAD教育部門が提供するサイト。
マニュアルやモデルのダウンロード、セミナー情報などが入手できます。

■編 者
株式会社アドライズ
「若手設計者を育成したい」「設計業務を標準化したい」といった、SolidWorksを利用する製造業を支援するCAD教育研修会社。レベルに応じた豊富な研修カリキュラムを展開、多くの研修実績を持つ。
特に、研修のひとつである"SolidWorks活用研修　3次元設計手法"は、設計デザイン会社ならではの内容となっており、「うまく設計ができるようになった」と多くの受講者から支持を得ている。
『よくわかる3次元CADシステムSolidWorks入門』（日刊工業新聞社）は、インターネット書店にて3Dグラフィックス部門ランキング1位を獲得。また、『3次元CAD SolidWorks練習帳』（同）は、全国の教育関係者から評価され、教育現場で広く活用されている。
さらに、総合機械メーカーである株式会社アマダのSheetWorks活用研修パートナーとして板金モデリングの教育研修も手がけ、SheetWorksを導入している精密板金メーカーからも好評を博している。
　　　https://www.adrise.jp/

CADRISE Webサイト
SolidWorksを利用する技術者のためのWebサイト。モデルやマニュアルのダウンロード、セミナー情報などを入手できる。
　　　https://adrise.jp/cadrise/

■著　者
牛山　直樹（うしやま　なおき）
株式会社アドライズ代表取締役。
主な著書『よくわかる3次元CADシステム　SOLIDWORKS入門』『同書改訂版』
『よくわかる3次元CADシステム　実践SolidWorks』
『3次元CAD SolidWorks練習帳』
『よくわかるSOLIDWORKS演習　モデリングマスター編』『同書改訂版』
『よくわかる3次元CAD SOLIDWORKS演習　図面編』（以上、日刊工業新聞社）
唐澤　聖（からさわ　せい）　SolidWorks認定技術者
坂　信太郎（さか　しんたろう）
野口　俊二（のぐち　しゅんじ）　技術センター長（以上、株式会社アドライズ）

3次元CAD「SolidWorks」板金練習帳

2013年3月27日　初版第1刷発行
2025年3月28日　初版第8刷発行
Ⓒ編　者　㈱アドライズ
　　発行者　井水　治博
発行所　日刊工業新聞社　〒103-8548 東京都中央区日本橋小網町14-1
　　電　話　03-5644-7490（書籍編集部）
　　　　　　03-5644-7403（販売・管理部）
　　FAX　03-5644-7400
　　振替口座　00190-2-186076番
　　URL　　https://pub.nikkan.co.jp/
　　e-mail　info_shuppan@nikkan.tech
　　印刷・新日本印刷（POD4）
　　製本・新日本印刷（POD4）
（定価はカバーに表示してあります）
万一乱丁、落丁などの不良品がございましたらお取り替えいたします。
ISBN978-4-526-07038-9
NDC501.8
カバーデザイン・志岐デザイン事務所
2013 Printed in Japan

本書の無断複写は、著作権法上での例外を除き、禁じられています。

Memo

Memo